北京市教委民族学综合试点改革项目经费支持
中央民族大学少数民族事业发展协同创新中心

# 人类学的
# 全球意识与学术自觉

THE GLOBAL AWARENESS AND
ACADEMIC CONSCIOUSNESS OF ANTHROPOLOGY

麻国庆 著

社会科学文献出版社
SOCIAL SCIENCES ACADEMIC PRESS (CHINA)

# 序　言

麻国庆

我从1986年进入中山大学人类学系跟随容观琼先生学习人类学以来，屈指数来也有30年的时间。从中山大学毕业后留校任教，之后又到北京大学跟费孝通先生读博士，读博士期间，又经费先生推荐给日本中根千枝先生，让我到日本东京大学跟随末成道男教授学习文化人类学。在北京大学留校后，我一直在社会学人类学研究所工作，其间在日本学术振兴会做外国人特别研究员，在东京都立大学社会人类学专业做客座副教授，和渡边欣雄教授一同从事关于中日社会结构的比较研究。至此，我对于日本大学的人类学教育体系有了清晰的认识。在北京大学时，正好遇上中国的学科重新定位，费先生一直强调学科建设对于学术发展的基础性作用。这对于社会学、人类学的学科发展，起到了不可替代的作用。我从做费先生的博士生开始一直到留校工作，经常耳濡目染受到先生的教诲，这使我对学科建设的内涵和创新，特别是在中国的发展，有了更多的领悟。2004年9月，我从北京大学调入中山大学人类学系工作，在中山大学十余年间，我主要负责本科和研究生的工作，对于培养何种人才，给学生什么样的人类学学科养料，也是我一直关心的问题。30年来，我从一个人类学专业的学生成长为一位人类学、民族学专业的老师。本文所收集的文稿主要是我在不同时期写的关于学科建设和人类学学术发展的思考文章，也反映了我个人的学习和教学心得。而人类学的学术发展和学科建设，离不开全球化的影响。本书的核心，主要也是在不断思考人类学学术发展中的全球意识。

我们一般习惯把人类学视为关于“他者”（the others）的学问，源于人类学形成初期对遥远的部落社会（相对于欧美社会）的他者的思考。如今，我们也从整体观的角度来反思我们与他们之间的差异性与同质性。人类学所讲的“他者”不仅仅指向自己不同的人群，更多的是指向与自己不同的文化（other cultures）。早期人类学家的田野工作是在试图解决本文化与他文化接触时出现的文化冲突与文化评价问题，而晚近以来的人类学家是在运用他文化和他文化的研究成果——“他者性”来反观诠释与重构本文化。通过他者的文化与人性的内在特点和发展困惑，可以更好地理解人类的未来发展方向。

在传统西方人类学的学科分类体系中，从理解他者文化的角度，利用诸如政治、经济、亲属制度、科学、宗教、生态、艺术等工具，来分析所研究的社会和文化。人类学分析所采用的一套语汇，其实在全球化的今天已被证明过于机械，需要从新的角度来重新定位人类学的研究范畴。

总体上可以这样认为，在20世纪中叶前的欧美国家，由于其殖民扩张，对于与自己不同的“他者”的认识和记述，成为这一时期一个重要的学术特点。在这一过程中，逐渐形成了认识“他者”世界和文化的两个学科，一为20世纪前半叶的民族志（ethnography）或称为文化人类学（社会人类学），一为20世纪后半叶的地域研究（area studies）。

近几十年来，文化人类学家们开始形成广泛的研究兴趣。由于简单社会或者封闭的原始社团的消失和被同化，人类学家越来越多地去研究那些更为复杂社会中的亚文化现象，并开始研究现代生活类型及文化的变迁。特别是在全球化背景下，人类学传统的民族志研究和区域研究的这两大领域，又被整合在一起，以重新认识全球化带来的新问题和新理念。事实上，人类学家由于巧妙地结合了整体的、跨文化的与进化的研究，创造了人类学研究当代社会诸问题的研究模式。

本书所收集的论文，大多是在这一背景下展开的，所涉及的领域主要包括人类学的学科建设与学术自觉、社会与文化的多样性表达、应用人类学与发展的困惑、全球化与地方化等。希望读者能从中读出人类学的全球意识已经渗透到学科和研究对象的方方面面。

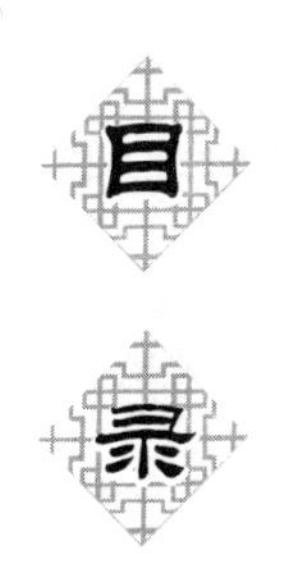

## 一　学科建设与学术自觉



## 二　社会与文化的自画像

## 三　应用人类学与发展的困惑



## 四　全球化与地方社会

· 一 ·

# 学科建设与学术自觉

# 比较社会学：社会学与人类学的互动*

1960 年，社会学家怀特（C. Wright Mills）第一次访问南非，在一次工业发展问题的讨论会上，他强调欠发达国家和地区应该自己发现自己。认为这些国家和社会，不能以欧洲和北美的发展模式来发展自己，而是要在比较中发现自己。① 这一比较涉及很多领域，较为宏观的领域，一为纵向的比较，一为横向的比较。比较社会学比较的焦点就是“社会”，即在一时空的维度下，把不同的社会或同一社会内部的不同群体加以比较，以说明他们的相似和差异，进而在此基础上，整合出一套不同社会与文化的共生逻辑和规则。

第二次世界大战后，社会的巨变，科技、交通的发展，已使人类不能像简单社会那样处于相互隔绝的境界之中，人类的空间距离也日渐缩小。特别是冷战结束后，原有的但一直隐匿起来的来自民

---

* 本文原载于《民族研究》2000 年第 4 期。

① 参见 Graham Crow，*Comparative Sociology and Social Theory：Beyond the Three Worlds*. Palgrave Macmillan，1997。

族、宗教等文化的冲突越演越烈。有研究者曾作过统计，从1949年到90年代初，因民族冲突而造成的伤亡人数大约为169万，数倍于在国家间战争中死亡的人数。[①] 从这个意义上说，人类社会正面临着一场社会的“危机”、文明的“危机”。而作为科学的比较社会学也正在以传统的研究领域和技术为基础，扩展自身的研究视野，试图探索出解决现代社会诸问题的方法，并从比较社会与文化的视角来解决人类赖以生存和发展的问题，引导人们适应现在和未来变化的轨迹。然而，对这些问题的研究要获得深入的进展，就要先回到这一学科的内在领域及其理论基础上来。

## 一　比较方法与比较研究

从近代开始，学者们一直在讨论科学的本质。德国哲学家莱布尼茨较早指出，数学的本质不在于它的对象，而在于它的方法。在社会学的研究中，始终认为学科之间的区别，并不在于研究对象的不同，而在于研究方法的不同。因此，可以说科学的本质，并不在于它的对象，而在于它的方法。[②]

人类的活动一般包括三个要素：一是目的，二是前提（条件），三是方法。而方法在这三者中是最为关键的。对于科学研究者而言，研究方法在很大程度上决定着研究的价值。

比较方法已不是一种新的研究方法。早在古希腊时代一些学者就利用它来比较希腊与波斯的社会与文化。近代的社会思想家如孟德斯鸠等对此方法也大为提倡，并用来比较各个社会的国民性。不过，这一方法的发展则是在19世纪后半叶。18、19世纪，由于自然科学家把比较法用于对自然科学现象的研究蔚然成风，这一方法对于社会科学的研究也产生了很大的影响。社会学的鼻祖孔德，深

① 参见《社会转型：多文化多民族社会》，《国际社会科学杂志》1999年第2期。

② 参见刘大椿《比较方法论》，中国文化书院，1987。

受这一方法的影响，使用和介绍比较方法，以确定和解释各种社会之间的相似和差异。孔德极力提倡用比较法来研究人类社会，认为这种方法为实证科学的基础工具，可用来发现人类最基本的法则——进化法则。当然，这种思潮与达尔文学说、比较语言学等的影响也分不开。

早在18世纪，哲学家就认为，欧洲文明是原有蒙昧状态向前发展的结果。他们的思想里已经存在比较方法的萌芽。翻开19世纪社会科学的学术史，我们不难发现这一时期有关地理、政治、哲学、语言、文化、法学等的比较研究发展到了一个黄金时代，特别是在人类学领域，围绕着有关进化论的著作，成为这一时期人类学的主流，如摩尔根的《古代社会》、泰勒的《原始文化》和巴霍芬的《母权论》等。这些古典的文化进化论依据的一个重要方法就是比较方法。这种以欧洲文化为中心，从社会的地理分布、技术和意识的形式来推断出文化的类似与历史的谱系的方法，对于研究对象的社会和环境功能没有足够的重视，特别是缺乏一套完整的实证研究的方法，其结论后来自然引来了很多的争论。

当然，19世纪这种比较研究之所以能蔚然成风，除与进化论有关外，还有一个重要的原因就是和一些西方国家对殖民地的扩张联系在一起。很多社会科学研究者及一些传教士、政府官员带着好奇的眼光，进入他们所谓的蛮荒社会进行调查和研究，使得比较研究成为19世纪社会和人文科学的主要方法之一。此后，社会学大师涂尔干、韦伯将这种比较研究方法运用在经济、宗教、社会结构和社会变迁等的研究上，但他们的研究已经超越了单线的进化模式。

## 二　古典社会学家的遗产：比较方法

自从社会学这一学科产生起，很多社会学的理论就来源于对不同社会类别所孕育出的行为类型的差异性和相似性所进行的比较研究。在这方面古典社会学家的研究提供了很好的范例。例如，马克思对人类社会所有社会历史时期的研究，涂尔干对人类行为规律性的解释，而韦伯的比较研究更呈现出一种多样性的特点。这三位大师和他们同时代的学者，很重要的一个贡献就是建立了社会学的“单位观念”。这一贡献，成为人们对社会事项进行解释的基本变量，而比较分析就是对他们观念的发展。

古典社会学家的思想基础主要由两个方面的内容组成：一是社会学传统的二元对立的视角，如社区—社会、权威—权利、身份—阶级、宗教的——世俗的等；二是对传统和现代的对比。涂尔干和韦伯的比较社会学也是在此基础上得以升华和发展的。

## （一）涂尔干的比较社会学

涂尔干是比较社会学的开山鼻祖，他最先提出了比较社会学这一名称，他的社会学方法的一个核心就是比较方法。

对于社会团结的根源、性质和结果的探讨，贯穿于涂尔干的经验研究的始终。他的所有著作强调的是一种集体意识的观点，其社会学的中心概念就是社会事实。他认为社会事实是控制个人外在行为的外来力量，每当人们违反社会的规则或要求时，此种控制个人行为的力量就会发生作用。例如，他在《社会分工论》《宗教生活的基本形式》和《论自杀》中都强调了有关社会事实的问题。

涂尔干认为比较社会学就是社会学本身，在他看来有两种方法可以用来解释社会事实，一是分析其功能，一是讨论其历史。在分析社会事实内在特点的基础上，注意不同社会之间的社会事实的异同。综观涂尔干的比较研究方法，主要表现在如下两个方面。

（1）历史学的比较法：比较不同社会或同一社会在不同时期的差异。其重点是放在与社会学理论相关的历史研究上，而非单一历史事件的描述。涂尔干认为，历史学只有超越单一历史事件或对个人的描述而上升到比较的层次，才具有解释的能力，也才能算是一门科学，当历史学与社会学运用比较方法时，这两门学问就成为一体了。

（2）人类学的比较方法：历史的比较是时间的比较，而人类学的比较是两个或两个以上社会之间的比较，也是空间的比较。涂尔干认为社会学对这方面的研究，并不在于描述该民族的每一项特征，而是在解释这些特征存在的原因及其对文化的贡献和功能，进而发现两个或两个以上社会的共同特性。例如，《社会分工论》中对社会团结（social solidarity）的分析，指出同质性的简单社会与机械团结相对应，异质性的文明社会与有机团结相对应。把劳动的分工、社会的整合从功能的角度予以阐释，认为人与人之间的依赖性增加，合作就成为必要，如同有机体生物的各分子间相互依赖合作生存一样。社会中个人间之所以能分工合作、共同生存的原因完全系于一种超个人的外在约束力量，即社会事实，这也是一种集体意识。

可见，注重社会内部的比较，即对同一社会内部所发生的不同社会事实的比较，是涂尔干比较社会学的重要基础。而涂尔干的这些主张，对于之后发展起来的社会人类学产生了很大的影响。第一，他所揭示的功能论的观点，使得人类学对于现实社会现象的分析，从简单化的进化论模式的因果论的藩篱中脱离出来，对于社会人类学的发展有着重要的意义。第二，功能主义的分析强调社会整体中的部分对于社会整体的维持功能，即强调社会因素之间的相互关联对于构成一个整体的意义。这种视角成为人类学整体论的基础所在。这两种观点与英国的结构功能主义人类学有着直接的关系，在某种程度上可以说涂尔干的观点是结构功能主义人类学的直接源泉。

### （二）韦伯的比较社会学

与涂尔干运用的比较法不同，马克斯·韦伯的研究所涉及的领域非常广泛，他的社会学的比较观点其实是针对马克思而发的，他并不认为人的行动与社会结构的变迁可由经济因素来解释。他进行广泛比较研究的领域主要涉及三个，即宗教社会学、政治社会学和经济社会学。①

韦伯学术研究的核心是探究了近代资本主义及近代欧洲理性主义的性质。其比较研究的意义在于通过欧洲与其他世界的对比，来促进并且深化近代欧洲人的自觉。

韦伯的社会学的一大特点，就是具有一种很强的历史意识，即用比较史学的一些方法来研究历史社会。它的学术研究的焦点集中到探讨“近代资本主义为何”或“近代欧洲理性主义为何”等问题上，同时比较近代欧洲及其之外的世界，并确立其研究取向。他的比较社会学研究，在思考和立论方式上，常常是以现代问题意识为出发点，把历史事件联系到现在进行探究，这就实现了社会学的实践意义，即将过去和现在相连接，使研究者的研究自觉地进入对现代具体问题的分析上来，在此基础上探明因果关联。韦伯提到两种因果关系，这就是历史学的和社会学的。历史学的因果关系决定一个历史事件发生的独特环境；社会学的因果关系则试图建立两个现象之间的规则性关系，以政治、宗教、人口或其他相关的社会因素来解释两个现象的关联。韦伯处理任何领域的研究，都会注意到近代欧洲，比较欧洲及欧洲之外的国家，如他对中国的研究等。他在进行比较研究时，还有一个很重要的方面，就是如何使政治、经济、文化、法律、科学、宗教等各领域彼此关联，进而掌握比较的整体结构。

韦伯提出了理想类型的概念作为研究的分析工具，用以探讨个案里的类似点和差异点。这些类型描述了一个社会制度或信仰体系的普遍特征，这些特征存在于它的纯形式之中，而不受构成一个唯一的历史综合体的其他因素的影响。在韦伯的社会学中，理想类型

---

① 关于韦伯的观点，详见〔德〕马克斯·韦伯著《新教伦理与资本主义精神》，于晓等译，三联书店，1987；〔德〕马克斯·韦伯著《经济与社会》，林荣远译，商务印书馆，1997。

的应用是其比较研究的基础。理想类型所包含的概念就是，由于社会现象具有多样性和可变性，只能根据其特征的最极端的形式来对它进行分析，因为它的纯粹的特征永远不可能被观察到。这就是任何类型只要是抽象的，就是理想的。理想类型所提供的一些假设，用以寻求并联结事件间的相关性。

在比较研究上，韦伯对资本主义文明体系的解释，并没有从世界各国的政治、社会或经济因素中去寻找，而是从当时世界各国的宗教伦理中去发掘其根源。他也不是寻求现代化或工业化的基本条件，而是探讨宗教意识与工业化的关联。他认为基督教新教伦理才是西方工业革命和资本主义的渊源。他对非西方社会的研究，是为了旁证他对西方的结论，其中不乏主观臆断的东西。

从以上可以看出，韦伯对科学知识的论述与涂尔干形成鲜明的对照。涂尔干社会学在进行研究时，主张应抛弃一些预想，研究者应该使自己的思想摆脱一切预想的束缚，与社会现实保持一种较为被动的关系，并强调经验性研究的重要性。他的观点如果作为一种普遍的方法论纲领，存在一定的问题，这就是对于社会化程度较高的人而言，如果要抛弃其预想是完全不可能的。而韦伯认为，有限的人类思想可能对无限大的现实进行的一切分析，都要以一个心照不宣的假设为基础：只有这个现实的一个有限的部分，才构成科学研究的对象。韦伯设想，研究者的价值预想和他的科学探索之间存在更为密切的联系。

在有关社会学的论题中，涂尔干确立的是有别于心理学标准的社会学标准，坚持社会行为的独立性，认为社会生活的本质不可能用纯心理因素进行解释。而韦伯社会学的出发点显然不同于涂尔干，他把一个明显的心理标准纳入社会学和社会行动的研究中，他认为在社会行动中，个人是有其动机的。

涂尔干偏重于把一系列统计资料看作是一定“事物”的标准化表现形式，它们不同于个人附加于这些事物的任何意义；在韦伯看来，一种统计资料是一个行动者的主观含义的反映。然而，社会学的这种比较研究，并没有随着涂尔干和韦伯的研究被引向深入。在美国的社会学里，这种方法在早期并未受到重视，这一方法得以充分应用和发挥是在社会人类学领域。受涂尔干的理论影响颇深的社会人类学家拉德克利夫－布朗，把古典社会学领域中的“比较社会学”概念进一步系统化和具体化，使这一领域的研究得以在社会人类学领域不断升华和发展。他指出：“如果要获得人类社会的科学知识，这也只能通过对一些不同类型的社会进行系统考察和比较才能获得。像这种比较研究我们称之为‘比较社会学’。正是在这种社会学中，社会人类学能够被称其为一部分。如果或当比较社会学成为一个确定的学科时，社会人类学就会被合并到这个学科里。”[①] 一直到第二次世界大战开始后，因形势所需，一些社会学者才和人类学者一道，进入异文化、异民族的社会进行比较研究。

## 三　从简单社会到复杂社会的比较研究

最初，人类学的研究是将简单社会作为研究对象的学科，其比较也是在简单社会之间进行的。随着人类学的发展，特别是第二次世界大战后，人类学的研究逐渐进入对文明社会的研究，其比较研究的视野，也扩展到对文明社会的比较研究领域。正如人类学家福斯特（M. Foster）和堪普（V. Kemper）所指出的，历史上人类学经历了三次革命：第一次是从19世纪中期开始只研究无文字记载的原始民族（简单社会）；第二次是20世纪20年代到30年代以库珀（Daniel Kulp）对广东凤凰村的调查（1925年）、林德夫妇（Robert Lynd and Hellen Lynd）的中镇调查（1920年）以及费孝通教授的江村调查（1936年）等为代表进行的乡民社会的研究；第三次以20世纪50年代英国社会人类学家对非洲城镇的调查为标

① 〔英〕拉德克利夫－布朗著《社会人类学方法》，夏建中译，山东人民出版社，1988，第117页。

志，并成为人类学研究现代都市社会的开始。[①] 事实上，人类学家由于巧妙地结合了整体的、跨文化的与进化的研究，创造了人类学研究当代社会诸问题的研究模式。

社会人类学以各个社会为最主要的研究对象，通过对这些社会的比较，阐明人类社会普遍的和基本的性质。可以说其研究的核心就是“社会结构的比较研究”。社会结构是指在社会中指导人们行为的原则或规范，一个社区的社会结构包括当地人民组成的各种群体和他们所参加的各种制度。我们所说的制度，是指一套社会关系，这套关系是由一群人为达到一个社会目的而共同生活所引起的。我们可以看到，作为群体和制度的社会结构都是以一定的原则为基础的。性别、年龄、地域、亲属，是一切人类社会结构的最基本的原则。[②] 马林诺夫斯基确立了现代人类学田野调查的方法，而同时代的拉德克利夫－布朗，则创造出一套非常有效的社会比较的方法。可以说，现代社会人类学是由他们两位确立的，这一学科的基础就是田野调查与社会比较。布朗主张：“社会人类学应采用比较方法，这种方法是新社会人类学区别于旧社会人类学的主要特征。所谓比较方法，就是自然科学中的归纳方法在人类文化研究中的应用。”“社会人类学基本上是对社会生活的不同形式、原始社会相互之间、原始社会与那些我们没有历史资料的古代社会之间、原始社会与今天的发达社会之间的比较。”[③]

在对这些不同社会进行比较研究中，尤以牢固地奠定社会人类学在社会科学中的独立地位的著名论著——1940 年出版的《非洲的政治制度》和 1950 年出版的《非洲的亲属与婚姻制度》两书最

① 参见尹建中《研究都市人类学的若干问题》，载李亦园编《文化人类学选读》，台湾食货出版社，1980。

② 参见〔英〕雷蒙德·弗思著《人文类型》，费孝通译，商务印书馆，1991，第 77 页。

③ 参见〔英〕拉德克利夫－布朗著《社会人类学方法》，夏建中译，第 3～4、137 页。

为突出。[①] 拉德克利夫－布朗在两书中都写有序文，前者较为简短，后者长达85页。后书序文可以说是布朗关于血缘、婚姻组织比较方法的集大成者。这两本书所收的各篇论文的作者，大都受到了马林诺夫斯基的熏陶，后来又成为布朗的弟子，他们都是调查非洲部族社会的优秀人类学家，如理查德、弗特思、埃文思·普理查德等。普理查德在《非洲的政治制度》中指出，即使在同一语言、文化的地域中，政治制度的不同也是常有的；另外，即使同一政治结构，也常常出现在文化完全不同的社会中。在两个不同的社会中，尽管社会制度中的某一方面存在一定的类似性，然而在其他方面未必相同。在比较社会时，像经济制度、政治制度、亲族制度等，是比较研究的重要内容。在这里，这些社会人类学家通过对非洲8个不同社会的比较研究，提出了非洲社会的两种不同的类型：原始国家（primitive states）和无国家社会（stateless society）。而《非洲的亲属与婚姻制度》一书，不管是在田野调查的方法上还是对于社会人类学比较研究的理论建树上，都达到了一个新的高度。

这两本具有代表性的著作，是典型的关于非洲部落社会的微观研究。书中通过对非洲社会的研究，阐述了对各个不同社会进行比较的社会人类学的基本观点和方法。当然，在相当长的一段时间里，这类研究主要集中在对无文字社会或简单社会的比较研究。

拉德克利夫－布朗的观点，受马林诺夫斯基以前的涂尔干的影响很大，甚至就连概念和语言也更多地沿袭了涂尔干。不过，布朗重视支撑理论的直接调查的资料，认为田野和理论不能分开进行，强调它们之间密切的联系性，而这是涂尔干所没有的。

因此，社会人类学崭新的方法论，是以这些社会人类学者的积极活动为中心的，在以后的20年中，基本上形成了社会人类学的

---

① *African Political Systems*, ed. By M. Fortes and E. E. Evans-Pritchard, London: Oxford University Press, 1940. *African System of Kinship and Marriage*, ed. By A. R. Radcliffe－Brown and Daryll Forde, London: Oxford University Press, 1950.

黄金时代。

与英国的社会人类学相对应的美国文化人类学，只是在“走出博物馆从而进入社会科学主流中”的时候才成熟起来。这种转变主要出现在20世纪20年代中期到50年代中期。这与一批有突出贡献的人类学家的促进有很大的关系。在社会比较研究方面，把对于个人与社会的比较研究的方法，拓展到对现代国民性的研究领域。

美国人类学家本尼迪克特创建文化模式的观念并用以研究文化的结构和类型，其名著《文化模式》的出版标志着科学的民族性或国民性研究的诞生。第二次世界大战开始时，大批人类学家参加了对敌国国民性的研究，其中最著名的研究者除本尼迪克特、米德之外，还有克拉克洪、莱特、欠特森等。本尼迪克特的《菊花与刀》就是这种研究的产物。[①] 该书在调查的基础上，对于日本的国民性有特别细致入微的分析。当时包括本尼迪克特在内的人类学家认为，废除日本的天皇制度，只能引起强烈的反抗。这一意见为美国政府所接受，当1945年日本战败后，天皇制并没有被废除。1945年以后，在国民性研究方面最引人注目的为华裔人类学家许烺光教授，其重要著作为《中国人与美国人》《宗族、种姓与社团》及《家元——日本的真髓》[②] 等，成为文明社会比较研究的佳作。而默多克（G. P. Murdock）的《社会结构》可以认为是20世纪在全球范围内进行社会文化比较研究的经典之作。默多克以全世界250个社会的民族志的资料为基础，运用统计手段，采用比较研究方法，论述了他的亲属理论与社会结构的关系。[③]

此外，英国、日本、荷兰、墨西哥等国人类学家也都受到不同程度的重视。第二次世界大战结束后，美国提出“重建战后残破

① 〔美〕本尼迪克特著《菊花与刀》，孙志民等译，浙江人民出版社，1987。

② Francis L. K. Hsu, *Lemoto*: *The Heart of Japan*, Schenkman Publishing Company, 1975.

③ G. P. Murdock, *Social Structure*. Macmillan, 1949.

世界”的口号，声言要援助发展中国家，帮助其实现现代化。于是一些应用人类学家奔赴世界各地，尝试用人类学知识改变落后地区的命运。

人类学这种应用性的比较研究，对社会学的比较研究也是一个刺激。因此，在第二次世界大战结束后，有关比较社会学的研究大量增加。由于世界殖民体系的瓦解，人类学的研究开始由对异文化的研究逐渐转向对本文化的研究，开始探讨国内的一些现实问题，本土人类学开始兴起。在获得独立的不发达国家中，人类学在应用研究上主要关心社会稳定、经济增长、人口控制、社会发展以及工业化和都市化所引起的问题。这对于社会人类学来说，是一次质的转变，特别是在比较社会学领域，社会学和人类学的分野，被彻底地打通了。

有的学者在总结美国社会学的发展时认为，美国社会学最近的突破，并不是统计方法的突破，而是他们对社会学比较研究的重新认识和重新发现。

与上述欧美的研究相对应，非西方社会的比较社会学研究特别是东亚社会的比较研究如何呢？事实上直到最近，东亚的社会学家、人类学家，一直在专注于理解西方的社会学和人类学。但是，当他们在对自己社会经验观察的基础上，积累了社会学、人类学的知识时，他们开始意识到，西方社会学、人类学的理论未必一定适合东亚社会，并感到有必要形成符合本地情况的相应的理论。十多年前，美国社会学学会理论专业委员会组织了一次专门会议，与东亚的社会学家进行“跨太平洋对话”。该专业委员会的主席特耶坎博士是那次会议的组织者，他在给与会者的信中陈述了召开会议的理由：“我还想到，关于大规模社会变迁与社会学的现代性的理论模型，是以西方社会以往历史经验为基础的。而运用西方现代社会的模型……来论述和解释东亚社会近来发展的动力是不合适的。在我看来，这个动力将很可能使东亚成为21世纪现代性的中心。按照这一前景，就迫切需要社会理论开阔眼界，以便能够把握东亚正在出现的转变……。”[1] 在这方面，费孝通教授的社会人类学思想，为比较社会学在中国的实践和研究奠定了重要的理论基础。

利奇（Edmund - Leach）在其《社会人类学》中提出了两个问题：①像中国人类学者那样，以自己的社会为研究对象是否可取？②在中国这样广大的国家，个别社区的微型研究能否概括中国国情？费孝通在《人的研究在中国》一文中，对这两个问题给予了肯定的回答。他强调，人类学家脱离不了他所属的历史传统和现实国情。[2] 费孝通在其社会人类学研究中特别强调“部分”和“整体”的关系，他深信可以用类型比较的方法通过一个一个社区的调查来逐步接近认识社会的全貌。他的类型比较，首先是对一个具体的社区的社会结构进行详细解剖，并查清其结构产生的条件，然后根据与此标本所处条件相同或相异划分类型，最后对不同类型的社区进行调查和结构比较。这一研究思路本身就是对传统人类学研究方法的超越。

传统的人类学研究方法，是对一个村庄或一个社区通过参与观察，获得对社区的详细材料，并对这一社区进行精致的雕琢研究，从中获得一个完整的社区报告。这样，人类学的发展本身为一种地方性的资料细节所困扰，忽视了一种整体的概览和思考。对人类学而言，它的研究并不仅仅是描述所调查对象的社会和文化生活，更应关注的是与这一社区的社会和文化生活相关的思想，以及这一社会和文化在整体社会中的位置。因此，对于人类学者而言，应该超越社区研究的界限，进入更广阔的比较的视野。

有关东亚的比较研究近几年来甚为活跃。特别是对以东亚经济圈的经济、社会发展为背景的所谓“儒教文化圈”范畴的考

① 李万甲：《关于东亚社会比较研究的一些思考》，载北京大学社会学人类学研究所编《东亚社会研究》，北京大学出版社，1993。

② 参见费孝通《人的研究在中国》，载北京大学社会学人类学研究所编《东亚社会研究》，北京大学出版社，1993。

察和尝试，成为东亚社会比较研究的重要契机。例如，韩国学者金日坤教授在《儒教文化圈的秩序和经济》中指出，儒教文化的最大特征是以家族集团主义作为社会秩序，以此成为支撑“儒教文化圈”诸国经济发展的支柱。[①] 另外，法国的现代中国学专家莱恩（Leon）教授所著的《亚洲文化圈的时代》一书中，认为东亚经济的繁荣与“汉字文化圈”儒教文明的复兴有着直接的关系。[②]

然而，作为比较社会学的研究，更为关注的是在以大传统文化即儒家文化为基础的社会中，社会结构上的异质性问题，如家族主义与家族结构在东亚社会中是非常有特点的社会结构的组成部分。在中国和日本，都用相同的汉字表示“家”，其内容却完全不同。正因为如此，这个“家”也是探讨东亚社会基础的关键词，为什么极其相同的汉字呈现出不同的含义？这就要从社会、文化因素方面探讨其各自的特征。对此，笔者通过家、亲戚、同族的概念异同，说明“家”的概念，并在此基础上与日本的家、宗族、村落及社会结构进行比较，进而探讨了中国的家与社会和日本的异同。[③] 这种中日社会结构的构成差异，使中日两国选择的现代化的道路也不相同。可以说，中国的传统社会结构比日本有更多的不利于现代化的因素，如继承制所体现的资本的分散、集团构成的血缘意识、社会组成的关系网络等，当然这些只是现代化过程中的内在因素。这一研究对于认识现代的中日社会结构无疑有重要的理论意义和现实意义。此外，面对中国这一多民族的社会，我们应该思考儒学在影响汉族周边少数民族社会的同时，其在社会结构上呈现出何种特点，如上文提到汉族社会的家的观念，如何影响少数民族的

① 参见〔韩〕金日坤《儒教文化圈的秩序和经济》，日本名古屋大学出版社，1984。

② 参见〔法〕莱恩著《亚洲文化圈的时代》，〔日〕福镰忠恕译，日本大修馆书店，1986。

③ 参见麻国庆《家与中国社会结构》，文物出版社，1999，第178～206页。

社会结构。同时，我们也可以通过对周边少数民族社会的研究，更好地认识汉族社会结构的特点。①

## 四　比较社会学的研究范式

比较社会学在对“社会结构”的考察中，所谓“社会”的单位假设是必要的。这里所说的社会不是哲学上一般化、抽象化意义上的社会，而是具体的每个社会。它是由被编入共同组织的人类集团组成。如果成为一名社会的成员，便有当然遵守的规范和一定的规则范围，并由此来组成区别于其他的单位。从像村落这样小规模的社会到像国家那样大的社会，都有各种标准。正如费孝通先生所言：“社会是指群体中人与人相互配合的行为关系。”② 研究的基础是个人和个人、个人和集团以及由个人组成的集团和集团之间的关系。这种“关系”在构成社会（或文化）的诸要素中是最难改变的部分。例如，中国社会20世纪50年代以来在物质、技术、政治意识形态等层面都发生了重大的变化，但人们的日常交际和人与人的交往，特别是农村的社会结构和社会关系等并没有发生结构性的变化。

因此，对于一些具体的社会进行比较研究时，作为比较研究的前提，首先是研究者应有问题意识。比较异质的东西，就是要区别己和他，同时还要超越己和他。如果比较研究有这种意识，比较研究的规模越大，探究社会事实的因果关联时，应同时考虑的其他情况的范围也就越广泛，这就需要有广泛的历史知识。进行比较研究的时候，重要而且困难的是如何使经济、政治、法律和宗教等各领域彼此关联，以及如何掌握整体结构的问题。此外，比较首先应在

① 参见麻国庆《汉族的家观念与少数民族》，《云南民族学院学报》2000年第2期。

② 费孝通：《个人、群体、社会》，载乔健、潘乃谷主编《中国人的观念与行为》，天津人民出版社，1995。

各个类别中进行，但领域之间的关联才是社会科学所面临的问题。因此，比较研究要注意类和类之间的异同和关联，这就涉及一个“推”字和“域”字。所谓“推”，强调在类与类之间，不是静态的，它还有一个“推己及他，推他及己”的动态结构；而“域”，就是在此基础上，要超越学科领域和地域，整合出一个新的“域”外之“类”。如此，比较研究可以用图1来表示。

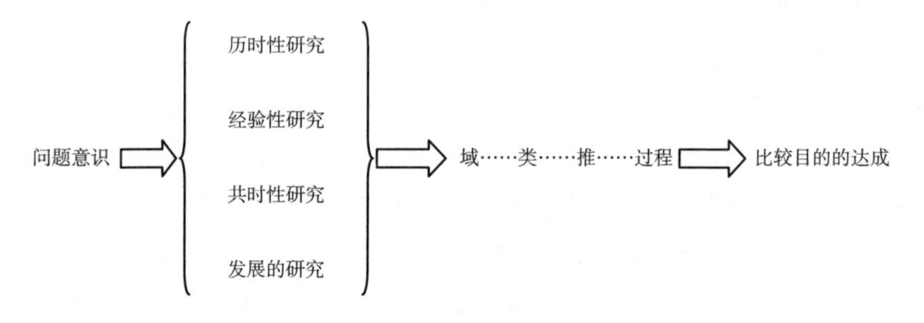


**图1　比较研究分类**

总之，由于社会学与人类学学科的发展，不断地刺激着比较社会学在理论和方法上的进一步完善；与此同时，随着历史社会学和地域研究领域的拓展，它也逐渐成为比较社会学得以发展的关键因素之一。因此，对于比较社会学的理论与实践的探讨，应以问题意识为出发点，从历史的、经验的、发展的观点分析研究不同的社会事实，从中认识比较社会学的合理内涵。以此为背景，在社会、文化、民族、国家与世界体系的概念背景下，打通社会学与人类学的分野，以一种对本土的悟性，来建构我们的知识体系和概念体系。

今天，面对全球化与地方化以及文化认同之间的关系，比较社会学的研究对象又被赋予了新的内涵。有的学者认为，全球化在破坏不同文化之间的边界，在破坏文化多样性。而作为对全球化的回应，萨林斯提出，我们正在目睹一种大规模的结构转型进程：形成各种文化的世界文化体系、一种多元文化的文化，因为从亚马孙河热带雨林到马来西亚诸岛的人们，在加强与外部世界接触的同时，都在自觉地认真地展示各自的文化特征。[①] 这一多元文化的文化就是一种文化 + 文化的现象。这一具体的事实就是本土的或地方的文化认同以及多元民族社会的民族主义在世界不同的国家和地区出现了复苏、复兴和重构的势头。而作为全球体系之中的地方社会或族群，常常在文化上表现出双重的特点，即同质性与异质性的二元特点。因此，对于全球化过程中文化的同质性与异质性的研究，比较社会学的理论和方法一定会扮演重要的角色。

① 参见 M. Sahlins，"Goodbye to Tristes Tropes：Ethnography in the Context of Modern World History"，*Journal of Modern History* Vol. 65，No. 1，pp. 1 –25，March 1993.

# 生产方式的衔接与当代民族研究：西方马克思主义民族学评析*

麻国庆　张少春

从20世纪70年代到80年代不断有西方学者梳理马克思主义的民族学①价值，并试图整理一个称之为马克思主义民族学的思想体系。② 马克思主义对民族学以及相关研究的影响，不仅体现在唯物论等哲学思想层面，还包括“阶级”“意识形态”“生产方式”等重要的分析框架。其中“生产方式”作为马克思对人类社会诸种形态中生产活动的抽象，在《资本论》中被明确作为研究对象。③ 相关理论被运用到20世纪50年代的少数民族历史调查以及后来的社会经济形态研究中，成为我国民族学研究的宝贵经验。为

* 本研究得到2008年度国家社会科学基金重大项目中央马克思主义理论建设与研究工程“民族学导论”教材编写的支持。本文原载于《民族研究》2014年第1期。

① 本文使用的民族学包含人类学在内，下同。

② 例如：Maurice Godelier, *Perspectives in Marxist Anthropology*, Cambridge: Cambridge University Press, 1977; Maurice Bloch, *Marxism and Anthropology*, Oxford: Clarendon Press, 1983。

③ 马克思在《资本论》第一版序言中提出：“我要在本书研究的，是资本主义生产方式以及和它相适应的生产关系和交换关系。”《马克思恩格斯选集》第2卷，人民出版社，1995，第100页。

了继承这一传统，本文试图通过梳理“生产方式”的概念史，寻找一种推进当前中国民族学研究的新路径。

## 一　西方马克思主义民族学的全景

民族学与马恩学说之间的密切关系表现为：它为马克思主义学说提供了坚实的社会证据，同时也构成两位奠基人研究的重要领域。马克思主义的民族学思想集中体现在马克思的《摩尔根〈古代社会〉一书摘要》《资本主义生产以前各形态》《马克思民族学笔记》和他关于波兰、爱尔兰等一系列民族问题的论著及恩格斯的《劳动在从猿到人转变过程中的作用》《家庭、私有制和国家的起源》等作品中。在此基础上，我们把在马克思主义指导下，研究民族这一世界性与历史性社会现象的学问，叫作马克思主义民族学。它产生的标志是《家庭、私有制和国家的起源》一书的出版，经过苏联苏维埃学派和新中国民族学研究实践的进一步发展完善而形成。[①]

而西方马克思主义民族学，则是指在西方世界的民族学传统中，受到马克思主义理论的启发所开展的研究。在目前的西方民族学话语体系中说起马克思主义，往往首先想到的是一系列特定概念，如生产方式、阶级、权力、异化、拜物教等，以及特定的理论、方法论，如文化唯物主义等。简单来说，西方马克思主义民族学表现为一定的研究风格和取向。他们围绕资本主义的主宰、不公平的政治关系、非西方社会的文化特殊性等命题发展出了一套批判和研究的理论体系。主要有法国的结构马克思主义学派、德国的法兰克福学派、美国的文化唯物主义学派以及英国的“马克思主义民族学”等。[②]

---

① 杨堃：《民族学概论》，中国社会科学出版社，1984，第103～149页。

② 白振声：《西方马克思主义民族学剖析》，《中央民族大学学报》（哲学社会科学版）1998年第1期。

西方马克思主义民族学的高涨，与整体社会思潮的转变有很大关系。20 世纪 60 年代以后，西方世界出现了形式多样的反战、反殖民主义、反帝国主义的运动，妇女运动也日益高涨。在这一背景下，学术界开始反思学术史中的殖民主义倾向，马克思主义成为包括民族学在内的众多社会科学的重要思想武器。最早出现在法国的结构马克思主义给民族学带来了前所未有的开放性与新鲜感，这个时期的马克思主义想象推动了学术批判的转型。进入 70 年代，各种街头运动偃旗息鼓，西方世界的马克思主义逐渐退守到学术机构，发展出包括国家、阶级、种族、性别等范畴的新概念。新一代的学者吸收了马克思主义的政治性，将“权力”作为民族学研究的概念开发出来。这种权力理论经过布迪厄的实践理论、福柯的话语分析，对民族学作为一个现代学科产生了深远的影响。然而，在 70 年代看似前景光明的马克思主义民族学到了下一个十年就逐步被以“政治经济学”为名的研究所代表。除去许多具体的经验研究，这一时期还涌现出一批重要的总结性著作。[①] 但是我们知道，总结性成果的问世实际上往往隐喻了继续发展的困境。陶西格（Michael Taussig）在 1987 年就提出西方马克思主义民族学的衰落。他认为政治经济学日益沦为资本主义社会自画像的再生产，形成资本主义式或资本主义化的分析范式。[②] 马克思主义被作为一种宏大理论而孤立了，学者们更偏向于种族、阶级、性别等话语性分析理论，呈现出普遍的后结构主义特征。在 80 年代后期社会主义阵营解体之后，这种趋势就更清晰了，马克思主义被作为没有前途的旧理论而受

---

① James W. Wessman, *Anthropology and Marxism*, Cambridge, MA: Schenkman Publishing Company, Inc., 1981. Maurice Bloch, *Marxism and Anthropology: The History of a Relationship*, Oxford: Oxford University Press, 1983.

② Michael Taussig, “The Rise and Fall of Marxist Anthropology”, *Social Analysis: The International Journal of Social and Cultural Practice*, No. 21 (August 1987), pp. 101 ~113. 这个刊物 1997 年才开始使用 Vol 编号。

到歧视。[1]

有学者通过重新发掘马克思主义思想，指出其民族学思想主要体现在三方面，即历史唯物主义（《德意志意识形态》）、资本主义分析（《资本论》第一卷）、历史和政治分析（《路易·波拿巴的雾月十八日》）。[2] 但是不同的学派对此解读并不一致，不同的学者均认为自己掌握了马克思主义的本质，有的聚焦于辩证法，有的发挥了历史主义，有的则继承了唯物论。而且普遍存在的现象是，许多学者罔顾马克思主义理论的系统性，从中抽取一些零散的概念塞到民族学中，表现出来的研究成果更是五花八门。这里不去深入讨论诸多思想之间的复杂关系，只是以简单的线索来勾勒一下西方马克思主义民族学的大致景象。存在两个层次的马克思主义民族学：一是从马克思那里汲取了哲学层面的理论营养所开展的研究，也可以称之为民族学的马克思主义取向（marxist approaches in anthropology）；二是继承马克思主义经典概念和分析工具的具体研究，就是狭义的马克思主义民族学（marxist anthropology）。

就前者而言，奥劳格林[3]（Bridget O'Laughlin）指出，辩证唯物主义为民族学提供了新的方法论框架。[4] 马克思主义民族学以唯物论为指导，将社会和文化作为进化的主要内容。但马克思本人并未像同时代的大多数进化论者那样，把对人类社会的研究简单地看成是生物进化的延续，他在著作中始终强调根据人类自身的生产和再生产运动来解释历史的发展。甚至有学者试图在此基础上建立一种辨证人类学（dialectical anthropology），并成立了同名

---

① Michael Burawoy, "Marxism after Communism", *Theory and Society*, Vol. 29, No. 2 (Apr., 2000), pp. 151－174.

② William Roseberry, "Marx and Anthropology", *Annual Review of Anthropology*, Vol. 26 (1997), pp. 25－46.

③ 见《马克思主义思想辞典》，陈叔平等译，河南人民出版社，1994，第510页。

④ Bridget O'Laughlin, "Marxist Approaches in Anthropology", *Annual Review of Anthropology*, Vol. 4 (1975), pp. 341－370.

的刊物。[①] 马克思对社会基础和上层建筑的区分对民族学产生了重要的影响，居住模式、生计方式等与生产密切相关的社会结构被民族学者作为社会基础。文化生态论者就是受到这一框架的启发，将“文化核心”作为基础结构，指出文化核心与自然环境的开发相联系，并且是文化进化得以实现的基础。怀特提出一种更为具体的技术决定论，认为可以通过考察社会中个体所利用的能量额度来认识不同社会的差异。与怀特重视进化过程的整体性不同，斯图尔德[②]强调的是进化路线的复合性和多样性。即使这两位学者存在这样的差异，但他们还是被联系起来，称之为“文化生态学派”。他们理论的核心是环境需求与社会制度之间存在直接的因果关系，相信在一定的技术条件下，社会中人们对环境的适应可以解释各种社会制度。马文·哈里斯[③]则在这条道路上走得更远，他进一步将文化归纳为物质力量的产物，在唯物论的层面与马克思主义相呼应。在哈里斯的推进与萨林斯的批评之下，文化生态学进一步发展为文化唯物论，在此可以清晰地看到马克思主义的影响。

对于狭义的马克思主义民族学，弗思[④]将之形象化地分为“直觉马克思主义”（gut marxism）和“理智马克思主义”（cerebral marxism）。[⑤] 前者指的是这样一批美国人类学者：他们认为马克思关于阶级矛盾、经济基础与上层建筑等方面的理论揭示了当代世界的状况，对于由西方经济、政治、殖民霸权所导致的问题抱有鲜明的道德热情。后者指的主要是法国的结构马克思主义学者，他们在

---

① Stanley Diamond, “The Marxist Tradition as a Dialectical Anthropology”, *Dialectical Anthropology*, Vol. 1, No. 1 (November 1975), pp. 1 - 5.

② 斯图尔德（Julian Steward）见石奕龙《斯图尔德及其文化人类学理论》，《世界民族》2008 年第 3 期。

③ 马文·哈里斯（Marvin Harris）见《文化的起源》，华夏出版社，1988。

④ 雷蒙德·弗思（Raymond Firth）见王铭铭《从弗思的“遗憾”到中国研究的“余地”》，《云南民族大学学报》2008 年第 3 期。

⑤ Raymond Firth, *The Sceptical Anthropologist? Social Anthropology and Marxist Views on Society*, London: Oxford University. Press for the British Academy, 1972, pp. 1 - 39.

马克思的基础上提出了富含理论意义的新问题。有学者接受了这一区分，并赋予这两种类别更为学术化的标签。奥特纳[①]（Sherry B. Ortner）将20世纪70年代的马克思主义民族学分为“结构马克思主义”（structural marxism，在法国学者之外增加了一些英国和北美学者）和“政治经济学”（political economy，把弗思提出的美国学派进行了更为清晰的区分）。[②] 本文继承这一分类，接下来对两派进行简单的梳理。

法国人类学的代表人物列维·斯特劳斯认为支配人类历史进程的是一种无意识的潜在因素，只有通过理论的分析研究才能揭示出来。他称之为“结构”，并在这个概念的基础上建立了法国结构主义的人类学传统。阿尔都塞[③]将马克思主义民族学的影响进一步扩大，指出对于“社会构成”的理解，并不能仅仅依靠一个“生产方式”，而是要关注社会中几种结构组织之间的连接方式。在他的影响下，学者们意识到同一地区社会结构的多样性，从而使得建构生产方式成为马克思主义民族学的重要目标。这一观点对后来学者的研究产生了极大的启发，其理论影响迅速从法国延伸至英国、美国以及其他地区。但过于结构功能味道的建构也限制了这一学派在解释社会变迁方面的价值，伴随着前资本主义社会的陆续消失，其影响力也衰退了。

政治经济学和结构马克思主义都主张人类行为和历史进程完全受制于某种结构性的力量，不过后者认为是生产方式的结构，而前者坚持资本主义扩展的必然性。政治经济学派继承了马克思主义经典作家对资本主义世界体系等政治经济学命题的讨论。坚持这一立

① 雪莉·奥特纳（Sherry Ortner）见庄孔韶《人类学经典导读》“序言”，中国人民大学出版社，2008。

② Sherry B. Ortner, “Theory in Anthropology since the Sixties”, *Comparative Studies in Society and History*, Vol. 26, No. 1 (Jan., 1984), pp. 126 - 166.

③ 路易·皮埃尔·阿尔都塞（Louis Pierre Althusser）见《读〈资本论〉》，中央编译出版社，2001。

场的学者关注不同社会经济地位的群体和社会之间因政治因素而形成的现实差距，他们提出资本主义制度而非自然环境是影响一个社区的重要外来因素。代表的依附理论和世界体系理论认为，当今世界最重要的不是一个社会内部的阶级问题，而是世界范围内中心与边缘的不平等。以弗兰克[①]为代表的依附理论关注欠发达地区的发展问题，而沃勒斯坦[②]等人主张的世界体系理论更强调一个全球性发展体系的存在，以及中心地带对于发展的操弄过程。也有学者以这种不平等为出发点，批判统治人类学的概念和实践、反思人类学与殖民主义的关系。但不可否认的是，许多后继的研究日益成为一种关于理论类型的补充与修正，而忽视了不同地区在这一宏大体系内的特殊性。[③]

上文简单梳理了20世纪60年代至80年代西方马克思主义民族学的发展历程，不能否认的是，这一学术流派在冷战之后走向了低潮。当前的西方马克思主义民族学表现出这样的特征，年轻的学者往往在马克思主义关于阶级和社会不公的假设之上发展他们的研究，但对此并不自明，对于马克思主义理论本身的优缺点也不感兴趣。[④] 可以说，马克思主义在西方几代思想家的发展之下，已经成为当代社会理论和批判思想的内在基础，虽然深刻影响了当代的学

① 贡德·弗兰克（Andre Gunder Frank）见《白银资本——重视经济全球化的东方》，中央编译出版社，2008。

② 伊曼纽尔·沃勒斯坦（Immanuel Wallerstein）见《现代世界体系》第1卷，社会科学文献出版社，2013。

③ Giovanni Arrighi, Beverly Silver, *Chaos and Governance in the Modern World System*, Minneapolis: University Of Minnesota Press, 1999. Chase - Dunn, Christopher K., Hall Thomas D.. *Rise and Demise*: *Comparing World - Systems*, Boulder, Colorado: Westview Press, 1997. Volker Bornschier, Peter Lengyel (Ed.), *Conflicts and New Departures in World Society*, New Brunswick, N. J.: Transaction Publishers, 1994. Andre Gunder Frank and Barry K. Gills. (Ed.), *The World System*: *Five Hundred or Five Thousand Years*? London and New York : Routledge, 1993.

④ Charles Menzies and Anthony Marcus, "Renewing the Vision: Marxism and Anthropology in the 21st Century: Introduction", *Anthropologica*, Vol. 47, No. 1 (2005), pp. 3 - 6.

术建构，但以马克思主义民族学为名的研究却陷入沉寂。

综观上述诸流派，社会生产是马克思主义民族学解释社会和文化的重要切入点。在马克思主义看来，物质资料的生产和人类自身的生产是社会生产这一矛盾统一体的两个方面，人类社会的存在和发展，正是“两种生产”矛盾运动的结果。[①] 而物质和社会的生产在不同的社会形态中表现出不同的特征，构成该社会的“生产方式”。这一概念作为马克思在《资本论》中提出的研究对象，内含了生产力与生产关系的辩证关系，其间的矛盾正是解释社会变迁与文化发展的重要出发点。本文接下来就试图以“生产方式”的概念为线索，重新审视已有的研究成果。

## 二　西方马克思主义民族学视野中的生产方式

关于什么是“生产方式”（modes of production），马克思并没有明确地定义。[②] 或者可以说，生产方式就是由某些基本关系所构成的一个模式，它定义并贯穿特定的历史。马克思认为起决定意义的规律是广义上的生产技术与社会关系之间的相互作用。他用这一概念来指称一种社会形式和经济系统，一个同时包含物质和社会条件的集合。马克思利用生产方式梳理了人类历史上的各个社会形

① 1884 年恩格斯在《家庭、私有制和国家的起源》第一版序言中指出：“根据唯物主义观点，历史中的决定性因素，归根结底是直接生活的生产和再生产。但是，生产本身又有两种。一方面是生活资料……食物、衣服、住房以及为此所必需的工具的生产；另一方面是人自身的生产，即种的繁衍。一定历史时代和一定地区内的人们生活于其下的社会制度，受着两种生产的制约：一方面受劳动的发展阶段的制约，另一方面受家庭的发展阶段的制约。”即“两种生产”理论，见恩格斯《家庭、私有制和国家的起源》，《马克思恩格斯文集》第 4 卷，人民出版社，2009，第 15～16 页。

② 陈文灿：《马克思恩格斯关于“生产方式”概念的含义》，《复旦学报》（社会科学版）1982 年第 4 期；郭树清：《生产的自然形态和生产的社会形式的辩证统一——马克思的生产方式概念》，《中国社会科学》1985 年第 5 期。

态，在这个阶梯上的每个阶段都由一种生产方式所主导。[①] 但这并不是说一个社会或文化只存在一种生产方式，往往是同时由多种生产方式相互重叠、作用和承接，然后有一种主导的生产方式决定其基本特征。

马克思所讲的生产方式并不是作为生产力和生产关系的相加，而是介于两者之间并把它们联系起来的一个范畴。[②] 生产力与生产关系的内在结构也导致了“生产方式”研究的两种不同取向。有的学者从生产力所表现出来的技术、环境、工具等决定性因素出发，倾向于把生产关系归结为技术制度。像怀特关注文化的技术因素，以及其对一定社会内部结构和文化形态的影响，通过社会进步中的技术因素分析，他细化了马克思主义的生产方式理论，讨论了不同技术条件所反映的生产关系。古迪[③]（Jack Goody）甚至比美国的唯物论同行更进一步，具体地指出犁及相应耕作技术的缺乏，在很大程度上决定了非洲国家发展过程中政治组织的形态。[④]

有的学者就从生产关系本身所处的社会文化差异性出发，讨论制度性因素在生产和再生产过程中的作用。阿尔都塞的一个重要成就就是发展了马克思关于生产方式的讨论，将之作为一种结构因果关系。在阿尔都塞看来，一种生产方式是由无数关系结构组成的总的结构系统，但这些关系系统服从生产关系的结构。他认为只有把劳动力、直接劳动者、主人或者非直接劳动者、生产对象、生产工

---

① “大体说来，亚细亚的、古代的、封建的和现代资产阶级的生产方式可以看作是经济的社会形态演进的几个时代。”〔德〕卡尔·马克思：《〈政治经济学批判〉序言》，《马克思恩格斯选集》第2卷，人民出版社，1995，第33页。

② “生产方式既表现为个人之间的相互关系，又表现为他们对无机自然界的一定的实际的关系，表现为一定的劳动方式。”〔德〕卡尔·马克思：《1857~1858年经济学手稿》，《马克思恩格斯全集》第46卷（上册），人民出版社，1979，第495页。

③ 杰克·古迪见《偷窃历史》，浙江大学出版社，2009。

④ Jack Goody, *Technology, Tradition and the State in Africa*, Oxford University Press, 1971, pp. 21－38.

具等要素联系起来，才能界定在人类历史上已经存在过和可能存在的生产方式，而这种结合只有在所有权、占有、支配、享受、共同体等主题的研究中才能体现出来。[①] 他在1965年出版了《保卫马克思》与《读资本论》，这两本著作大大改变了法国马克思主义的景象，并对形成中的法国马克思主义民族学产生了重要影响。[②] 在阿尔都塞之后，生产方式被发展成为一种民族学的分析工具，而不再仅仅是划定发展阶段的标准，涉及将人与生产过程联系起来的社会关系，以及工具、技术、知识等组织生产的方式。

阿尔都塞对马克思的解读，为法国马克思主义民族学带来了直接的影响。[③] 古德利尔[④]（Maurice Godelier）声称他们发展的是一种新的理论，与那种走向粗鄙的机械唯物论不同，追求生产方式背后的结构性因果关系。他指出，在澳大利亚土著等狩猎采集社会，经济基础与上层结构同时在亲属、宗教中展现出来。生产关系表现为一定的亲属关系，而且这种关系从家庭内部扩散到群体层面，渗透到维持生存所开展生产活动的各个方面。[⑤] 在下一部著作中，他进一步讨论了将马克思主义分析范式应用到前资本主义社会的潜力。[⑥] 通过考察与生产方式相伴的经济系统，他将与经济变迁紧密联系的社会文化内容视为功能性特征。这些特征伴随着经济的发展而作出调整，因而可以作为研究社会变迁

① 〔法〕路易·阿尔都塞、艾蒂安·巴里巴尔：《读资本论》，李其庆、冯文光译，中央编译局出版社，2001，第204页。

② 〔法〕路易·阿尔都塞：《保卫马克思》，顾良译，商务印书馆，1984；〔法〕路易·阿尔都塞、艾蒂安·巴里巴尔：《读资本论》，李其庆、冯文光译，中央编译局出版社，2001。

③ Joel S. Kahn, Josep R. Llobera, "French Marxist Anthropology: Twenty Years After", *The Journal of Peasant Studies*, Vol. 8, Issue. 1, 1980, pp. 81 – 100.

④ 莫里斯·古德利尔见《礼物之谜》，青海人民出版社，1961。

⑤ Maurice Godelier, *Rationality and Irrationality in Economics*, New York: Monthly Review Press, 1972.

⑥ Maurice Godelier, *Perspectives in Marxist Anthropology*, Cambridge: Cambridge University Press, 1977.

的对象。

与古德利尔同时期的梅拉索克斯（Claude Meillassoux）最初是为了解释他所研究的象牙海岸 Gouro 人社会经济生活的基本特征，而采纳了马克思主义的思想。他描述了一个在殖民社会或血缘社会处于辅助地位的传统生产方式，强调与锄耕农业相关的劳动方式，指出这种传统的基础被市场贸易以及其后的殖民体系所削弱。[①] 他对于生产方式以及再生产的研究，还体现在对采集狩猎社会与农业社会中女性的特殊意义进行了比较。他指出，家庭经济保障了劳动力再生产，从而巩固了现存的权力结构。[②]

接下来就是以特雷（Emmanuel Terray）和雷（Pierre – Philippe Rey）为代表的所谓第二代法国马克思主义民族学者。特雷重新研究了梅拉苏对 Gouro 人的研究材料，重点讨论了如何建立前资本主义社会的生产方式，试图在阿尔都塞的指导下寻找一种适合血缘社会的生产方式模型。[③] 他否认可以只通过一种生产方式来认识社会，强调动态的分析。特雷提出，只有将 Gouro 人社会看作两种生产方式相结合的产物，才能解释他们在进入殖民地之前的社会状态：一是“农村部落制”生产方式，一是“生产的血缘方式”。后者决定并支配着两种生产方式在社会生活中的结合，只有在这种特殊结合中才能理解其社会结构。[④]

在之后的 1971 年，雷通过分析刚果人的三个社群指出，在外来资本主义生产方式的压力之下，长老阶级可以通过控制再生产

① Claude Meillassoux, “‘The Economy’ in Agricultural Self – Sustaining Societies: A Preliminary Analysis”, in David Seddon ed., *Relations of Production: Marxist Approaches to Economic Anthropology*, London: Frank Cass, 1978, pp. 127 – 157.

② Claude Meillassoux, *Maidens, Meal and Money: Capitalism and the Domestic Economy*, Cambridge: Cambridge University Press, 1981.

③ Emmanuel Terray, *Marxism and “Primitive” Societies : Two Studies*, translated by Mary Klopper, New York: Monthly Review Press, 1972.

④ 〔英〕莫里斯·布洛克：《马克思主义与人类学》，冯利等译，华夏出版社，1988，第 181 ~182 页。

或重新组织生产集团等方法维持已有的生产关系，也就是本土的血缘生产方式如何适应的问题。[①] 他批判了上述特雷关于不同生产方式并存讨论的静态性，指出应该强调不同生产方式结合的动态过程，也就是不同生产方式转换和交接中所反映出来的矛盾性，包括生产力发展与生产关系、不同生产方式的内在逻辑之间的矛盾。

至此，法国马克思主义民族学的特征逐步清晰。这一学派将“生产方式”的概念引入前资本主义社会的研究，指出在这些社会或文化中，生产关系与亲属制度、宗教和政治联系在一起。资本主义社会的生产关系由经济活动实践出来，而前资本主义社会的生产关系往往通过非经济行为中的人际关系展现出来。生产方式作为马克思主义的重要概念，被民族学者解读为“由生产关系的支配构成的生产关系和生产力的连接”。[②] 这些学者通过具体的田野研究，把生产方式投射到亲属关系、继嗣、婚姻、交换、家庭组织等事项，通过发掘这些事项在社会生产、再生产过程中的作用，描绘出丰富而复杂的社会图景。至此，生产方式不再仅仅是生产活动的概括，也与对应的社会形态和文化事项联系起来。

## 三　生产方式的衔接问题

生产方式理论的研究在特雷和雷那里已经注意到了多种生产方式并存与转化的问题。到了20世纪80年代，受这一理论影响的学者开始从前资本主义社会，特别是那些采集狩猎的部落社会转向了农业社会。在农业社会的变迁问题上，争论的一个焦点在于前资本主义社会的分层、身份和传统是否必然会转变为资本主义的阶级关

① Pierre - Philippe Rey, *Colonialisme, Neo - colonialisme et Transition au Capitalisme*, Paris, Maspero, 1971.

② Barry Hindess & Paul Hirst, *Pre-Capitalist Modes of Production*, London: Routledge & Kegan Paul, 1975, pp. 9 - 10.

系。政治经济学派认为资本主义生产方式在扩张的过程中将不可避免地吞噬传统社会与文化。但是法国马克思主义民族学者从传统生产方式转型的角度出发，提出生活在转型社会的人们会在资本主义和传统的关系中对冲和转换。[①]

也就是在某一具体的社会形态之中，对于社会变迁的理解，不能单靠一种生产方式，而是要通过社会中各种结构组织之间的连接方式，即生产方式的衔接（articulation of modes of production）。这一概念是马克思用来解释原始积累的一个重要概念，他所讨论的衔接存在于两方面：一是西欧进入资本主义的社会转型，二是资本主义国家与殖民地的联系。[②] 马克思把资本主义国家与外部殖民地联系起来，强调了这个纽带中的价值转移对资本主义本身的重要性。[③] 阿尔都塞将“衔接”发展为一种连接关系，即反映不同社会关系的生产方式之间的连接。这些衔接在一起的成分达成某种机制使得各方的交流得以形成，但仍保有自身的基本特征，不会因此形成统一体。在连接结构之内，各种生产方式的关系并不是对等的，占据经济、政治或文化支配地位的生产方式有着更大的能量，主导着连接关系的发展。对于阿尔都塞来说，这种“衔接”关系的存在支配着整个生产方式共存关系的存在，支配着整个生产方式的现在、危机和未来，并作为整个生产方式结构的规律决定着整个经济现实。[④] 通过“生产方式”与“衔接”两个概念，阿尔都塞关于生产方式的理论才完整展现出来。只有深入单一生产方式内部各种不同的矛盾之中，深入两种生产方式之间各种不同结构的连接之

① Meillassoux，C.，“Historical Modalities of the Exploitation and Over－Exploitation of Labor”，*Critique of Anthropology*，vol. 13 no.（4），1979，pp. 7－16.

② Thomas C. Patterson，*Karl Marx*：*Anthropologist*，Oxford：Bloomsbury Academic，2009，pp. 128－138.

③ 〔德〕卡尔·马克思：《所谓原始积累》，《马克思恩格斯选集》第2卷，人民出版社，1995，第265~266页。

④ 〔法〕路易·阿尔都塞、艾蒂安·巴里巴尔：《读资本论》，李其庆、冯文光译，中央编译局出版社，2001，第211页。

中，人们才能真正理解历史的进程。至此，我们才能说掌握了生产方式理论的两个层次。

那些受这一理论影响的民族学者，试图建构一个社会内部各种结构的连接体系，用以解释他们所研究的各种社会的历史发展。如果以此来分析政治经济学派的各家学说，会发现学者们大致在建构两种生产方式，占主导地位的是资本主义生产方式，另一种就是非资本主义的生产方式。他们通过世界各地的田野材料来说明两种生产方式之间的相互作用，一方面考察两种生产方式各自内在的逻辑，同时讨论它们交织在一起的结构是怎样形成的。最直观的表现就是世界体系理论、依附理论专注讨论资本主义生产方式的支配地位如何发生作用，以及另一方如何接受、适应和反抗。这种“衔接”建立在具体的事实之上，也就是在商品流通、人口流动、资本投入、技术引进、行业建立、文化传播等基础之上形成的各种交往关系之中。归纳政治经济学派的研究对象，可以发现它们大都形成于全球与地方的交界地带。他们所关注的社会文化内容正是不同生产方式交锋过程中的产物。

西敏司（Sidney Mintz）和沃尔夫（Eric Wolf）是第一批重提马克思主义的美国人类学者，他们继承了马克思对于农民问题的关注，讨论了农民在资本主义社会的地位问题。[①] 他们将地方社会视为一个社会、政治、经济与文化的历史过程，通过地方社会关系与国家、帝国形成过程的交织来展现社会与文化差异的形成。沃尔夫将马克思的生产方式类型简化为三种：资本主义（capitalist）、贡赋制（tributary）和亲族制（kin - ordered）。[②] 从地方传统生产方

---

① Sidney Mintz, “The So - Called World System: Local Initiative and Local Response”, *Dialectical* Anthropology, Vol. 2, No. 4, November 1977, pp. 253 - 270. Eric Robert Wolf, *Peasant Wars of the Twentieth Century*, Oklahoma: University of Oklahoma Press, 1999.

② 〔美〕艾瑞克·沃尔夫：《欧洲与没有历史的人民》，赵丙祥等译，上海人民出版社，2006，第93～120页。

式的变迁与资本主义在各大洲的扩展两个方向上，考察了不同文化、政治和社会环境的人们如何回应这种历史性遭遇。沃勒斯坦指出，在资本主义向边缘地区扩张的进程中，西方与非西方的文化分类与阶级一道成为一种权力区分的机制。这种机制构成了生产方式衔接的政治与文化实践机制，为我们深入这一狭缝地带的意义体系提供了可能。[①] 这些重要的著作为后世的学者提供了理论基础，但我们更关心的是不同学者以此为框架所展开的民族志研究。下面就来讨论生产方式的衔接作为研究工具，如何在一些具体的研究中被使用。[②]

政治经济学派最为擅长的就是以商品的生产和流通来展开世界体系内部的不平等关系，早期的研究大多集中在种植园经济、殖民地贸易等帝国与地方并存的对象上。文森（Joan Vincent）在对乌干达的研究中指出，殖民地政府引进人头税，财产关系的变迁与棉花种植业的引入共同作用，导致了农民阶级的产生。[③] 当地人通过进入种植园来逃避税收和劳动法案的约束，却为种植园提供了充足的劳动力。在东南亚，斯托勒[④]（Ann Laura Stoler）研究了东苏门答腊地区的种植园，将之作为多种因素的汇集点，如全球贸易、殖

---

① 〔美〕伊曼纽尔·沃勒斯坦（Immanuel Wallerstein）：《现代世界体系》第1卷，罗荣渠译，高等教育出版社，2000，第460～473页。

② 当然，并不是说这些著作就是唯一重要的，只是希望能够描绘出一个大致清晰的线索。其他的研究如：Peter Worsley, *The Trumpet Shall Sound: A Study of "Cargo" Cults in Melanesia*, New York: Schocken Books, 1968/1970. Joel Kahn, *Minangkabau Social Formations: Indonesian Peasants and the World - Economy*, Cambridge: Cambridge University Press, 1980. Christine Gailey, *Kinship to Kingship: Gender Hierarchy and State Formation in the Tongan Islands*, Austin, TX: University of Texas Press, 1987. John Gledhill, *Casi Nada: A Study of Agrarian Reform in the Homeland of Cárdenismo*, Albany: Institute of Mesoamerican Studies, State University of New York, 1991. Rigby Peter, *Cattle, Capitalism, and Class: Ilparakuyo Maasai Transformations*, Philadelphia, PA: Temple University Press, 1992.

③ Joan Vincent, *Teso in Transformation: The Political Economy of Peasant and Class in Eastern Africa*, Berkeley: University of California Press, 1982.

④ 女性，台湾译为"安·罗拉·史多拉"。

民地经济、岛屿间交往、印尼内部政治、地区文化传统和地方特殊性，[①] 展现了区域内代表不同生产方式的人，如荷兰殖民者、马来精英、印尼民族主义者、爪哇劳动者和爪哇寮屋居民如何在不同的历史时期展开互动。西敏司的《甜蜜与权力》并不是严格意义上的民族志，却把糖作为生产方式结合的纽带揭示了出来。[②] 聚焦工业化早期的英格兰以及加勒比殖民地的甘蔗种植园，蔗糖生产所衔接的不仅仅是资本主义与种植园两种生产方式，更是将两种生产方式内部所发生的早期资本主义原始积累、工人阶级的形成、宗主国与殖民地关系、奴隶化生产联系在了一起。

这种政治经济学的分析框架也被用来理解某些出现在连接地带的特殊文化现象。纳什（June C. Nash）将马克思主义理论应用到玻利维亚锡矿工人的生活中，指出了暴力现象背后的结构性意识。[③] 她研究了一个分享地方世界观的农民社会如何转向一种无产阶级的世界观，描述了世界体系边缘地带的社会、经济和政治现实。其关注的中心问题在于意识领域的矛盾，一方面依赖矿井作为生计来源，另一方面又不满矿井主的剥削和压迫，以及这种矛盾如何影响工人们的反抗行动与文化生产。陶西格[④]讨论了印第安人的自然崇拜如何回应、适应西方传统中的基督教知识体系。[⑤] 他将马克思作品中使用价值与交换价值的矛盾引入农民社会与资本主义两种不同的生产方式之中，作为其精神体系的内核，从而展现了传统崇拜在新的历史条件下发生的逆

① Ann Laura Stoler, *Capitalism and Confrontation in Sumatra's Plantation Belt*, 1870 - 1979, New Haven: Yale University Press, 1985.

② Sidney Mintz, *Sweetness and Power: the Place of Sugar in Modern History*, Harmondsworth: Penguin, 1985.

③ June C. Nash, *We Eat the Mines and the Mines Eat Us: Dependency and Exploitation in Bolivian Tin Mines*, New York: Columbia University Press, 1979.

④ 迈克·陶西格（Michael Taussig）见《南美洲的魔鬼与商品拜物教》，《西方人类学名著提要》，2004，第527页。

⑤ Michael T. Taussig, *The Devil and Commodity Fetishism in South America*, Chapel Hill: University of North Carolina Press, 1980.

转。从印第安人不区分上帝与魔鬼的自然崇拜，到基督教上帝与魔鬼对立信念的引入，隐喻了两种生产方式之间的张力以及人们的调适。与此类似，王爱华（Aihwa Ong）研究了马来西亚工厂女工的灵魂附体现象，将之作为对资本主义生产关系的一种反映。[①]她把这些年轻的女工作为一系列由阶级、性别、村庄、家庭所作用的历史对象，其灵魂附体的话语展现出对工厂生产和男性控制的反抗。

生产方式的“衔接”把人类学带入一个更宏大的历史、政治和经济过程之中，突破了社区研究的限制。但是问题在于，对于民族学主题的理解往往沦入一种功能主义，强调非资本主义对于资本主义发展的作用，如资本积累，或提供廉价劳动力、原材料，进而形成某种决定论的意味，忽视了作为主体的适应、抗争等主动性活动。生产方式的研究应该关注的是“衔接”的结构和过程，强调各方在这种结构之下的互动。这种衔接的过程与结构所导致的政治、社会、文化现象发生在国家与国家、社会与社会、国家与地方之间，是一种认识社会变迁的有效工具。新的研究越来越聚焦于特定地区或族群的民族志研究，学者们关注族群关系、劳动力迁移、移民与外汇、家庭形态、性别分工等具体的研究领域。

## 四　对中国当代民族学研究的启示

上面的整理表明，“生产方式”这一概念在民族学中的运用，揭示了单位社会内部特定时空条件下的生产和社会特征。20 世纪 50 年代我国的少数民族历史调查以及后来的社会经济形态研究正是此类工作的典范。从生产工具和组织形式等生产活动的基本特征

① Aihwa Ong, *Spirits of Resistance and Capitalist Discipline: Factory Women in Malaysia*, Albany: State University of New York Press, 1987.

出发，揭示了当时少数民族地区社会活动的大致面貌。[①] 但是作为一个多民族国家，各民族你来我往不仅是一种历史条件，更是经济社会发展的现实格局。所以针对单个民族的生产方式研究必须走向“衔接”，也就是生产方式理论的第二个层次。“生产方式的衔接”解释了多个社会相互联系，或者某社会内部不同生产方式之间的结构关系。中国社会整体上在20世纪80年代以后经历了从计划经济到市场经济的重大变革，而在西部大开发之后，这种剧烈的变迁更深入地影响到西部广袤的少数民族地区。现代经济活动前所未有地将少数民族地区的不同区域、民族、文化纳入复杂的经济交往活动之中。因而，只有在“衔接”中才能找到形成新关系、发展新模式、建立新机制的机会。在不同生产方式衔接或者摩擦的部位，主位和客位、地方和全局、多元和一体的复杂关系充分展现出来，这正是推进民族学研究的重要突破口。

以“生产方式的衔接”来认识我国多民族社会的现状，必须分为两个层次。一是历史上形成的“民族结合部”，表明“衔接”是一种历史条件。跨民族区域社会纽带的形成，一个重要的因素就是基于地缘的经济联系，以民间商贸交流为纽带的传统地缘经济联系是地方社会结合的重要基础，也是民族交往和文化交流的重要依托。只有深入了解这种民间经济来往背后的经济联系、社会整合、文化交流、人员交往，才能深刻理解民族结合部的历史与现状。传统地缘经济联系纽带的主要内容有民族特色手工艺品、宗教商品、日常生活物资运输供给，以及自然资源开发与交换等，在此基础上发展出不同形式的民族文化纽带和复杂的交往关系。

因此，始终要将各民族之间的接触、交往和联系作为问题的出

① 关于我国少数民族地区的四种社会经济形态，见李绍明《我国各民族的社会经济形态〈民族学概论〉讲座（六）》，《贵州民族研究》1983年第1期。关于经济文化类型与社会形态，见林耀华《民族学通论》，中央民族大学出版社，1997，第271～294页。

发点，深入多民族地区的社会交往和文化网络，打破行政划分和民族区别的藩篱。从这一脉络出发，我们必须给予经济、社会、文化上的“民族结合部”以特别的重视。目前许多研究倾向于将民族作为一个特定的经济和文化单位，人为地将其划分为孤立的研究对象，而忽视了有大量的民族人口生活在民族交流的地带。如果将“民族结合部”作为一个学术单位，会发现这一概念之下包含了民族经济的交换、整合与嵌入，民族文化的借用、交叉和重叠，民族人口的流动、交往和互动。人口、宗教、民俗、商品等在区域的范围内流动，更深层次的市场体系、信仰网络、社会组织则在这个流动的过程中冲撞和共生。不同民族社会的“衔接”实际上是一个社会关系构筑的过程，或者说是跨越地理、文化和政治上的边界建立社会性领域的过程。

但是不能将“民族结合部”的经济、社会、文化连接视为一系列孤立的点，更应看到点与点之间的流动与扩散。民族地区的快速发展打破了传统上基于地缘关系的社会交往圈，带来了大规模的人口流动。这里的流动不仅仅是城市化导致的人口流动，复杂的流动现象将生态、心态都搅动起来，流动本身成为中国当前的主要社会特征。[①] 不同的群体在交往过程中如何形成新的结合纽带，应该是民族学研究的重点。

二是少数民族社会如何与整个的市场经济体系连接起来，“衔接”又是一种现实结构。鹤见和子用内发型发展讨论东亚社会如何接入现代资本主义世界体系，也就是东亚传统社会文化如何培育出市场经济的新苗。中国的特殊性在于多民族并存的复杂现实，因而就不单是传统与现代的问题，也是一个传统与另一个传统的问题。费孝通先生提出“黄河上游多民族开发区”“两南兴藏”等设想是为了培育市场经济发展的土壤，希望在民族地区出现多点开花

① 麻国庆：《当代中国的社会现实与应用人类学研究——中国大陆应用人类学现状评述》，《华人应用人类学》2012 年第 1 期。

的局面。但是当其中一颗种子已然长成参天大树，对于少数民族社会的发展而言，就不仅是内发型发展的问题，而是要如何处理与中国特色市场经济体系的关系。多元一体是我国多民族社会的基本结构，在这里就是“多元”如何应对“一体”的问题。从这个意义上来说，上述政治经济学派的研究就具有特别重要的意义。

如果把代表“一体”的市场经济体系作为一个过程的话，就是市场经济所裹挟的规则、技术、关系和文化如何逐步进入民族地区，如何在少数民族社会的日常生活中同传统的宗教、知识与习惯进行互动的问题。“发展”“进步”作为一套外来的话语体系反映了市场经济的发展观，表现为国家所推动的一系列政策，如“退耕还林”“水电开发”“生态移民”“定居化”等宏观政策已经成为少数民族日常生活的重要内容。以“退耕还林”政策为例，该政策落实之后，白马藏人完全进入了国家的社会福利体系，世代相传的生计方式失效以后，政府、水电企业成为他们日常生活中支配性的经济力量。这一过程的结果就是，白马藏人生活中的规则体系出现了复杂的交叉性。白马藏族的传统知识与市场经济规范、国家法律体系之间的跨越、交叉、借用成为当地社会的重要特征。[①]

新出现的规则体系所反映的是，任何一个少数民族社会都面临多重力量的支配。比如，传统牧区社会只有农业冲击着草原，然而随着我国市场经济的不断发展，各种资本力量也开始在牧区扩散。牧区社会开始由传统的农牧矛盾向牧业与工业矛盾转变，草原上同时存在牧业、农业、工业三种经济方式。在农业、机器、资本纷纷进入牧区后，牧区原有的社会组织、生态关系、经济关系等都发生了变化。[②]这些力量最直接的表现是对草原生态的破

① 张少春：《一个白马藏族村寨的纠纷与秩序——当代民族交流情境中的社会规则》，2011 年全国民族学博士生学术论坛会议论文，中央民族大学，2011 年 12 月 7～9 日。

② 麻国庆、张亮：《进步与发展的当代表述：内蒙古阿拉善的草原生态与社会发展》，《开放时代》2012 年第 6 期。

坏，并间接地对牧民的生计方式、经济生活、文化传承等也造成了很大影响。在这一背景下，任何发展政策的施行都是一个由中央政府、地方政府、市场精英、农牧民等多元行动主体共同参与的社会过程。

应该注意到市场经济的扩展不仅是横向的，除了在东部与西部、汉族与少数民族、市场经济与民族传统的层面之外，纵向也深入少数民族地区的日常生活当中。少数民族人口名义上受到国家政策的特殊优待，但由于自身各种条件、能力所限，他们又在被不断地边缘化。这个过程中每个群体的处境也存在差异，有些人已由过去政策的被动接受者转变为积极的利用者，主动拥抱市场经营活动。例如，新一代牧民将游牧文化传统、社会组织形式同畜牧业的现代发展联系起来，力图建立符合地区特点的政策体系和生产组织模式，表现为家庭牧场、合作经营或联户经营等新的方式。但在这个过程中，不同群体的人们由于资源占有、规则掌握、社会网络等因素的差异导致收入差距在不断拉大，社会分化的现象日益突出。因此，要深入理解民族现象，就必须将民族社会作为不同层次人的集团放置到整体社会结构之下，只有这样，民族内部的复杂性和特殊性才能展现出来。

如果说民族结合部是将生产方式的衔接空间化的话，在另一个方向上，现代交往过程中少数民族如何进入市场经济体系也可称之为立体化，涉及国家、民族以及民族内部的分层与结构。我们致力于讨论民族地区发展的复杂性，即一个社会的转型是由市场经济的制度和结构，同其所发生的民族社会的结构与逻辑共同作用的结果。在这里，历史可以作为不同生产方式衔接过渡的过程。这种观点与沃尔夫的历史观类似，[①] 不是国家史或者民族史，而是市场经济与民族体系交锋地带的历史，或者说两者的交织互动，才是更具

---

① 〔美〕艾瑞克·沃尔夫：《欧洲与没有历史的人民》，赵丙祥等译，上海人民出版社，2006，第450～453页。

有民族学价值的宝藏。但这更像是提出新的研究问题，而不是答案。

## 五　结语

马克思“生产方式”的概念经过阿尔都塞的发展，推进了生产方式“衔接”的讨论。这两个概念激发了法国的结构马克思主义民族学，并构成梳理政治经济学研究的一条线索。从这一理论出发，全球与地方、国家与民族的交界地带，如经济开发区、流动人口、民族经营方式都可以看成是不同生产关系交锋过程中的机制与实践。这种连接关系本身构成了中国民族学新时期的重要研究对象，它们存在于：民族走廊、跨区域民族聚居区等空间上的民族结合部，少数民族人口、商品流动中产生的特殊纽带和现象，城市化、工业化过程中所产生的各种开发区、旅游区、矿区等发展特区，市场经济体系下人们日常生活中新出现的生计方式。而要认识这些现象，研究少数民族地区市场经济与传统生产活动之间的“衔接”，可以通过分析商品市场的发展、经济规则的实施、不同形式资本的投入、教育或技术的传播、文化或意识形态的实践等内容。市场经济体系自东向西、自外而内地进入少数民族地区的过程中，一切问题都可以视为市场经济与少数民族传统生产方式衔接过程中的问题。脱离了这个衔接的结构和关系，便无法真正理解发生在民族地区的社会变迁。

# 人类学与通识教育*

首先非常高兴能参加由开放时代杂志社发起的关于大学和通识教育这一话题的讨论。今天的中国在经济高度增长的背后，大学的数量也以超出我们大学教师本身思考的限度大跃进式地扩张和增长，特别是一些新的专业的设置，在我们的教师还没有到位的情况下，我们可爱的学生已经纷至沓来，我们以什么样的教育理念和专业知识来授业解惑于我们的学生？伴随着近年来关于大学改革的争论，更让人对于大学的理念特别是中国的大学理念感到惶惶然。如果有一天我们的后代发现，在中国的国土上的大学却没有了中国人自身的精神家园的寄托，没有了“中和位育”的精神感怀，而有的仅是汗牛充栋的文化殖民的话语体系，那我们岂不是没有了“自己”的大学了？我并不是在渲染国粹主义，在一定程度上我们的大学还需要不断从西方的大学精神中吸取营养，这种学习是一个较为长期的过程，而非单纯的表面文章，做表面文章才容易掉入被文化殖民的泥潭。在我看来，要使我们的大学既拥有自己，又拥有

* 本文发表于《开放时代》2005 年第 1 期，有删改。

他者（西方）的大学逻辑，通识教育是非常重要的一环。而这一点是为我们的大学多年来所忽视的，或许我们的大学到今天还在追求着“大学之所以‘大’，是因为有名教授”的传统的精英理念，而相对忽略大学自身的内部结构和授业对象。与此相反，在欧美的大学中，在19世纪就已经提出了类似于今天的通识教育（general education）的理念。例如，1828年美国耶鲁大学提出的《耶鲁报告1828》（The Yale Report of 1828）中指出：大学的目的，不是教导单一的技能，而是提供广博的通识基础，不是造就某一行业的专家，而是培养领袖群伦的通才。学生从大学所获得的，不是零碎知识的供给，不是职业技术的贩卖，而是心灵的刺激与拓展、见识的广博与洞明。在哈佛大学，“通识教育”从1636年就开始实行了，但随着社会的变迁已经发生很大的变化，如从初期以文学和圣经为主的课程已转变为与学生的兴趣、社会需要、文化理解与沟通、科学与技术发展等的动态课程联系在一起。其目的在于培养学生的创造性与自主性从而成为“完整的人”（the whole man）。笔者作为一名人类学学科的教学和研究者，从1998年开始在北京大学开设“人类学概论”公共选修课程（后改为通选课程），这也是北大实行通识教育（当时还称为素质教育）课程以来，较早的政治课之外的社会科学课程之一。通过多年的教学和实践，我深深地体会到人类学这一学科在培养学生作为“完整的人”方面是一门必不可缺的教养性课程。

人类学经过一个多世纪的发展，到今天可谓五彩缤纷。翻开今天的人类学著作和相关的论文，诸如性别、旅游、开发、民族纷争、医疗、环境、难民、原住民运动、民族主义、殖民地问题等名词，不断进入我们的视野。而这些词汇也同时出现在其他社会科学中，如政治学、经济学、国际关系、法学、社会学等领域，表明这些问题是人类发展到今天所面临的共同问题。特别是在“9·11”之后，人们更加认识到，人类社会正面临着一场社会的“危机”、文明的“危机”。这类全球性问题所隐含着的潜在危机，引起人们的警觉。而作为科学的人类学也正在以传统的研究领域和技术为基础，扩展自身的研究视野，试图探索出解决现代社会诸问题的方法。人类学家的研究对象开始由初民社会和乡民社会逐渐转向现代社会。事实上，人类学家由于巧妙地结合了整体的、跨文化的与进化的研究，创造了人类学研究当代社会诸问题的研究模式。

而对这些问题的研究，离不开人类学的研究传统——“文化”和“社会结构”研究的基础。而社会与文化这一领域一直为国际上通用的通识教育的核心课程之一。在目前的通识教育体系中，就我的理解而言，人类学的学科特性，可以从如下几个方面进一步丰富通识教育的内容和框架。

## 一　异文化的理解与他者的认识

以跨文化为研究对象之一的人类学，在过去相当长的一段时间中，一直强调不同文化各自的独立性，发展出了文化相对论（cultural relativism）。然而，如果以静态的观点来看，文化相对论容易走向极端化，如面对全球化，一些学者认为，全球化在破坏不同文化之间的边界，在破坏文化多样性。但是，如果仅仅从这种相对静态的文化相对论观点来看待变化中的全球文化的话，人类学家就不可能研究和捕捉人类正在面临的全球化问题。然而，文化相对论也并非一无是处，或许正因为人类学有这一相对论的基础，才能够把原先仅仅服务于记录文化多样性的方法论指南的静态的文化相对论，纳入动态的文化相对观中去理解全球化。因此，“面对不可否认的政治和经济权力的全球性结构，作为相对主义和解释人类学实践化身的民族志，向发源于西方而依然占据特权地位的均质化观点、普通化价值观、忽视或削弱文化多样性的社会思潮及其对现实的界说提出了挑战”。

对于当前人类所面临的各种严重问题有独特的见解，它强调在社会文化领域中必须坚持研究经济、社会、文化、意识形态诸系统的相互作用，并把这些系统置于人与自然环境的关系中来考察。对于人类学者来说，人类文化无疑将是人们赖以解决生存和发展问题的机制，它正引出一条帮助人们适应现在和未来变化的道路。不同文化之间的频繁接触，使得人类不能不正视文化在交流技术合作、国际协商、经济发展等方面的功能。很多冲突、摩擦、危机的出现，常常和不为人所注目的文化因素联系在一起。因此，对于人类学者而言，就是能够站在科学的文化观上去理解文化、理解人类，从文化的视角来解决人类赖以生存和发展的问题，引导人们适应现在和未来变化的轨迹。特别是在文明对话的框架下，达到多元文化的共生和发展，在理论和实践上人类学能提供宽广的平台。

在此知识背景下，多元文化的教育理念应该成为大学通识教育的一部分。例如，美国学者盖伊（Genera Gay）认为："一种明确的多元文化教育哲学的阐述对于学校课程发展过程是十分重要的。……多元文化教育哲学认为，民族文化多样性和文化多元主义应该是美国教育的一个重要组成部分和不间断的特征。学校应该教学生真正将文化和民族多样性作为美国社会标准和有价值的东西而加以接受。"①

## 二　科技与人文

20世纪40年代，中国老一辈社会学家、人类学家费孝通等对当时现代西方工业文明对中国传统手工业以及社会结构的影响等进行了非常深入的讨论。1946年，费教授在《人性和机器——中国手工业的前途》一文中提出，"如何在现代工业中恢复人和机器以及利用机器时人和人的正确关系"，强调机器和人性的协调统一，即技术和文化之间的关联性和和谐性的问题。在当时"技术下乡"所引发的关于"人性与技性"讨论的基础上，对于技术的发展和

① 哈经雄、滕星主编《民族教育学通论》，教育科学出版社，2001，第40页。

文化的关系特别是与中国文化的关系进行了探讨。费先生在这里已经潜移默化地向我们展示了技术的文化属性的问题，即作为文化的技术和作为技术的文化之间的内在统一性问题。而人类学的理论和工具有助于我们理解：在技术传播过程中以及技术所导致的直接后果中不同文化群体的认知和符号意义。这种讨论上升到哲学、社会学意义上，就是技术理性与人性之间问题的讨论。这也是在今天的高科技信息时代，打通科技和人文的重要问题，也是通识教育在今天的出发点之一。

马克斯·韦伯曾把现代理性划分为工具理性（技术理性）与价值理性（人文理性）的区别，并把人们的行动相应地分为工具合理性行动和价值合理性行动。哈贝马斯认为，科技进步使人对人的统治“合理化”、技术机制化，而工具理性所造成的极权统治现象，正是认知理性和社会领域之间病态的和非理性的关系，它只能通过对社会领域和认知旨趣的合理整合，才得以治愈。他强调人的交往行动与社会的合理性问题，认为通过交流理性可以抵制系统对生活世界的非理性殖民。与此相关联，马尔库塞提出将理性与自由的概念合一的自由理性的概念，特别关注人的潜能的发挥，关注人的幸福生存、权利和自由，从某种意义上可以说这一观念是在科技理性发展的基础上走向健全理性的必要环节。上述社会思想家在理论层面上对于理性的讨论，试图给我们解决技性和人性之间的矛盾问题，即“技术违背了人性”的问题。而与此相关的对于理性发展的反思之一，是要回到具体的生活层面从文化的合理性角度，来讨论技术和文化以及与此相关的“进步”的问题。特别是在中国社会，“从一个传统性质的乡土社会向工业化的转变还没有完全完成时，却又进入了一个新的阶段即信息时代”。在这样一个社会背景下，如何来看待技性和人性之间的问题，确实是一个重要的命题。

在人类进入信息（资讯）社会、高科技时代的今天，“技术和文化”或“技术与人性”之间的互动关系，仍然是科技与人文的主题之一，甚至在某种程度上高科技时代会有明显的人文文化的复兴潮流，特别是在东方社会，东方文化的人文特质一定会超越技性对于人性的束缚，使得技术、文化和心性达到有机的统一。正如《大趋势》作者约翰·奈斯比特在与他人合著的《高科技思维——科技与人性意义的追寻》中文版序中提到的："我们相信，中国文明，作为世界上仅存的拥有悠久历史的文明之一，在高思维方面能为人类做出许多贡献，例如中国人对天、地、人的看法，灵性、伦理、哲学和人际关系的丰富知识，随着中国和大中国文化圈的重新崛起，发扬其宝贵文化传统的复兴，也将为世界提供宝贵的'高思维'资源，从而有助于我们在高科技时代寻求人性的意义。"所以，在某种程度上，树立作为文化的技术和作为技术的文化的理念，也是我们面对信息化社会所要树立的基本理念之一。

最后，我们也不能否认，在信息化时代也出现了一些非均等性的现象。以美国为例，它拥有先进的计算机和媒体设备，通过国际的竞争和联合，创造出新的具有潜力的产业；加之英语作为一种通用的语言，是一种无形的张力，使得美国化的生活方式和消费文化首先在全球范围内得以传播。同时，在现实生活中，网络的世界仅限于一部分人，对于很多人来说，这样的世界似乎与他们无缘。他们处于边缘的地位，因此，他们不仅是网络社会的信息贫困者，而且有时也是全球化过程中的贫困者。

## 三　生命伦理问题

随着试管婴儿等新的生殖技术的出现，以及克隆技术的突破，这对人类固有的价值判断带来了革命性的变化。人们对于目前各种生物技术突破带来的人类本身的价值特别是生命的伦理价值存在诸多的困惑。特别是对于血亲意识非常浓厚的中国社会而言，如何从全人类的角度去理解和解释这些问题？人类学的知识体系能够帮助我们认识这些问题。

翻开人类学关于亲属研究的历史，可以说 20 世纪中叶的亲属研究是以英国为中心而发展起来的。美国文化人类学的亲属研究从 20 世纪 60 年代末到 70 年代涌现出诸如古迪纳夫（Goodenough）、舍夫勒（Scheffler）等为代表的亲属研究专家。他们都是著名的跨文化比较研究和人类关系档案（HRAF）创始人默多克的门生。古迪纳夫秉承跨文化比较的方法，对亲属制度的研究从整体上进行把握。特别是如何来定义“亲”，是非常关键的，但不同的社会人们对于“亲”的定义是不一样的。他们认为寻求亲属关系的普遍的定义，把亲子关系在生物学的意义上彻底分离出来的社会亲子关系是完全不可能的。但是生物学的亲子关系，只是在“我们”西方近代的科学知识中才是具有意义的概念。事实上，不同社会所固有的民俗的生殖理论即人类的生殖行为和女性的怀孕、生产文化观念也更为重要。这就向我们提炼出人类学关于“生物学的亲属”和“社会学的亲属”研究的内涵，这些个案在不同文化和社会中都以其特殊的方式得以存在。

## 四　文化资源的保护和利用：教育的力量

这里的文化资源定义主要指人类在历史上包括现在以及今后所创造的物质的和非物质的文化的全部，其形式和内容具有人们所认同的历史、审美、艺术以及人类学多元文化意义上的普遍价值。这一文化资源的价值早为国际社会所瞩目。在 1972 年 10 月 17 日至 11 月 21 日巴黎举行的第 17 届联合国教科文组织大会通过了文化遗产保护国际公约，这里的文化遗产主要包括文物、建筑群、遗址等，其定义偏向物质文化遗产；2001 年第 31 届联合国教科文组织大会顺利通过《世界文化多样性宣言》，强调文化多样性是人类的共同遗产，并对文化多样性和人权、发展、民主、文化权利、文化政策、国际合作以及与政府、企业、民间社会等的关系作了具体的表述；2003年10月17日，第32届联合国教科文组织大会通过了保护非物质文化遗产公约，在本公约中，“非物质文化遗产”指被各群体和团体、有时为个人视为其文化遗产的各种实践、表演、表现形式、知识和技能及其有关的工具、实物、工艺品和文化场所。各个群体和团体随着其所处环境、与自然的关系和历史条件的变化不断使这种代代相传的非物质文化遗产得到创新，同时使他们自己具有一种认同感和历史感，从而促进了文化多样性和人类的创造力。在这三个公约中，我们看到文化遗产、文化多样性、非物质文化遗产的保护和可持续发展，是当今全人类关注的主题之一。而在这些文化资源的保护和利用中，教育的力量是不可或缺的。特别是在我国，由于在中小学缺乏对文化遗产等保护的教育理念，我们现在青年一代的这些理念相对比较淡薄，如果在大学的通识教育中忽略此类型的课程，对于我们全民的文化资源观念会有负面的影响。大家都知道，我们的东邻——日本，对于文化资源的保护和利用是举世公认的，其对有形文化（物质文化）和无形文化（非物质文化）的保护，已经形成一套非常完整的体系。2001~2003年两年间，我作为日本学术振兴会的研究员，特别考察了日本社会文化传统的保护、延续和创造的问题，其中感触很深的是，日本民间社会在传承文化方面扮演了非常积极的作用。例如，冲绳的三弦琴本来是从中国大陆传过去的，但今天在冲绳不管是小镇还是乡村，都可以看到不同流派的三弦琴教室，这些传统的乐器已经成为人们生活的一部分；除民间的力量外，学校教育也扮演了非常重要的角色。明治维新以后，日本的乡土文化教育一直是非常重要的学校课程，到今天学校教育中地方文化传统以及文化技能的课程都是不可缺少的，通过这些教育使文化的传承得以实现。当然，出现这一良性循环与日本明治维新以后立法保护文化遗产和推行民主文化、地域文化振兴政策有一定的关系，同时也与日本学界以及民间学术团体所推动的民俗学运动有一定的关系。日本在民族国家的框架中，最终使民俗教育成为国民教育的有机组成部分。这一点对于我们有一定的借鉴意义。当然，不能否认的是，日本的民俗教育在一定程度上对于日本军国主义、民族主义有着很大的影响，这一点是应该警惕的。

## 五　作为实践性学科的人类学

人类学是实践性极强的学科，人类学的田野调查方法和比较研究方法等一直是这一学科得以建立的基础所在。对于我们中山大学人类学系从本科生到硕士生、博士生的培养而言，田野调查是教学和论文环节的重中之重。我们每届考古专业本科生必须完成近一学期的考古发掘实习，人类学专业的本科生必须在老师的指导下，主要在少数民族地区做为期一个多月的田野调查，而硕士生的论文要求不少于三个月的田野调查，博士生的田野调查不少于 10 个月。从我们多年的教学中体会到，本科生对于大学四年的学习，田野实习是对他们影响最深、培养独立性思考的重要环节。到今天，我在 1989 年带学生实习的那个班的学生虽然在不同的岗位上工作，但他们每次提起的大学训练中，田野实习对实际工作一直有很大的影响。我至今记得当时带中山大学 86 级民族学专业学生在瑶寨中实习的情景。第一天调查回来时，大多数学生的调查笔记不知从何写起，且连文字都很不顺畅，尽管那个时候还没有网络，但大家的课程作业通过文本是很容易过关的，面对田野调查没有文本参照、完全靠自己的观察和访谈来建立文本时，其困难可想而知；但经过一个多月的田野调查工作，这些问题都得以解决，他们学会了用自己的眼睛去观察事物，用自己的手去记录社会的方方面面。如果这一田野调查的理念能够成为大学通识教育的有机组成部分，应该说对于文科学生确确实实地理解社会有着直接的意义。

当然，人类学涉及的领域非常宽泛，在这里仅仅是谈一些个人的体会。总体上觉得目前大学的通识教育还缺乏系统性的体系，每个老师想开什么课都可以上，而同时大多数课程偏于概论性，甚至给人一种琴棋书画式的印象。这就说明我们的通识教育缺乏相关课程的板块整合，缺乏结构性的安排等。当然，正因为存在这些问题，我们今天才在这里进行有关这一主题的讨论，不妥之处，谨望指正。

# 中国人类学的学术自觉与全球意识*

## 一　中国人类学的学术自觉与学科建设

讨论中国人类学的定位，必须回到中国人类学发展的脉络里面。早期以吴文藻为核心的燕京学派或北方学派从一开始就形成了自己的特点：人类学有很强的社会学取向。因为有这个取向的存在，形成了现在北京部分高校人类学的专业设置偏社会学取向（当然这一取向还受到很多其他因素的影响）。南方人类学体现出不同的特点。20 世纪 20 年代末傅斯年在中山大学创办历史语言研究所的时候最早创办了人类学组，请史禄国任组长，杨成志任组员。这个取向形成了综合的人类学传统，是同

* 2010 年 6 月 10 日下午，在“中国人类学的田野作业与学科规范”工作坊开幕前夕，中山大学人类学系系主任麻国庆教授在北京海淀图书城上岛咖啡厅接受采访，就中国人类学当前面临的主要问题和未来的发展方向发表了看法。访谈记录由中国社会科学院龚浩群博士整理，形成本文的基础文本。西南大学田阡博士、中国社会科学院杨春宇博士等参与了访谈全过程。本文原载于《思想战线》2010 年第 5 期。

时强调人类的自然属性和文化属性的传统。这不同于现在简单的南派、北派之分并认为北派以汉族研究为中心和南派以少数民族研究为中心的认识。当然，从研究对象来说是有这个特点，但是从学科设置来说，南方人类学强调综合性，也就是说体质人类学与文化人类学要糅在一起。南派人类学不仅仅是中山大学，还包括早期的中央研究院和厦门大学，它们形成了自己的研究特点。

费孝通先生早年接受的是综合性的训练，生物属性和文化属性是综合考虑的，这也应当是中国人类学的重要基础。为什么说综合性研究非常重要呢？比如，在西方人类学中，灵长类的人类学研究是必不可少的一部分。现在人类学方法面临的一个大问题是强调了访谈而忽视了观察，表面上用的方法都是参与观察，实际上观察的内容很少。但是做灵长类研究，因为不能与研究对象对话，在方法上就非常注重观察非语言行为。怎样观察，怎样跟着对象跑，怎样进行分类，这在方法论上对学生的训练就非常重要。人类学的终极目标是发现人类的普遍性和特殊性，并在此基础上建构人类社会未来的方向。在探讨人类的原初状态时，灵长类研究提供了对人类本性的认识。从这种人类社会之前的社会进化中可以发现人类本身特殊性的原初状态，对于认识人类的本性、人类行为研究和早期社会的理论都很有助益，与人类学社会理论的基础有很密切的关系。这种研究当中的自然属性就被赋予了社会与文化的意义，因此这是非常重要的一部分内容。

另一个很重要的方面是体质人类学研究。这方面训练的缺失是个很大的遗憾，因为人类学的技术手段和特殊性在很大程度上被忽略了。其实，费孝通先生恢宏的思维框架中渗透了体质人类学思考方式的影响。费老的硕士论文是对军队里华北人的体质测量，他在其中提出了对中国人体质特点的划分。时隔半个多世纪以后，很多学者把费老定位为偏社会学取向的人类学家，实际上是忽略了费老过去的研究。例如，他与王同惠调查时在瑶族地区做的体质人类学调查，他在《桂行通讯》[1] 中关于体质的文章等，都能体现出他在体质人类学方面的思想。后来他与潘光旦讨论畲族的问题时也用到这些资料。费老关于人的自然属性和体质特点的研究往往被忽视，其实费老在这一方面的研究是比较清楚的。[2]

今天体质人类学与医学人类学的关系非常密切。不能简单地按照西方概念来讨论医学人类学，需要回到中国人传统的体质特点中讨论医学人类学。不同区域人群的特殊构成、生物属性与疾病、健康、文化到底是什么关系？它们之间是有一定相关性的。偏自然属性的研究方式如何与文化、生态背景结合在一起讨论，人类学应当有这个理念。与此相关的问题是，科学主义如何与人文主义相结合。庄孔韶教授在《“虎日”的人类学发现与实践》中说的是文化行为如何帮助人们戒毒，其中的医学概念是科学主义的，人类学概念是人文主义的，反映了人文主义的仪式传统如何在戒毒中发挥作用。[3] 也就是说，科学主义不是万能的，人文主义也很重要；或者说，科学主义在一定范围内有效，但是针对不同文化群体的时候需要特殊的文化概念的介入。

人类学中最传统和最独特的研究领域——亲属研究，传统上过于强调自然属性的基础——血缘和姻亲，这套体系现在面临很大的挑战。在民族研究中，有关于民族是实体还是虚体的讨论，在亲属研究中也有类似的问题。传统的实体论及其衍生出来的亲属关系讨论模式面临挑战，因为不同社会的“血”的概念是完全不一样的，亲属关系的拓展都会受此观念的影响。古迪纳夫（Goodenough）发现亲属关系与地缘、与利益关系、与地方文化习惯有机联系在一起，超越了传统的亲属关系的生物属性基础，引发了对于亲属研究

① 费孝通：《桂行通讯》，《费孝通文集》第 1 卷，群言出版社，1999，第 304 ~ 360 页。

② 费孝通：《分析中华民族人种成分的方法和尝试》，载《费孝通文集》第 1 卷，群言出版社，1999，第 276 ~ 280 页。

③ 庄孔韶：《“虎日”的人类学发现与实践》，《广西民族研究》2005 年第 2 期。

的反思，是一个很重要的过渡。[①] 通过比较，就会发现传统的以生物属性为基础的亲属关系并不一定适合所有的社会。日本以家屋的屋号来传承，家屋的主人是不是亲属根本不重要，但是他传承了屋号。屋号这个框架是永恒的，不会破碎，不像中国分家会导致家的分裂。[②] 现代生殖技术革命中的代孕母亲等问题完全超越了血亲概念和生命伦理，挑战传统亲属研究中所强调的生物属性，又与现代人的价值判断和人们接受的文化观念连在一起。在亲属关系研究领域，生物属性和文化属性是融为一体的，这正是人类学所强调的"文化的自然"，也就是说自然具有文化属性。

在对自然的认知体系和关于生态的知识方面，我们建构科学的知识和民俗知识，这两套体系被划分到二元的框架里面，这种划分实际上是科学主义的划分。民间知识体系蕴含着人类在不同生态环境中积累的对自然的认知，恰恰与今天的生活紧密相关。在开发人类学中有很多个案表明：先入为主的开发观和科学主义忽略了传统知识体系。现在的人类学研究关注现实问题比较多，但是人类学传统领域如资源人类学，或者说民族动物学、民族植物学、民族生态学，是目前需要优先研究的任务。这一部分内容恰恰将自然属性与文化属性结合在一起，这个时候的自然已经不是纯粹的自然了。哲学里面讨论的核心命题的基础是"自然就是一个纯粹的自然"，但人类学讨论的是自然如何变成文化的自然。

这样，基于对学术发展史的总体反思，我认为中国人类学的学科建设应涉及五方面的问题。第一是人类学学科本身的建设以及人类学与其他学科的关系。这涉及教学整体上的规划和人才培养等问题。第二是全球范围内人类学学科研究的问题焦点何在，以及中国人类学在全球的位置与重新评价。这是当前中国人类学所处的整体

---

① Goodenough, Ward Hunt, *Description and Comparison in Cultural Anthropology*, New York: Cambridge University Press, 1981.

② 麻国庆：《家与中国社会结构》，文物出版社，1999。

背景，其核心是面对国际问题国内化和国内问题国际化的今天，中国人类学所研究的问题不是小的问题，而是放大到世界体系中的问题，与传统的中国人类学研究有很大的区别，这就构成了讨论问题的一个核心。中国老一辈学者创造的问题意识，包括学以致用、迈向人民的人类学等等，这些体系在今天所面临的一些新的思考点在什么地方，都需要从整体上予以考虑。

第三，要梳理中国研究的地域格差。地域格差由经济格差带来，又有研究上的地域特点。中国研究的地域性和民族性是一个很传统的命题，如西南研究、西北研究、华南研究、华北研究的传统等，现在又新增了特别的区域，包括海外研究等等。通过梳理将会发现特点已经出现，那就该要探讨这些特点特在何处，怎么来把握?

第四，要探讨后现代西方人文主义与科学主义的对话进入非西方社会之后，非西方社会如何来反映？这种评价事实上还没有建立起一个体系。尽管对安德森的《想象的共同体：民族主义的起源与散布》[①] 一书有很多争议和讨论，但“想象的共同体”这一概念具有特殊的学术意义，对中国而言，这一思考超越了传统人类学中的实体论思考方式，提出了建构论与实体论如何协调和对话的问题。再如，萨林斯作为部分接受马克思学说的学者，早期关注文化与进化的关系，也是新进化论的重要代表，后来他反思早期研究，开始讨论面对全球化的进程文化是如何被建构的问题，他的讨论实际在很多方面抓住了全球体系变化过程中的世界范围的问题。这已经不是某一国家的某一形态方面的问题，从非洲、拉美、东南亚到中国都涉及这个问题，都离不开全球化背景下地方性的创造。全球化与地方性，地方如何回应全球，这个理念超越了国家和民族的概念，也是理论焦点之一。

---

① 〔美〕安德森:《想象的共同体：民族主义的起源与散布》，吴叡人译，上海人民出版社，2005。

第五，反思东方和西方的传统划分模式在目前可能存在的问题。东方往往是以中国为中心的东亚为代表（当然印度等南亚的问题又是另一个东方），西方则以欧洲为代表，这种二元叙述模式在今天面临着挑战。以中国和西方关于身、心问题的讨论为例，一般认为，西方从柏拉图到笛卡尔强调身心二元的概念，中国儒家思想强调天人合一、身心一体的宇宙观，所以很自然地就以一体的概念和分离的二元概念来讨论东方和西方。这也涉及早期讨论的西方社会团体模式和中国的自我中心模式，或个体主义与集体主义的二元思考，这一讨论本身是19世纪以来在宏大的人文科学价值判断里产生的。19世纪以来忽视了西方和东方之外的原住民社会，近来对斐济等地域的研究发现，斐济人也是强调身心一体，还有一些原住民的宇宙观与中国传统哲学中的宇宙观是相似的。[①] 所以，东方和西方二分的背后还存在被忽略的无文字社会的宇宙观和哲学思考体系，这是值得重新思考的对象。现在中国学者关于人观的讨论很多时候是以西方为参照的，这种讨论方式存在很多问题。

## 二　中国人类学发展的跨学科视野

2006年底，在中国艺术人类学学会成立大会上，我作为秘书长主持了会议。会上中国艺术研究院的刘梦溪先生说他曾问一位哥伦比亚大学人类学教授，人类学到底对人文社会科学有什么贡献，那位教授回答说，整个20世纪全球人文社会科学的进步离不开人类学。1992年，我在北京大学亲听了已故国家历史博物馆馆长喻伟超先生的公开讲座。喻先生讨论的核心是人类学对人文社会科学的影响，指出从摩尔根的进化学说到马克思恩格斯的共产主义学说以及弗洛伊德的精神分析说、结构主义和解释学的发展都受

① 〔日〕河合利光：《身体与生命体系——南太平洋斐济群岛的社会文化传承》，姜娜译，《开放时代》2009年第7期。

到人类学的影响，后现代思潮与人类学也有着密切的关系。人类学给全球社会科学作出了很大的贡献。但与此相反，我们要思考，人类学能从其他人文社会科学那里接受什么理念来刺激学科发展。我们来看中国研究。中国研究的内容五花八门，有中心和边缘的问题、无文字社会与文字社会的问题、汉人社会的儒家传统等。为什么中国特别是汉人社会研究必须要有跨学科的概念？从人类学最传统的理论模式来解释汉人社会是行不通的，因为这样一个复杂的文明社会的历史节点非常强，它的哲学思考自成体系。如何利用史料和哲学思考恰恰成为中国人类学的特色。历史人类学在中国的发展正是出于这一实际需要，即对历史观的观照与对哲学认识论的思考结合在一起。这是中国汉人社会研究不能脱离的重要基础。

就东亚社会的汉族和作为多民族中国社会里的人类学研究来说，有 3 个层次的问题。第一个层次强调的是，面对强大的儒家文明的传统，人类学如何与儒家文化很好地对话？这里是指汉人社会的研究。第二个层次的思考是，在东亚社会，特别是韩国、日本和越南，儒家文化对这些社会很有影响，但需要对这套大传统“落地”以后由于当地社会结构的差异而造成的不同现象加以理解。例如，日本接受了儒家的“忠”的概念，而没有接受“孝”的概念，“孝”的概念完全被覆盖在“忠”的下面，这种观念带来了家族组织的特殊性。这也就带来了人类学研究的问题意识。第三个层次涉及一国之内多民族社会的构成。多民族社会的构成在中国很有特色，大部分少数民族都受到儒家文化的影响。龚友德先生的《儒学与云南少数民族》、[①] 云南大学木霁弘教授的《汉唐时期的云南儒学》[②] 中都谈到儒家思想对少数民族的影响。又如，许烺光的《祖荫下》对白族的儒家体系与白族社会文化的研究，以及我调查

① 龚友德：《儒学与云南少数民族》，云南人民出版社，1993。

② 木霁弘：《汉唐时期的云南儒学》，《思想战线》1994 年第 6 期。

的蒙古族在接受了儒家的体系后所发生的社会文化变迁。[①] 还有一点就是，中国的伊斯兰体系受儒家文化影响很深，出现了很多著名的“回儒”。因此，在中国的民族研究中，儒家体系也是主要的基础。

因此，多民族中国社会的研究，首先要看到大的文化传统，这一文化传统具有扩散性。扩散性有两个内涵，一是上对下的，相当于汉人社会内部的大传统和小传统，从高层到低层；二是中心对周边的影响，周边社会如何来接受这套体系，这一点正构成了中国社会人类学的特点。北京大学百年校庆时，李亦园先生问费孝通先生：中国人类学研究的重要领域在哪里？费先生强调了两点：第一个问题是如何考虑中国文化的延续性；第二要注意中国人社会关系结合的基础，如亲属关系对中国社会关系的结合、组织带来的影响。[②] 这两点恰恰是我所谈论的“传统的惯性与社会结合”这两个概念的缘起，而且这两个范畴构成了中国社会人类学研究的重要基础。

在中国做研究，学科的综合性非常重要。人类学与跨学科研究关系密切。早在1994年我留学日本的时候，东京大学人类学就提出传统的人类学研究面临很大的问题，强调跨学科研究，提出超域文化研究。超域研究指一方面超越学科，另一方面超越地域，这样就将地域研究和跨学科研究结合在一起，这恰恰是人类学的发展方向之一。人类学从产生之际就具备综合属性，这种综合属性能够引导学科发展思路。到目前为止，中国大学里还没有地域研究（area studies）课程，然而正是在地域研究里，不同学科可以对话。

---

① 麻国庆：《农耕蒙古族的家观念与宗教祭祀——以呼和浩特土默特左旗把什村的田野调查为中心》，载〔日〕横山广子《日本国立民族学博物馆报告别册》，2001。

② 费孝通：《中国文化与新世纪的社会学人类学——费孝通、李亦园对话录》，载《费孝通文集》第14卷，群言出版社，1999，第379～399页。

人类学最终要解释人类生存价值背后的普遍性和特殊性，这种诉求的背后是对人与文化的反思。人类学话语体系是全球性的话语体系，如龚浩群博士的泰国研究，尽管我没有去过泰国，但我能够理解她的研究。由此带来我们要强调的本土化人类学与全球人类学的对话，包括几种不同的方式。有一种方式认为完全可以把人类学做成国别人类学，我一直不赞成这个概念，因为人类学本身的基础是来自人类的整体性和特殊性的问题。不管研究什么，都要回到对人类本身的认识。因此，所有研究不可能是自我主义的，认为“本土人类学就是中国话语的人类学”的看法肯定是行不通的。本土化是有道理的，但过度的本土化会完全排斥学科整体主义的基础。所谓的本土化其实是中国社会内部的历史文化和哲学的思想积淀如何成为人类学研究的操作性的主题，这是核心，并不是说本土化就排斥人类学的整个学术话语，然后自言自语。

## 三　中国人类学研究的全球意识

全球化背景下，“流动”会变成全球人类学的核心概念之一。广州是一个流动的国际化大都市，这种人口的流动过程使得广州可能成为全球人类学的重要实验室。据初步统计，广州的非洲人口有30万，农民工更多，广东省原有少数民族100多万人，外来少数民族达400万人左右。广州的流动现象反映了全球体系在中国如何表述的问题。所以萧凤霞教授认为，中国研究仍旧是一个过程问题，即如何思考作为过程的中国。①

20世纪90年代初，日本京都大学东南亚研究中心的教授就提出了“世界单位”的概念，指的是跨越国家、民族、地域所形成的新的共同的认识体系。例如，马强博士研究的哲玛提——流动的精神社区，关注来自非洲、阿拉伯、东南亚和广州的伊斯兰信徒在

① 在这一过程中，跨越国界的“世界单位”正在形成或已经形成。

广州如何进行他们的宗教活动。[①] 在全球化背景下跨界（跨越国家边界、民族边界和文化边界）的群体，当他们相遇时，在哪些方面有了认同，这些人的结合其实就是个世界单位。项飚最近讨论近代中国人对世界认识的变化以及中国普通人的世界观等，都涉及中国人世界认识体系的变化，不仅仅是精英层面的变化，事实上连老百姓都发生了变化。[②] 这就需要人类学家进行田野调查，呈现出这个变化中的中国的“世界”意识。

在我看来，流动、移民和世界单位这几个概念将会构成中国人类学走向世界的重要基础。回溯早期的人类学界，非洲研究出了很多大家，拉美研究有雷德菲尔德、列维·斯特劳斯，东南亚研究有格尔茨，印度研究有杜蒙，而中国研究在现代到底从什么领域可进入国际人类学的叙述范畴？我觉得这个突破有可能会出自中国研究与东南亚研究的过渡地带，恰恰在类似于云南等有跨界民族的结合地带，很可能出经典，也包括跨界的人口较少民族的研究。因为跨界民族在不同意识形态中的生存状态，回应了“冷战”以后的人类学与意识形态的关联。一般认为“冷战”结束后意识形态就会消失，但问题并非如此简单，在很多方面意识形态有强化的趋势，当然这里所说的意识形态不是传统的概念，它还包括人们的精神世界和文化认同等。这种强化的过程中造成同一个民族会产生不同的文化和政治认同，这些研究会丰富第二次世界大战后对全球体系的认知理论。同时，不同民族的结合部，在中国国内也会成为人类学、民族学研究出新思想的地方。其实费孝通先生所倡导的“民族走廊”研究，很早就注意到多民族结合部的问题，我们今天会用民族边界来讨论，但“结合部”在中国如蒙汉结合部、汉藏结合部、游牧与农耕结合部等还有其特殊的历史文化内涵。

---

① 马强：《流动的精神社区——人类学视野下的广州穆斯林哲玛提研究》，中国社会科学出版社，2006。

② 项飚：《寻找一个新世界：中国近现代对“世界”的理解及其变化》，《开放时代》2009年第9期。

那么，面对全球化和地方化的问题，人类学家的贡献在哪里？广州作为国际大都市的国际移民问题可以回应全球化与地方化，可以回应越界的人类学的概念。越界的人类学很可能在中国产生，一方面在意识形态的分类里面，另一方面在流动和边界的跨越方面。人类学研究必须与世界背景联系在一起，这样才能回答世界是什么的问题，才能回答世界的多样性格局在什么地方。

再回到具体领域，从费孝通先生的3篇文章谈起。1991年，我随费先生到武陵山区调查。在从北京去长沙的火车上费先生说，他一生写过两篇文章，一篇是关于汉人社会，另一篇是关于少数民族。我觉得他晚年还有一篇很大的文章，就是全球化与地方化。就中国人类学的整个框架而言，这3篇文章是重要的基础。

第一，目前中国人类学的理论对话点与全球人类学的理论对话点非常有限，形成了汉人社会研究对话不足的局面。要超越老一代学者的说理方式来解读汉人社会在形成全球体系中的特殊性，其实遇到了很多困难。我们知道，传统的英国人类学强调社会结构研究，到了福特斯做非洲研究的时候，他指出文化传统与社会结构之间有必然的联系，社会人类学忽视了文化传统。福特斯当时提到了韦伯的研究、中根千枝对日本的研究和费先生对中国的研究。[①] 西方人类学研究中的两大传统——社会传统和文化传统——在西方人类学有分离的倾向，但福特斯想统一这两大传统，然而在无文字社会研究中他还是有些力不从心。但在对有文字的文明社会的研究中，费孝通先生和林耀华先生比较早就做到了两大传统的结合。这一点应当成为中国人类学的一大特色，可以和全球对话。

第二是民族研究问题。中国的民族研究问题到今天变成了国际话语，我们可以从两个方面来解释。一是纯粹从人类学学理层面解

① Fortes, M. "Some Reflections on Ancestor Worship in Africa", in Fortes, M. and G. Dieterleneds. *African Systems of Thought*: *Studies Presented and Discussed at the Third International African Seminar in Salisbury*, December 1960, London: Oxford University Press, 1965.

释民族的特殊属性，如林耀华先生提出的经济文化类型，虽然他受到苏联民族学的影响而强调经济决定意识，但这套思想划分了中国的民族经济文化生态，是有很大贡献的。二是费孝通先生所提出的“多元一体”格局，则为建构中国多民族国家的合法性与合理性提供了解释框架。这两大理论是中国民族研究的两大基础。

国外学界对中国民族的研究有几种观点。第一种观点需要回顾1986年底《美国人类学家》发表的澳大利亚学者巴赫德与费先生的对话。巴赫德批判中国民族学受意识形态影响而忽视了当地的文化体系，民族识别的国家主义色彩非常浓厚。费先生回答说，他们在做民族识别的时候并不是完全死板地套用斯大林的概念，而是进行了修正，有自己的特色。在民族识别时期形成了中国民族学研究在特殊时期的特殊取向，这个遗产就是我们的研究如何结合中国特点和学理特点，不完全受意识形态制约。[①]

与此相关的第二种质问，其核心观点认为中国的民族都是在国家意识形态中“被创造的民族”。我们不能简单地对之进行全部否定或全部肯定，因为中国所有民族的构成与中国的历史和文明过程是有机地结合在一起的，这些民族不是分离的，而是有互动的关系。简单地以“创造”或“虚构”或“建构”的概念来讨论中国的民族问题是非常危险的。这就需要我们对实体论和建构论如何在民族研究中运用提出新的思考。事实上，迄今为止，针对族群边界也好，针对民族问题也好，建构论和实体论是两个主要的取向。在中国的民族研究中实体论和建构论都会找到它们的结合点：实体中的建构与建构中的实体，有很多关系可以结合起来思考。这样，在民族研究中，国家人类学（national anthropology）与自身社会人类学（native anthropology）在国际话语中是完全有对话点的。在民族研究中恰恰反映了国家人类学所扮演的角色，而国家人类学是和全

① 费孝通：《经历·见解·反思——费孝通教授答客问》，《费孝通文集》第11卷，群言出版社，1999，第143～205页。

球不同国家处理多民族社会问题连在一起的，包括由此带来的福利主义、定居化、民族文化的再构等问题，这构成了中国人类学的一大特点。针对目前出现的民族研究问题，人类学需要重新反思国家话语与全球体系的关系。这也就是国内问题国际化的一种路径。

尽管国家人类学与自身社会人类学这两个概念在近十几年的西方人类学话语里较为瞩目，但如果把这些概念纳入中国人类学的框架中，我们会发现近百年中国人类学发展的特色之一恰恰反映了自身社会人类学和国家人类学的特点。而费孝通先生的研究又是这两大领域的集大成者。他的3篇文章，把社会、民族与国家、全球置于相互联系、互为因果、部分与整体的方法论框架中进行研究，超越了西方人类学固有的学科分类，形成了自己的人类学方法论，扩展了人类学的学术视野。

关于民族问题，国外学者没有抓到国家人类学的本质与根本问题。我觉得应该包括几个方面：一是静态地看，中国民族的丰富多样性涵盖了不同类型的社会；二是动态地看，在民族流动性方面可以和西方人类学进行有效的对话；三是学者们常用文化类型来讨论小民族，却从作为问题域的民族来讨论大民族，这存在一定的问题。当前海外的中国研究对中国民族研究有两种取向：一种偏文化取向，如对西南民族的文化类型进行讨论；而另一种取向则是将藏族、穆斯林等大的民族放到作为问题域的民族来讨论。这反映了人类学和民族学的两大取向：政治取向和文化取向。但不论什么取向，我们首先要强调：任何的民族研究都应当是在民族的历史认同基础上来展开讨论，不能先入为主地认为某个民族是作为政治的民族，要回到它的文化本位。相当多的研究者在讨论中国民族的时候，是站在一种疏离的倾向来讨论问题，忽视了民族之间的互动性、有机联系性和共生性，即将每个民族作为单体来研究，而忘记了所有民族形成了互动中的共生关系。这恰恰就是“多元一体”概念为什么重要的原因。多元不是强调分离，多元只是表述现象，其核心是强调多元中的有机联系体，是一种共生中的多元，而不是分离中的多元。我以为，“多元一体”概念的核心，事实上是同时强调民族文化的多元和树立共有的公民意识，这应当是多民族中国社会的主题。

第三是中国人类学如何进入海外研究的问题，这是与中国的崛起和经济发展紧密相连的。首先，海外研究本身应该放到中国对世界的理解体系当中，它是通过对世界现实的关心和第一手资料的占有来认识世界的一种表述方式。其次，强调中国与世界整体的关系。比如，针对中国企业进入非洲，如何回应西方提出的中国在非洲的新殖民主义的问题？人类学如何来表达特殊的声音？再次，在对异国异文化的认识方面，如何从中国人的角度来认识世界？近代以来，到海外的中国人已经积累了一些对世界的看法，那么这套对海外的认知体系与我们今天人类学的海外社会研究如何来对接？也就是说，中国人固有的对海外的认知体系如何转化成人类学的学术话语体系。还有就是外交家的努力和判断如何转化成人类学的命题。最后，海外研究还要强调与中国的有机联系性。比如，杜维明提出“文化中国”的概念，人类学如何来面对？另外，海外研究一定要重视跨界民族。这一部分研究的贡献在于与中国的互动性形成对接。此外，中国人在海外不同国家的新移民问题，如贸易、市场体系的问题，新的海外移民在当地的生活状况等，都值得关注。同时，不同国家的人在中国其实也是海外民族志研究的一部分。海外民族志应当是双向的。国内的朝鲜人、越南人、非洲人，还有在中国不具有公民身份的难民，也都应该构成海外民族志的一部分。“海外”的所指是双向的，不局限于国家，海外民族志研究应该具有多样性。

## 四　关于田野作业及学术伦理问题

田野是人类学学生训练的基础，田野调查对学生培养来说是成人礼。成人礼意味着回到最普适的研究中来，传统研究很重要。

田野作业中出现的问题有几个趋向。一是田野作业的伦理价值判断问题。如果田野作业单单讨论实践、讨论行动的问题，那么田野作业的学理意义就会受到质疑。二是很多田野作业没有观照社会学调查，只是一个社会调查而已，忽略了田野调查对象中人们的思想和宇宙观。田野作业过程本身是作为思想的人类学而非资料的人类学得以成立的。许烺光很早就在《宗族、种族和俱乐部》里提出，社区研究是发现社区人们的思想，不是简单的生活状态，之所以产生一种生活状态，背后是有一套思想体系作支撑[①]。三是表面上接受后现代人类学，忽略了人类学最传统的田野经验，把田野中的资料过度抽象化，抽象到田野已经不是田野本身，而是研究者的一套说理体系。这恰恰涉及后现代人类学中很有意思的命题：研究者主观性的经验积累与研究成果之间的关系。这自然就会关涉前述命题：自身社会的人类学研究，包括本民族学者研究本民族。像日本的柳田国男一直强调一国民俗学，在一国民俗学的体系中，部分学者可能会进入文化民族中心主义的框架里，而恰恰是文化民族主义的思维方式影响了田野的真实性。在这个意义上，价值中立在某种程度上是神话。四是田野经验反思，是指对殖民地经验的反思。日本占领中国期间所做的“满铁调查”就非常典型。如果做追踪研究，那么殖民主义人类学研究的基础要多方面考虑，涉及对殖民地人类学研究经验的反思，以及反思殖民主义与近代人文社会科学诸学科的关系。

同时应强调，质性研究的这套体系很需要与人类学田野方法结合，这与社会学有很大的不同。社会学在没有进入实证之前，假设已经先行。人类学需不需要假设？到底是先有问题意识，还是通过田野观察出来问题意识？这一直是个难解的问题。我们之所以要强调长时间田野调查，恰恰就是通过长时间田野调查唤起研究者对当地人思想体系的梳理，然后从当地人的思想体系中找出所要讨论的

① 许烺光：《宗族·种姓·俱乐部》，华夏出版社，1990。

问题意识。这种问题意识的梳理事实就是对人类知识体系的贡献，因为是在没有框架的基础上找出了对象的思想体系、宇宙观和人观，而不是先有一个理论性的概念来提炼它。相当于先有一个筐子，然后把资料一块一块地分别装进去。这样，部分是破碎的，装到筐子里以后表面上是一个整体，但事实上把当地社会的整体性抹杀掉了。

上升到理论角度，田野调查本身涉及很重要的方法与方法论的问题。我写《作为方法的华南：中心和周边的时空转换》时，[①] 很多人觉得这个标题连语句都不通，其实我有我的说理方式。弗里德曼对宗族的研究已成为东南汉人社会研究的范式，[②] 他在后记里提到一个很重要的命题，就是中国社会的研究如何能超越社区，进入区域研究。有很多不同国别的学者来研究华南社会，华南研究在某种程度上已经形成了中国社会研究的方法论的重要基础，我正是在这个意义上来讨论问题。并且，它又能把静态的、动态的和流动的不同范畴包含进来。在一定意义上，人类学传统的社区研究如何进入区域是一个方法论的扩展。

与方法论相关的另一个问题是，作为民俗的概念如何转化成学术概念。在 19 世纪 80 年代，杨国枢和乔健先生就讨论中国人类学、心理学、行为科学的本土化。当时只是讨论到“关系、面子、人情”等概念，但在中国社会里还有很多人离不开的民间概念。像我们说某人“懂礼”，那么，懂礼表现在哪些方面？背后的观念是什么？还比如说某人很“仁义”，又“义”在何处？再如藏族的房名与亲属关系很有联系，还通过骨系来反映亲属关系的远近。对这些民俗概念还应该不断发掘。又比如日本社会强调“义理”，义理如何转换成学术概念？义理与我们的人情、关系、情面一样重

① 麻国庆：《作为方法的华南：中心和周边的时空转换》，《思想战线》2006 年第 4 期。

② Maurice Fredman, *Lineage Organization in Southeastern China*, University of London: Athlone Press, 1958.

要，但它体现了纵式社会的特点。所以说，民俗概念和当地社会的概念完全可以上升为学理概念。

这也涉及跨文化研究的方法论问题。就像费先生说的，要“进得去，还得出得来”。就是我们讨论的“他者”的眼光或跨文化研究。要达到对中国社会的认识，就要扩大田野工作。田野经验应该是多位的、多点的，这很重要。民族志之所以被人质疑，是因为民族志的个人色彩浓，无法被验证。但是如果回到前述讨论的人类学学理框架里面，回到人与问题域的关系状态里面，这些问题就不存在了。

与田野工作相关的，还有一个人类学学术伦理的问题，这个问题非常重要。2002 年美国人类学协会年会的议题之一就是“人类学田野工作伦理”。谈论伦理问题的起源不能忽视巴西的雅诺马米人（Yanomamo）社会研究。那是一个热带雨林的狩猎民族，在转型变化过程中当地人的疾病、身体的变化以及文化的适应和生态的变化都很复杂，很多医学人类学的经典理论源出此地，而对这一社会的研究也涉及人类学伦理的问题。第二个伦理讨论的事件发生在泰国。人类学家建议原住民按照国家理念从山上迁移，那么人类学家提出建议的时候所依据的伦理判断是什么？需要重新对进步和文明进行思考。我研究鄂伦春族时就提出，进步是什么？从狩猎转为农业就是进步吗？[①] 如果人类学家盲目地向当地输出农业先进理念，是有违人类学学术伦理的。虽然国家理念中有这种需求，但人类学家要客观地讨论问题。

学术伦理的构成要回到人类学本身的使命以及人类学的说理方式，它所揭示的社会真实性的原则在于，要按照本地人的观念看问题。比如这样一个命题：开发是否合理？经济学家谈开发会考虑成本和效率问题，经济学追求的是利益最大化，但人类学不是这样。

① 麻国庆：《开发、国家政策与狩猎采集民社会的生态与生计——以中国东北大小兴安岭地区的鄂伦春族为例》，《学海》2007 年第 1 期。

人类学思考本身要回到当地人的生存状态和发展的限度。发展是有限度的，这是人类学对于发展理念的一个重要认识。有时候发展不如不发展，过度追求利益会带来问题。此外，人类学思考很重要的一点是还要考虑综合性，包括生态问题、可持续发展的问题和适应的有限度问题等。从人类学的思考来说，文化的延续性对于社会的存在和发展非常重要，这一点与其他学科是不一样的。

# 日本人类学的发展和转型[*]

麻国庆

对于日本现代人类学的形成、发展和转型，应该在从历史的发展脉络角度进行考察的基础上，把不同阶段人类学的特征置于时代的社会背景下进行讨论。特别是要考察第二次世界大战前，日本人类学在进行学科建设和科学研究的同时，其在意识形态上所表现出来的帝国主义和殖民主义属性。笔者在研究的过程中，把日本人类学的发展纳入世界人类学发展的大背景下进行考察。即一方面要考察日本人类学与近代欧美人类学的关系，另一方面要考察作为亚洲为数甚少的殖民国家之一，日本的人类学对周边国家的影响，特别是对东亚国家的影响。

日本人类学的发展大致可分为四个阶段，也就是四个时期，即早期、中期、现代早期和现代。

* 本文是笔者参与费孝通教授主持的“当代社会人类学的理论与方法”课题（教育部人文社会科学“九五”重大项目）关于海外人类学的一部分，文章一直没有发表，谨以此文纪念已经离开我们的恩师费孝通先生。

## 一　早期日本人类学（1884～1945）

日本人类学会的建立（1884）以及学会杂志《人类学杂志》的发行（1886）标志着日本人类学的出现。早期的日本人类学以人种学为核心，形成了医学、考古学、民俗学、人种学与体质人类学互融、互动、多样化的统一。之后，上述学科又开始各自独立。与此同时，作为人文科学的人类学开始出现，其代表性学者为坪井正太郎、鸟居龙藏等。特别是鸟居龙藏引入了实地调查的方法。以鸟居龙藏为核心的这一时期的日本民族学者，开始在东亚与太平洋岛域一带进行调查，由于这一时期的研究和日本的军方有很密切的关联，日本的人类学从建立之初就带有帝国主义和殖民主义的烙印。同时，这一时期的人类学在理论和方法上，受到了欧美人类学，特别是欧洲大陆人类学的影响。

在这一阶段的后期，日本人类学人种学的研究进一步系统化与组织化，其重要的标志就是1932年日本民族学会的建立以及在大学里人类学专门研究机构的设立与专业的人类学队伍的出现。当时，日本的人类学在理论上受同一时期人类学结构功能主义的影响很深，在实践上，把人类学作为应用的科学来对待。随着日本军国主义的扩张，日本人类学对殖民地的实证研究进一步深化，特别是对中国台湾、中国大陆、朝鲜半岛与南洋群岛的研究成为这一时期的主流。战争期间的日本人类学，为了满足战争的需要，建立了很多相关的研究机构并组织活动，如民族研究所、（财团法人）民族学协会、满铁调查委员会及其活动，太平洋学会（1941）、学士院东亚民族调查室（1940）、东京大学东洋文化研究所（1943）、蒙古善邻协会西北研究所（1944）及其活动。这些组织，通过战争期间的日本民族学者以及其他学者的调查和研究，立足于田野调查，积累了很多调查资料。不管调查者主观的意图及成果如何，不可否认其最大的动机是为“殖民地统治”服务这一点。但当时的一些调查资料，确实成为认识和了解传统社会结构的重要材料。例如，在日本侵华战争期间，在满铁调查部的成果中，和人类学关系最深的是与东亚研究所共同完成的华北农村《中国农村惯行调查》，调查以河北省和山东省为中心，于1940～1943年进行。20世纪50年代，日本公开出版了《中国农村惯行调查》（6册）。这一调查涉及面相当广泛，即使“关于家庭构成的实态调查，也不仅仅着眼于家庭的构成人员数、居住状况及其他外在的构成，它更为关注的是家庭内部的权威关系及规范意识，通过法律的习惯调查，了解中国社会的特质是本调查的特点”。[①]除对汉族的调查外，调查还涉及中国诸多的少数民族，如蒙古族、回族、满族、苗族、黎族、鄂伦春族等，留下了诸多的调查报告。这一时期日本的人类学和帝国主义、殖民主义已经融为一体，成为日本军国主义的工具之一。殖民主义与日本人类学的研究，早已引起人类学家的关注，如日本中生胜美教授的研究，就很有代表性。[②]国内一些学者也开始了对于这一问题的关注和研究，周星教授的研究就是一例。[③]

## 二　中期日本人类学（1945年至20世纪70年代）

日本人类学的第二阶段即中期，可称为战后日本人类学的转型时期。这一时期有如下几个特点。

（1）开始调整和反思军国主义时期的人类学。

（2）对侵略战争时期的一些调查资料进行整理、研究和出版，如上述的《中国农村惯行调查》就是这一时期重要的成果。东京大学仁井田陞教授利用《中国农村惯行调查》资料，对权威

---

① 中国农村惯行调查刊行会编《中国农村惯行调查》全6卷，岩波书店，1981。

② 〔日〕中生胜美编《殖民地人类学的展望》，风响社，2000。

③ 周星：《殖民主义与日本民族学》，《民族研究》2000年第1期。

和宗族结合的华北农村家长的社会角色进行了论述，与直接调查者的研究不同，他的研究的最大特点是把《中国农村惯行调查》作为文献资料加以利用，把不同时代和地域的其他资料组合进来，在历史的文脉中予以捕捉，构筑出一个完整的体系。[①] 内田智雄作为《中国农村惯行调查》的直接参与者，对于家、分家、宗族等有详尽的研究。[②] 旗田巍的研究虽侧重于村落共同体以及村落内部的结合，但对家族系统在村落中的角色也进行了有益的探讨。[③] 平野义太郎对村落的组织——“会”、庙会以及宗族的研究，对于认识华北村落社会的结合原则，无疑是一重要的参考点。他作为日本侵略中国时满铁调查的负责人之一，在华北农村进行了较长时间的实地调查。在此基础上，他于1943年出版了《作为北支村落的基础要素的宗族和村庙》,[④] 首次对中国的宗祠、村庙和日本的氏神、镇守（当地的土地神）进行了比较。他认为，在中国，第一，作为血缘集团的祠堂和地缘社会的村庙，在村落的历史发展中不像日本那样自然地融合在一起，而是各自独立存在的；第二，汉族的祖先崇拜仅为家族的祖灵崇拜，而不像日本作为民族普遍的祖神来崇拜，进而他认为日本的神社通过祭神与国家紧密地结合在一起，而中国的村庙通过城隍庙和上天玉帝连在一起。此外，福武直的《中国农村社会结构》一书，也大量吸收了满铁的调查资料。[⑤]

（3）这一时期进一步受到欧美人类学理论的影响。例如，以文化人类学命名的人类学，受到了美国的影响，开始大量接受美国文化人类学领域的文化概念以及文化相对主义的观念。在受美国影响

① 〔日〕仁井田陞：《中国的农村家庭》，东京大学出版社，1952。

② 〔日〕内田智雄：《中国农村的家庭和信仰》，弘文堂，1970。

③ 〔日〕旗田巍：《中国农村和共同体理论》，岩波书店，1970。

④ 〔日〕平野义太郎：《作为北支村落的基础要素的宗族和村庙》，《支那农村惯行调查报告书》第一辑，1943。

⑤ 〔日〕福武直：《福武直著作集》第9卷，东京大学出版社，1976。

的同时，还受到了另一种以“社会”为核心的英国社会人类学的影响。日本国内的研究与日本农村社会学有机地结合起来，出版了大量对日本农村社会进行研究的成果。在对国内进行调查的同时，日本的人类学者开始摆脱殖民主义的影响，特别是20世纪50年代以后，以纯粹研究者的身份开始在日本国外进行田野调查，如川田喜二郎对尼泊尔的低地与高地文化的考察，中根千枝对印度和喜马拉雅山脉西部的调查和研究等。

（4）大学制度中人类学学科建设的完善。例如，东京大学的文化人类学、东京都立大学的社会人类学、南山大学的人类学等各有特色。在这个时期，特别是20世纪60年代以后，由于日本经济的高速增长，日本企业在海外市场的拓展，各种海外研究经费大量增加，日本人类学者开始对世界各地开展调查和研究，形成了日本人类学的又一黄金时期。这一状况一直延续至今。

## 三　现代早期的日本人类学

这是日本人类学发展的第三个阶段，为20世纪70年代后到90年代中期。其特点如下。

（1）研究愈加细致化。对于东南亚的山地民族、乡民社会、我国台湾的少数民族等的研究，有一些很有影响的研究成果，其代表性著作有末成道男先生（现为东洋大学社会学部教授）的《台湾阿美族的社会组织和变迁》（东京大学出版会，1983）和《越南的祖先祭祀——潮曲的社会生活》（东京大学东洋文化研究所报告，日本风响社，1998）等。

（2）研究领域的多样化与对实践和应用的重视。一些人类学的分支学科，如生态人类学、教育人类学、医疗人类学、开发人类学、影视人类学、政治人类学、都市人类学、观光人类学等都有很大的发展。

（3）后现代人类学开始出现并成为研究的重要领域。对国民文化的形成与传统文化的再生、文化的生产和消费的研究，成果如日本国立民族学博物馆人类学教授、东南亚研究专家田村克己主编的《文化的生产》一书。

（4）人类学学科教育的综合性特点出现——对于地域研究（area studies）和超域文化研究（interdisciplinary cultural studies）的重视。日本东京大学1996年把教养学部的文化人类学、比较文学比较文化和表象文化论三个专业合并称为“超域文化科学”专业，英文写为interdisciplinary cultural studies。这种分类本身已引起非常大的争论，日本学界对此看法也不一致。这一“超域”的概念，对于文化人类学而言，具有两种含义。第一是具有超越地域的含义。作为文化人类学的研究方法，一个很重要的方面就是对地域横断面的研究，跨文化研究就是这方面研究的典型。同时随着区域的开发和民族及族群的流动，人类学者的研究也要随着他们在不同地域流动，进行追踪调查，这种调查有的还跨越国境，如对华人的研究、对菲律宾人的研究等。第二是研究领域的越境问题。文化人类学可以说是近代西方已有的人文科学和社会科学中出现较晚的一门学科，它从研究简单社会及未分化的社会时就开始强调整体论的方法，这种方法的强调，本身已具有越境的意味。它在诸多的研究中，事实上处处在越境，即跨越不同的学科领域，如研究习惯法要和法律交叉，研究援助和开发问题又要和经济学及国际关系学相联系等。如此一来，人类学留给人的印象就是超越不同的学科界限，在不同的学科间游来荡去，发挥它特有的研究视角和方法，或许这一特点正是国际社会科学的一种研究趋向。其实，对这一学科归属的讨论本身也能说明这一问题。东京大学的这项学科改革，即三科合一，本身的出发点，就有一种把人类学向人文科学靠拢的取向。其实如果我们仔细考虑一下，翻一下有关人类学的研究成果，就会发现学者们自身就带有不同的取向，有的向人文科学靠拢，有的趋向社会科学或者就是社会科学的研究，也有的介乎两者之间。从这个意义上说也是人类学超域性的一种体现。

上述三个时期的具体内容也可以从以日本民族学学会的名义出版的三本有关日本民族学/文化人类学的历史和现状研究的著作中看出来。第一本于1964年为迎接日本民族学会成立30周年而编写，当时的书名为《日本民族学的回顾和展望》；第二本为1984年编写的，书名为《日本的民族学：1964～1983》；第三本为1996年出版的《日本民族学的现在：从1980年代到1990年代》。从其不同时期的关注点可以看到日本民族学/文化人类学的发展脉络。在1964年出版的《日本民族学的回顾和展望》中，第一部分民族学理论的发展仅仅分了五个领域，即历史民族学、社会人类学、物质文化、文化论和民俗学五个领域，而在20年后的1984年出版的书中，关于第一部分的民族学的诸领域中，就包括宗教人类学、经济人类学、政治人类学、法律人类学、心理人类学、教育人类学、都市人类学、语言人类学、象征人类学、认知人类学、生态人类学、医疗人类学、影视人类学、艺术人类学、女性研究等在内的20个领域。而在20世纪90年代中期出版的书中，民族学的研究领域一章排除了80年代那种以人类学分支领域的研究来谈学科发展问题的方法，而是以日本学者研究集中的问题意识为基础进行分类，如象征空间论、都市民俗学/祭祀空间、日本中世纪历史研究、日本民众史研究、社会结构论·家族研究、共同体祭祀研究、族群性、神话、饮食文化、计算机的民族学等领域。这也反映了学科问题群的组合更加成熟。

这三个时期特别是20世纪50年代后，随着日本经济的发展，海外社会的调查和研究就成了日本人类学的主流，而日本本土的研究主要集中在冲绳。我们可以从末成道男教授在日本民族学人类学权威刊物发表的论文的归纳中看出这一特点。按照田野工作区域统计整理《民族学研究》刊载的论文研究情况[①]见表1。

---

① 约瑟夫·库拉伊那编《日本民族学的现在》，新曜社，1996，第14页。

**表 1　1990 年前《民族学研究》刊登论文的区域分布**

单位：篇

| 发表年份 | 论文总数 | 冲绳 | 阿伊奴 | 朝鲜 | 中国台湾 | 埃塞俄比亚 | 中国 | 北亚 | 东南亚 | 南亚 | 西亚 | 欧洲 | 非洲 | 北美 | 中美 | 南美 |
|---|---|---|---|---|---|---|---|---|---|---|---|---|---|---|---|---|
| 1935 ~ 1939 | 145 | 2 | 12 | 2 | 21 | 8 | 4 | 12 | 4 | 1 |  | 3 |  |  |  |  |
| 1940 ~ 1944 | 136 | 3 | 6 | 2 | 9 | 11 | 10 | 13 | 10 | 2 |  |  |  |  |  |  |
| 1946 ~ 1950 | 111 | 17 | 6 | 1 | 1 | 6 | 8 | 18 | 2 |  |  |  |  |  |  |  |
| 1951 ~ 1956 | 92 | 3 | 22 |  | 20 | 1 | 7 | 5 |  | 3 |  |  |  | 1 |  | 1 |
| 1957 ~ 1961 | 85 |  | 9 | 1 | 2 | 1 | 7 | 6 | 14 | 6 | 1 |  |  |  |  |  |
| 1961 ~ 1965 | 66 | 8 | 7 | 2 | 1 | 5 |  | 5 | 3 | 3 |  |  |  | 3 |  | 2 |
| 1966 ~ 1970 | 55 | 2 | 1 | 2 | 1 | 5 | 1 | 1 | 6 | 2 |  |  | 8 | 3 |  | 1 |
| 1971 ~ 1975 | 51 | 3 | 2 | 2 | 1 | 2 |  |  | 9 | 1 |  |  | 9 | 1 | 1 |  |
| 1976 ~ 1980 | 62 | 9 | 1 | 6 |  | 5 | 1 |  | 10 | 1 |  |  | 4 | 1 | 1 | 2 |
| 1981 ~ 1985 | 88 | 3 | 1 | 1 | 1 | 5 | 5 | 2 | 16 | 3 |  | 5 | 12 | 1 | 1 | 1 |
| 1986 ~ 1990 | 40 | 2 | 1 | 1 | 4 | 5 | 1 |  | 3 | 2 | 1 | 3 | 5 | 2 | 1 |  |
| 合　计 | 931 | 52 | 68 | 20 | 61 | 54 | 44 | 62 | 77 | 24 | 2 | 11 | 38 | 12 | 4 | 7 |

说明：有关日本人口数量较多的民族的研究文章未出现在这一表格中，其数量为 395 篇。

## 四　现代日本人类学（20世纪90年代中期至今）

这一时期根据学科的发展需要，日本民族学会于2003年更名为文化人类学学会，其学会的刊物也由《民族学研究》改为《文化人类学研究》。其特点是在全球化过程中反思人类学以往的研究，如对二元模式与场域的思考。欧美社会科学研究的哲学方法论基础——二元论主要表现为主观主义和客观主义认识模式的对立、个人主义方法论与整体主义方法论的对立，这使得人们很容易把社会学的各个学派归为上述二元对立中的一方，这种方法显得抽象而空泛，布迪厄在试图超越二元模式的过程中采用场域理论来认识社会结构，即认为现实世界是作为独立于个人意识的客观关系存在的，而场域便是这些客观关系构成的网络，也开始讨论普遍主义与设计主义的问题。在相当长的时期里，日本学界一直在西方的话语体系里进行思考，近年来随着东亚各国特别是中国和韩国经济的快速发展，东亚各国之间的经济、文化交流日益频繁，日本人类学者逐渐认识到其实自己身边就有一个巨大的文化宝库，它有着取之不尽、用之不竭的研究资源，并且由于同属东亚地区，文化上有着必然的联系，在研究东亚其他国家文化的同时，也有助于对自身文化的认识和理解。所以日本的人类学者们开始重新思考东亚的知识共同体和文化价值，形成了对原有研究的反思，对目前出现的多样的社会变迁进行整体把握，同时也更加关注对本土社会的研究。具体表现在如下几个方面。

### （一）对殖民地人类学的反思和展望

由后殖民主义的讨论引发的问题，可以归纳为如下几个方面：①讲文化的权利属于谁？②民族志内部的权威是如何建构的？③塑造本土文化和异文化境界的要素和实践如何？④为讲清现代社会出现的文化差异，以怎样的话语和态度最为适合？⑤文化的概念在何种程度上是有效的？以国家、语言、文化、民族、社会为单位的制度化的文化人类学在这些问题的研究中扮演着重要的角色。

2005 年 12 月，在日本国立民族学博物馆召开了殖民主义人类学与人文社会科学会议。会议期间，各国代表就殖民地人类学问题畅所欲言，发表了各自的学术见解。例如，鹤见太郎的《战争中的日本民俗学与东亚》、荷兰学者皮特·朴恩（Pete Pels）的《人类学从殖民地人类学中学到了什么》、中生胜美的《GHQ 的人类学家》、清水昭俊的《阿曼达群岛——殖民地主义、帝国主义、民族主义、后殖民地主义以及人类学未开化主义的交错点》、韩国学者全京秀的《日本帝国主义制度下的人类学家与军事外交官所建立的民族学》、美国学者杜赞奇（Prasenjit Duara）的《满洲国的民族与人类学》等，笔者也在这次会议上作了题为《日语写就的鄂伦春族民族志》的报告。

在殖民时代，日本在中国台湾和朝鲜所做的与人类学相关的调查和研究，形成了两个学派，即“台北人类学派”和“京城人类学派”。韩国学者全京秀曾就这一问题写过若干文章，如《殖民地帝国大学的人类学研究——比较京城帝国大学与台北帝国大学》[①]《日本的殖民地/战争人类学——以台北帝国大学和京城帝国大学的人脉和活动为中心》[②] 等。而日本学者中生胜美编著的《殖民地人类学的展望》[③] 一书，详细介绍了日本殖民统治下各个殖民地、半殖民地国家的人类学民族学发展状况，日本人类学者的研究情况，以及近年来日本有关殖民地研究的理论发展情况，探讨了现在的人类学者应该如何理解、应用在田野调查和文献资料中看到的日本殖民地统治、战争、占领的历史性事实，呼吁当代人类学者重视

① 〔日〕岸本美绪编《东洋学的磁场》（岩波讲座“帝国”日本的学识 3），岩波书店，第 99～134 页。

② 《思想》，岩波书店，第 73～91 页。

③ 〔日〕中生胜美编《殖民地人类学的展望》，风响社，2000。

殖民地人类学研究。

在对殖民主义时期的研究中，人类学和历史学的结合是非常重要的手段。例如，粟本英世等主编的《殖民地经验：人类学和历史学的视角》，对于征服和抵抗、开发和当地社会的关系、混血和文化的融合等进行了论述。此外，这方面最具权威性的著作是岩波书店于2006年推出的八卷本的系列丛书“帝国日本的学知”，第一卷为《“帝国”编成的系谱》，第二卷为《“帝国”的经济学》，第三卷为《东洋学的磁场》，第四卷为《传媒中的“帝国”》，第五卷为《东亚的文学・言语空间》，第六卷为《作为地域研究的亚洲》，第七卷为《作为实学的科学技术》，第八卷为《空间的形成和世界认识》。这一系列丛书对于认识日本占领时期殖民地的政治、经济、社会和文化等有重要的学术意义。

在这一问题的讨论中，如何反思后殖民主义的问题一直是一个重要的思考方向，如太田好信的《民族志对于近代的介入——讲文化的权利到底归谁?》、杉岛敬志主编的《人类学实践的再建构——后殖民主义回转之后》等。在反思殖民主义的同时，很多学者在此基础上关注侵略与人类学、军队的人类学等。其中田中雅一教授的论文《军队文化人类学的研究视角——美国的人权政策与超国家主义》，从文化人类学的视角研究军队，主要是想弄清楚在日美军基地里发生的事实。他认为研究军队有两个意义。首先是军队进入研究视野，使人们更广泛地了解该社会成为可能。研究其与一般社会的不同和历史的影响关系是进入该领域的主要切入点。其次是国家军队，不仅是美军，曾经的超国家主义行为的事实对文化人类学的影响。作者分别对此进行了阐述。首先，列举了历史上及现当代美军中黑人士兵所受的歧视，说明美国人种偏见的文化价值观对军队的影响。其次，讲述了全球一体化背景下军队的超国家主义特性。基地只是他们的一个出差地，基地里的生活完全是美国式的。但基地也不是完全和地域社会隔绝的，军队是离不开社会和文化脉络的。文化人类学赋予了研究两者关系的视点。[1]

### （二）自身社会人类学研究的思考

文化人类学是以理解异文化为目的而发端的，然而受后殖民主义批判思潮等的影响，一方面人类学被看作是殖民主义的“帮凶”，另一方面，对异文化的理解被认为忽视了调查地当地人的观点，所以人类学者们逐渐将研究的视角转移到自身生存的社会中，对自身社会的人类学研究逐渐繁盛起来。实际上，在人类学作为一门学科成立数十年前，日本就已经有了专门研究自身社会的学科——民俗学，所以日本自身的社会人类学研究有着悠久的历史传统。在日本最早关注这一问题的是末成道男教授，其在早期写的论文《家乡人类学》，较早讨论了东亚社会自身的人类学问题。

2002～2005年，一部分来自东亚的人类学者，在中西裕二教授主持的日本科学研究费补助金的赞助下，进行了有关建立自身社会人类学研究的基础性研究。主要的研究成果达数十篇，主要围绕自身社会人类学研究的理论问题、各国人类学民俗学与自身社会人类学的地位、田野调查与自身社会人类学家及外国人类学家这三个问题展开。代表性研究成果有：仲川裕里的《当自身社会成为田野调查对象时——自身社会人类学的优缺点再思考》《跨越“我们”与“他们”的二分法——自身社会人类学的历史与展望》，刘正爱的《空间、历史与身份认同——有关福建省满族的调查报告》，田村和彦的《中国的自身社会人类学研究——从1980年以后以及20世纪30年代后半期的学位论文看田野调查地的选择与应用性》，中西裕二的《何谓自身社会》，不来梅（Jan Van Bremen）的《欧洲的日本研究与自身社会人类学研究》

① 〔日〕田中雅一：《军队文化人类学的研究视角——美国的人权政策与超国家主义》，京都大学人文科学研究所《人文学报》2004年第90号。

等，笔者也参与了这一课题研究，并从“自身社会研究与中日比较研究”角度进行思考。

### （三）族群与民族概念的重新反思

**1. 多样的民族与纷争的民族**

即使是在当今世界，民族战争、部族战争依然存在。比如说车臣民族的战争、卢旺达的胡图族和图西族两大部族的对立、巴勒斯坦人与犹太人的武力冲突、阿伊奴民族和因纽特人等引导的原住民运动等。这些纷争与运动的当事人——××民族、××部族、××种族、××族、××人的称呼引起了日本学者的兴趣。而在此之前，无论是日本的报纸、周刊、综合杂志还是百科辞典都鲜有对这几个概念的区别划分标准。

**2. 回归民族的本义**

日语的“民族”是一个多义且很暧昧的概念，既可以指代英语的“ethnic group”“nation”，也可以指代德语的“volk”。由此，有必要首先澄清“少数民族”这一概念。一般来说，以同样享有国民权利的国民国家（nation state）为“全体”，其中，与占据支配性地位的多数民族相比，人数较少的民族集团为少数民族。日本95%以上的人口为大和民族，剩余5%的少数民族为阿伊奴族、琉球族、山窝等（对此民族划分方法尚有争议）。日本政府在以国际人权规约为基础提交的联合国报告中认为日本的少数民族仅指阿伊奴族。日本民族这一概念尽管支撑起了日本神话起源说以及民族的永续性，但它并不是从古至今固有的概念，而是在日本近代史，也就是伴随着19世纪中叶要求开国通商的欧美国家施加压力时开始的，由此，这一概念多多少少就带有欧洲色彩，不过，日本的“民族”概念是在模仿欧美以及对抗欧美的过程中走入20世纪并得以形成的。日本明治时期的代表性国语辞典《言海》中指出，“民族”是指“人民的种族”，昭和时代的《大言海》则将“民族”定义为：“在单一的政治共同体中，拥有共同的历史文化与故国的所有成员构成的文化、政治纽带。”

**3. 民族与国家政体之间的有机联系：民族的独立性是在国家的框架之下成立的**

“日本民族”概念的形成时间与日本帝国主义在亚洲发动战争的时间几乎是一致的。战后日本的很多政治、社会、学术用语是从欧洲发达国家引进的，特别是在翻译德国书籍时，“nation”一词常常被翻译得带有“人种”的意味。可以说 19 世纪后期，日本在努力成为发达国家的过程中，不断向欧洲新霸权国家——德国学习，从而使其“民族”概念带有德国色彩。

从昭和初期开始，日本的“民族”概念突然被大力提倡，而且日本神道史、精神史、日本神话起源等学说以及其后的战争又给此时的“日本民族”概念抹上了浓厚的民族优越性色彩，成为带有内部尊严化、绝对化，外部统摄化的双重性质概念。

**4. 民族的独立性主要表现在文化层面**

在漫漫历史长河中，政党甚至国家都是短暂的，只有民族是永恒的。而民族的永恒根植于民族文化的生生不息，文化是人类创造的，但人类不可能创造同一模式的文化，而人类创造的不同类型、不同模式的文化，又将他们自己塑造成了具有不同文化特征的群体——民族。可以认为，一个民族之所以成为民族，最根本的莫过于形成自己特有的文化，文化是民族的，民族是文化的载体。一个民族一旦失去了它的文化，也就不再是一个纯粹的独立的民族。

## （四）移民与越境的人类学

从 15 世纪开始持续到 20 世纪的殖民扩张，一直是以西方人流入亚洲、非洲、拉丁美洲的形式展开的，然而到了 20 世纪后半期，亚洲、非洲、拉丁美洲的人口则大量涌入西方产业社会。这种大规模的人口流动导致了人口流入国的民族多样化，文化摩擦等问题日益严重。面对这样急剧的变化，探明人口流动原因、流动性质、流动意义的理论以及在这一理论基础上的改革迫在眉睫。

文化人类学这几年也比较关注这一移民问题，形成了探寻跨越国境的流动人口增加现象以及这一变化给文化所带来影响的“越境人类学”。越境人类学所关注的不仅是单纯的物理性人口流动，还留意到人口的流动伴随着技术、思想、文化的流动，以及这些流动是促进国际媒介以及全球技术发展的重要因素等问题。在日本，一般把这种全球范围内的人口、物质、信息、资本等的跨国境流动称为“国际化”。在这一国际化进程中，特别是20世纪70年代以后，日本出现了“海外旅行大众化”现象，一方面显示了日本经济的高速增长，另一方面也促进了日本观光人类学的产生，20世纪80年代，石森秀三、山下晋司等开始了观光人类学的共同研究，进入90年代，人类学家们以独特的视角出版了观光文化人类学研究课题的入门书，以及论述后殖民主义时代文化变化与观光关系的研究著作。例如：山下晋司等编著的《观光人类学》（新曜社，1996），山下晋司的《巴厘岛观光人类学的课程》（东京大学出版会，1999）；桥本和也的《观光人类学的战略——文化的销售方法》（世界思想社，1999）；约翰·阿里的《观光的眼神——现代社会的娱乐与旅行》（加太宏邦译，法政大学出版局，1995）等。

### （五）研究内容多样化，不同国家和地域的研究更加丰富

这一时期除传统人类学的四大研究领域亲属与社会组织、宗教和仪式、政治与法律、经济与发展继续延续外，很重要的是研究领域越来越多样化，这也和国际人类学的转型联系在一起，如对生态、身体、后现代和后殖民主义的人类学等方面的讨论越来越多。我们可从笔者对第30届（1996）至第42届（2008）日本文化人类学学会大会会议论文、第60卷4号（1996年3月）至第73卷2号（2008年6月）日本文化人类学学会刊物《文化人类学研究》（原名《民族学研究》）论文情况的统计中看出这一点（见表2、表3）。

**表 2　1996 ~ 2008 年日本文化人类学学会大会会议论文的内容分类情况统计***

单位：篇（专题研究部分除外）

| 项目/年份 | 亲属和社会性别 | 宗教和仪式 | 经济人类学和开发研究 | 政治人类学 | 法律人类学 | 后现代主义人类学 | 后殖民主义人类学 | 医学人类学 | 艺术人类学 | 历史人类学 | 环境人类学 | 语言人类学 | 体质人类学 | 专题研究** | 总计 |
|---|---|---|---|---|---|---|---|---|---|---|---|---|---|---|---|
| 1996 | 19 | 23 | 4 | 15 | 0 | 1 | 0 | 4 | 5 | 0 | 0 | 5 | 0 | 10 | 86 |
| 1997 | 30 | 28 | 10 | 8 | 1 | 2 | 0 | 3 | 8 | 0 | 1 | 4 | 3 | 8 | 106 |
| 1998 | 22 | 28 | 7 | 7 | 1 | 3 | 1 | 5 | 4 | 0 | 2 | 3 | 2 | 9 | 94 |
| 1999 | 26 | 36 | 13 | 10 | 1 | 0 | 1 | 4 | 10 | 1 | 1 | 1 | 1 | 24 | 129 |
| 2002 | 14 | 35 | 8 | 18 | 0 | 2 | 2 | 5 | 7 | 1 | 2 | 5 | 3 | 10 | 112 |
| 2003 | 24 | 35 | 9 | 23 | 3 | 1 | 0 | 4 | 6 | 0 | 2 | 1 | 4 | 9 | 121 |
| 2004 | 12 | 33 | 9 | 24 | 5 | 1 | 1 | 8 | 8 | 1 | 4 | 8 | 3 | 24 | 141 |
| 2005 | 18 | 29 | 7 | 16 | 2 | 1 | 0 | 7 | 7 | 0 | 5 | 2 | 4 | 25 | 123 |
| 2006 | 38 | 45 | 17 | 6 | 2 | 0 | 1 | 10 | 21 | 3 | 2 | 1 | 0 | 19 | 165 |
| 2007 | 45 | 44 | 22 | 24 | 4 | 8 | 1 | 19 | 14 | 3 | 4 | 6 | 2 | 13 | 209 |
| 2008 | 34 | 50 | 41 | 32 | 2 | 6 | 0 | 12 | 21 | 5 | 3 | 0 | 0 | 22 | 228 |
| 总计 | 282 | 386 | 147 | 183 | 21 | 25 | 7 | 81 | 111 | 14 | 26 | 36 | 22 | 173 | 1514 |

* 以研究领域为主要划分标准。

** 即各个分科会、集体发表会、讨论会。

**表 3　1996～2008 年日本文化人类学学会大会会议论文的区域分布情况统计***

单位：篇

| 区域/年份 | 亚洲 | | | | | | 非洲 | 大洋洲[3] | 欧洲 | 南美 | 北美 | 比较研究 | 其他[4] | 总计 |
|---|---|---|---|---|---|---|---|---|---|---|---|---|---|---|
| | 中国[1] | 日本[2] | 韩国 | 东南亚 | 南亚 | 其他地区 | | | | | | | | |
| 1996 | 13 | 20 | 4 | 12 | 4 | 0 | 4 | 6 | 1 | 4 | 6 | 0 | 36 | 110 |
| 1997 | 16 | 27 | 5 | 16 | 7 | 3 | 8 | 11 | 2 | 6 | 6 | 0 | 22 | 129 |
| 1998 | 16 | 26 | 3 | 11 | 4 | 2 | 6 | 7 | 5 | 5 | 7 | 2 | 32 | 126 |
| 1999 | 20 | 24 | 4 | 24 | 6 | 10 | 7 | 10 | 1 | 9 | 6 | 5 | 43 | 169 |
| 2002 | 13 | 10 | 6 | 16 | 7 | 4 | 4 | 5 | 7 | 2 | 7 | 2 | 29 | 112 |
| 2003 | 16 | 24 | 4 | 20 | 4 | 2 | 11 | 8 | 5 | 10 | 6 | 2 | 36 | 148 |
| 2004 | 13 | 18 | 6 | 14 | 10 | 4 | 4 | 11 | 6 | 9 | 9 | 3 | 34 | 141 |
| 2005 | 21 | 31 | 4 | 20 | 11 | 4 | 10 | 5 | 9 | 5 | 14 | 1 | 68 | 203 |
| 2006 | 21 | 14 | 6 | 33 | 13 | 4 | 11 | 17 | 6 | 7 | 7 | 3 | 41 | 183 |
| 2007 | 28 | 28 | 4 | 35 | 14 | 10 | 16 | 15 | 10 | 9 | 8 | 3 | 42 | 222 |
| 2008 | 33 | 40 | 4 | 41 | 17 | 9 | 22 | 26 | 18 | 10 | 10 | 6 | 132[5] | 368[6] |
| 总计 | 210 | 262 | 50 | 242 | 97 | 52 | 103 | 121 | 70 | 66 | 80 | 32 | 526 | 1911 |

* 以田野工作区域为主要划分标准，各个分科会、集体发表会、讨论会中的分论题作为单独的文章统计，故文章总篇数与内容划分的统计不同。

①包括港澳台地区及海外华人社会研究。

②包括阿依奴、冲绳及海外日本人研究。

③包括夏威夷群岛研究。

④学术史研究、理论研究、移民研究及其他不能确定田野工作地点的专题研究均归入此类。

⑤包括民族志影视作品。

⑥包括民族志影视作品。

我们对总计近2000篇论文进行统计分析，从中看到所涉及的内容可以说包罗万象，但人类学传统的研究领域一直占有重要位置，仅举所涉及的不同领域的有关论文如下。

**1. 政治与法律人类学**

《中国民族区域自治地区汉族居民的行动——以内蒙古自治区为例》《边缘的政治——爱沙尼亚VOLL地区的地方主义运动》《殖民地主义与日本民族学（4）》《民间艺术的民族主义与殖民地主义——国民文化形成的尝试和挫折》《历史的政治学：秘鲁的印第安人形象和印加主义》《土地所有权神话般的“正当性”——巴布亚新几内亚布依族的事例》《现代原住民的土地所有权意识以及神话的复活——阿纳姆地东部虐杀传说的意味》《谁是罗刹——有关多巴巴塔克族“酋长”特点的考察》《殖民地行政长官眼中的加纳利中部民族》《纽埃岛的土地制度》《从氏族到“美国本地的”——阿拉斯加阿萨巴斯卡人的夸富宴中表现出来的身份认同》《后现代人类学的代价——东方研究与身份认同的政治学》《大洋洲南部酋长制社会的持续与改变》《库克群岛曼尼希基岛、拉卡汉格斯岛的酋长继承问题》《汤加的身体形象和领导地位》《西萨摩亚的酋长制》《斐济维提岛的酋长制》《斐济中部群岛领导地位的持续与改变》《斐济雷克姆巴岛现有体制的维持》《日籍加拿大人三个世代的民族身份认同——使用EIQ分析法》《新加坡的马来概念与多民族社会——巴维安人同乡会》《危地马拉的泛玛雅文化运动》等。

**2. 亲属组织与社会性别**

《男子贞操义务说的争论与性别》《村落社会中的女性集团——八丈岛的乡村妇女会》《泰国东北农村的兼营化与性别》《居民参与型小规模项目与性别——哥斯达黎加阿雷纳环境保护区域的事例调查》《PNG西马努斯岛的歌谣文化——以女性的参与给舞蹈带来的文化革新为核心》《Madiha族女性的集体争吵》《有关Netsilik因纽特人性别的考察》《菲律宾伊罗戈斯对寄养孩子的养

育——基本特征和移居史中的应用过程》《韩国原“部队慰安妇”和儒教社会》《越南村落的年龄阶梯特点——以甲组织为核心》《某女性原住民克制的生活史——澳大利亚西部原住民的生活史研究》《四川农村的婚姻类型变化——上门女婿与女性外嫁》《“排除”与“包含”——韩国社会门中的变化》《阿尼人民俗知识中出身与生殖的关系》《英雄叙事诗〈江格尔〉中母子、父子关系的比较》《密克罗尼西亚雅浦岛的婚外产子现象——以私生子的命名法为中心》《人口稀疏社会的祖先》《库克群岛芒艾亚岛的人名》《有关泰国女性开发方法和女性在经济上的作用的论述》《印度尼西亚的开发政策和农村女性——巴厘岛的手工艺品生产》《森林保护与性别——以尼泊尔为例》《米南卡保族有关胎盘处理的性别观念》《印度南部的新印度主义与性别》《土耳其摘棉花季节的劳动和性别关系》《阿尼人（科特迪瓦）对空间与生活的认识》《在性别角度的基础上开展的对继承意识的研究——女性是继承人吗?》《有关北太平洋沿岸文化圈社会构造的比较研究》等。

**3. 宗教和仪式**

《奄美大岛的石神信仰》《日本的火田耕作礼仪》《茨城县的妈祖信仰》《贡品与精灵——菲律宾维沙亚群岛锡基霍尔岛民俗志》《法国人天主教传教士的图解传教》《向看不见的真实跳跃——查丽斯族的萨满》《中国西北农村庙会表现出来的社会凝聚力》《错综复杂的民俗宗教——菲律宾宿雾市福建籍华人祖先观念的变迁》《中国江西省万载县傩神的诞生祭》《尼泊尔丧葬礼仪的变化与偏差》《马尔卡的伊斯兰改革及其社会背景》《圣人庙的参拜惯例——埃塞俄比亚西南部穆斯林奥罗莫人的事例》《丧葬中体现出来的本地知识动力——滋贺县高岛郡牧野町大字知内的事例》《有关牙买加塔法里公爵教派的食物观念》《20世纪后半期夏威夷人对基督教的接受》《圣地的构造——巴西救世教圣地》《丧礼体现出来的同族、亲戚、邻居关系——明治末期到大正初期的全国调查分析》《冲绳宫古岛传统祭祀的社会教育功能——以移居池间岛的社会网络为核心》《冲绳宫古岛绘图小说的意义》《韩国济州岛的灵灯婆婆——有关来访神礼仪的比较研究》《居住在土楼里的客家的龟神信仰》《北苏门答腊岛东海岸开拓移居村落里多巴人的改葬墓穴》《印度达利特民众如何接受基督教》《卢奥族的丧葬仪式》《俾格米人精灵礼仪中男子汉气概的表现》《使古巴非洲教文化生机勃勃的非洲籍信徒》《改宗与社会文化变迁——坦桑尼亚西南部 Kinga 人的事例》等。

**4. 经济人类学与开发**

《高山苗族的生计——根据事例进行分析》《日本西南部的下套狩猎》《生活在海上丰岛的渔人夫妇——近代船民的出现与社会文化的变化》《“惠水”苗族生计形态的变迁》《神话、土地、氏族》《什叶派进行的社会开发——巴基斯坦北部的事例》《后苏维埃时期西伯利亚驯鹿饲养业的重组过程》《现代日本大众文化的创造——以有机农业为例》《牛耳朵上的标牌与固有名称中所表现出来的民族史和家畜管理之间的关系——苏丹东部 Banu' Amir 族的事例》《频繁的餐宴——塔比特韦亚·索斯（基里巴斯）的事例》《日本初期水稻农耕民如何烹饪大米》《刀耕火种耕作法的传承与日本》《马达加斯加西南部捕鱼与农耕的生计模式》《加纳的可可生产与土地制度》等。

**5. 语言与教育人类学**

《消失的双数和无法消失的双数——加拿大因纽特人两种方言的变化差异及其社会文化背景》《原住民语言的复兴运动——以毛利语、夏威夷语为例》《中国朝鲜族的民族地位及其变化——由对高校教师进行的调查问卷展开》《韩国的初等教育教科书表现出来的“长幼秩序”原理——以父母与子女对话中表现出来的不同待遇为核心》《用日语研究人类学》《异文化体验的田野实习——东北大学的试验》《教授文化人类学的“效用”》《人的学问与人类学式》《民族文化中教育研究的可能性和课题》《从教育心理学到学习的社会理论——教育与现代人类学》《教育人类学的理论化——微观、宏观合作模式的提案》《环境教育与民族学》等。

**6. 医学人类学**

《被讲述的“教育”——医院的民族志（2）》《作为社会文化认知空间的诊室》《如何看待儿童肿瘤专家告诉病人真实病情的行为》《韩国基督教的临终关怀：“微笑”与“安乐死”》《尼泊尔西部 DOSA 的概念》《从对植物的利用以及医疗食品看中国移民的文化传承——以泰国北部的云南籍移民为例》《什么是再生产性健康的权利》《不孕的医学人类学研究与再生产性健康的权利》《日本人产子观念的发展轨迹——再一次认识再生产性健康的权利》《台湾阿美族巫医》等。

**7. 都市人类学**

《华人社会的都市化和宗教复兴——新加坡的城隍信仰》《道教信众的产生——新加坡华人的文化身份认同》《移民在澳大利亚的文化变迁》《墨西哥瓦哈卡州圣马丁村的天主教圣人：与都市迁移者的关系》《伊斯兰教徒印度尼西亚留学生体验到的日本（2）——与日本人的关系》《20 世纪 30 年代到 60 年代神户犹太人社区的变迁》《对回到加拿大的第二代人的定居过程以及身份认同的考察》《巴西日本人的婚姻关系》《日籍巴西人看日本》《非洲籍美国人看日本》《在日越南人看日本》《被继承的衣食同源思想及文化——菲律宾马尼拉的中国福建移民事例》《中国回国者的“东方习俗”评判——从“通用”的角度来看》《身份认同的表现、确认和创造——洪都拉斯穆斯林的例子》《亚美尼亚民族文化的身份认同和文化维持战略——以黎巴嫩的亚美尼亚社区为例》《城市规划 NPO 与都市民俗学——震后重建的神户》《都市节日祭祀的多样性和扩散性——东京的佃祭》《都市节日祭祀的产生与变化》《小仓祇园太鼓所表现出来的都市创造性》

《意思与形式的相克——春日若宫祭》《神户祭的过去、现在和未来》等。

**8. 旅游与艺术人类学**

《通过观光再创造“乡土玩具”》《文化的地域化与摆脱地域化：提出问题》《巴厘岛的传统振兴政策》《巴厘岛的印度中心主义》《中华民族的“展演”——北京中华民族园》《阿拉斯加北美云杉国家历史公园的海达人和特林基特人图腾柱》《“力量乐队”感觉——巴布亚新几内亚的流行音乐》《东日本的阿波舞》《香港募捐游行中的“文化”——小规模慈善团体的战略》《“阿依奴工艺的历史变迁和社会内涵”研究》《冲绳竹富岛传统文化的意识化——保护城市建筑与民间艺术运动》《岩手县远野讲故事能手的实践》《民俗艺能实践中的保存和观光——壬生的花田植》《历史的坍塌：蜡纺印花产业的近代史》《舞蹈着的族群——以夏威夷冲绳式盂兰盆舞蹈为例》等。

此外，我们从日本文化人类学会的权威杂志《文化人类学研究》也可以看到其研究成果的特点。20 世纪 60 年代后，日本人类学一直关注海外的研究，且以原殖民地国家的研究为主，到了 20 世纪 90 年代后研究地域相对集中，日本本土研究备受关注。从笔者对第 60 卷 4 号（1996 年 3 月）至第 73 卷 2 号（2008 年 6 月）日本文化人类学学会刊物《文化人类学研究》论文情况的统计中可以看出这一点。其中日本研究、东南亚研究、非洲研究比例较大（见表 4、表 5）。

通过对表 4、表 5 的论文分析，我们看到研究领域的宽泛化和地域的更加多样性。其研究内容主要集中在如下地域。

**1. 亚洲**

包括日本本土在内的论文 90 多篇。主要有：《关于中国近代的表现和日常的实践——德宏傣族的送葬习俗改革》《从中国湖北省农村招赘婚的事例看宗教的规范和个人的选择》《关于馕的中国新疆维吾尔族的食文化》《从广东珠江三角洲看共产

**表 4　1996～2008 年日本文化人类学学会刊物《文化人类学研究》论文内容情况统计***

单位：篇

| 项目<br>年份 | 社会人类学 | 宗教人类学 | 经济人类学和开发研究 | 政治人类学 | 法律人类学 | 后现代主义人类学 | 后殖民主义人类学 | 医学人类学 | 都市人类学 | 乡村人类学 | 生态人类学 | 历史人类学 | 教育人类学 | 心理人类学 | 文化人类学 | 其他 | 合计 |
|---|---|---|---|---|---|---|---|---|---|---|---|---|---|---|---|---|---|
| 1996 | 4 | 1 | 1 |  |  | 1 |  |  |  |  | 1 | 1 |  |  | 5 |  | 14 |
| 1997 | 4 | 4 |  |  |  |  | 3 |  |  | 1 |  | 1 |  |  | 5 | 1 | 19 |
| 1998 | 9 | 1 | 1 | 1 |  | 1 |  |  |  |  |  | 2 |  |  | 4 |  | 18 |
| 1999 | 4 | 1 | 2 |  |  | 1 |  |  |  |  | 4 | 2 |  |  | 4 | 1 | 19 |
| 2000 | 2 |  |  |  |  | 4 | 6 |  |  |  |  |  |  |  | 5 |  | 17 |
| 2001 | 5 |  |  | 4 |  | 1 |  |  |  |  | 4 |  |  |  | 5 |  | 19 |
| 2002 | 1 |  |  |  | 1 |  |  | 8 |  | 1 |  |  |  | 3 | 2 |  | 16 |
| 2003 | 5 | 4 |  | 1 | 1 | 4 |  | 1 |  |  | 1 | 2 |  |  |  | 2 | 21 |
| 2004 | 5 | 1 | 2 |  |  | 3 |  |  | 1 | 1 |  | 2 |  |  | 3 | 1 | 19 |
| 2005 | 6 | 2 |  |  | 1 |  |  | 5 |  |  |  | 1 |  | 1 | 2 |  | 18 |
| 2006 | 4 | 1 | 1 |  |  | 1 | 1 |  | 2 |  |  | 1 |  |  | 4 |  | 15 |
| 2007 | 4 |  |  |  |  | 7 |  |  | 1 | 1 |  |  | 1 |  | 3 |  | 18 |
| 2008 |  |  |  |  |  |  | 1 | 2 |  |  | 1 | 2 |  |  | 1 |  | 7 |
| 总计 | 53 | 15 | 7 | 6 | 3 | 23 | 11 | 16 | 4 | 4 | 11 | 14 | 1 | 4 | 43 | 5 | 220 |

* 以研究领域为主要划分标准。

**表 5 1996～2008 年日本文化人类学学会刊物《文化人类学研究》不同地域的研究论文情况统计***

单位：篇

| 年份＼地域 | 亚洲 | | | | | | 非洲 | 大洋洲③ | 欧洲 | 南美 | 北美 | 比较研究 | 其他④ | 总计 |
|---|---|---|---|---|---|---|---|---|---|---|---|---|---|---|
| | 中国① | 日本② | 韩国 | 东南亚 | 南亚 | 其他地区 | | | | | | | | |
| 1996 | 2 | 2 | | 3 | 1 | | 3 | | | 2 | 1 | | | 14 |
| 1997 | | 4 | 1 | 3 | 2 | | 2 | | | | | | 5 | 17 |
| 1998 | | 3 | | | 2 | | 1 | 1 | 4 | | 2 | | 5 | 18 |
| 1999 | | | | 2 | | 3 | 3 | | | 2 | | 1 | 8 | 19 |
| 2000 | 2 | 2 | | 5 | 4 | | 2 | | | | | | 2 | 17 |
| 2001 | 1 | 5 | | 1 | | | 4 | 5 | 1 | 1 | | | 1 | 19 |
| 2002 | 1 | 1 | 1 | 1 | | 1 | 3 | 1 | 1 | | | | 6 | 16 |
| 2003 | | 1 | 1 | 2 | | 1 | 4 | | 1 | 1 | | 2 | 8 | 21 |
| 2004 | 3 | 4 | 1 | 2 | | | 1 | | 2 | 1 | 1 | | 6 | 21 |
| 2005 | | 4 | | 1 | 1 | | 2 | | 1 | | 1 | | 8 | 18 |
| 2006 | | 4 | | 1 | 1 | | 2 | 1 | | | 1 | | 5 | 15 |
| 2007 | | 6 | | 3 | 3 | | 3 | | | | | | 2 | 17 |
| 2008 | 2 | | | 1 | | | 2 | | | | | | 3 | 8 |
| 总计 | 11 | 36 | 4 | 25 | 14 | 5 | 32 | 8 | 10 | 7 | 6 | 3 | 59 | 220 |

＊以田野工作区域为主要划分标准。

①包括港澳台地区及海外华人社会研究。

②包括阿依奴、冲绳及海外日本人研究。

③包括夏威夷群岛研究。

④学术史研究、理论研究、移民研究及其他不能确定田野调查地点的专题研究均归入此类。

党政策下的送葬礼仪变化和持续》《中国鄱阳湖养鸬鹚的渔民们职业环境变化的二重对应》《在达兰萨拉镇构筑的“西藏文化”——关于西藏歌剧拉莫和雪顿节的记述和言说的考察》《正在消失的抢亲婚现状——关于与喜马拉雅山地民族言说实践的“近代”交叉》《老挝南部温族村庄的“奇加颇”占卜——村落社会的象征斗争》《印度尼西亚的事例——开发和革命的说法》《以印度尼西亚楠榜州普比安人社会婚姻礼仪的事例为中心——论习惯和文化》《后乌托邦时代的印度尼西亚国家和佛罗勒斯传统村落的变化》《哈萨克斯坦系牧民的事例——论中亚的乳制品加工体系》《恶魔的神义论——泰国山地民拉祜族中的基督教和本土精灵》《政治与言语——构筑现代韩国政治文化的“误解”》《分娩近代化政策中“传统的”接生婆——关于印度 TBA 训练的价值和实践》《由印度古吉拉特州库奇县帔布的事例论生产布匹的印度人和穆斯林的社会关系》《当事人的共同体、权利、市民的公共空间——论借用论的新阶段和冲绳基地问题》《系满渔民“读海”——论生活的文脉中“人的知识”》《“民族问题”的不存在：“琉球处置”的历史人类学》《从清水市的足球普及过程论成为民族主义契机的地方体育运动》《秋田县的室外锻造对策——论室外锻造的生存战略》《书道界制度和力学——关于现代日本书道协会和展览会的考察》《控制产生兴奋——论秋田县角馆、曳山传统仪式延续的机制》《兄弟的结合与生计战术——论近代冲绳屋取的开展与世代》《关于“正确”的宗教的政治——马来西亚沙巴州、海沙捞越人社会官方穆斯林的体验》《由菲律宾地方城市咒医实践论亲密的他者》《苏维埃时代乌兹别克斯坦的“乞丐”——论都市下位文化的穆斯林与共同性》《“拉祭”的本质——关于东南亚大陆山地民的民族归属认知的灵活性》《抢婚——关于帝汶岛南部德顿社会的暴力与和解的考察》《日本人本土人类学者面向超越自卑感、选贤意识的自文化研究》《论“本土的人类学”的另一个可能性——黑田俊雄与神佛调和的人类学理解》《日本人用英语说日本的时候——关于

“民族志的三者构造”中的读者/听众》《序——本土人类学的射程》。

**2. 非洲的论文30多篇**

主要有：《论斐济的印度人社会——以甘蔗栽培地域的事例为中心》《如何回忆习俗婚——肯尼亚卢希亚社会的埋葬公诉记录分析》《开拓边疆的人类学——吉库犹族移居社会重组》《市场经济与畜牧的消费模式——肯尼亚中北部家庭经济的事例》《从子宫到农田——论加纳南部开拓移民社会的宗教实践变化》《精灵的流通——论加纳南部宗教祭祀的刷新和远距离地区交易》《作为物体、述说的命运——论加纳占卜咒术世界的构成》《关于药剂流通的政治——论加纳南部的药剂政策和化学药品推销》《现代伊博社会王的诞生——关于民族文化的新言说和历史认识》《殖民地经验的本土化——关于非集权的伊博社会的权威者》《不是移民也不是原住民——论非洲系人的民族认同》《文化传统的真实性和历史认识——关于岛和土地》《改变货币意义的方法——关于喀麦隆的考察》《农作物资源的人类学——埃塞俄比亚西南部少数民族多样作物的动态》《从锻造匠人展望的社会——埃塞俄比亚西南部锻造匠人的生存战略》《从埃塞俄比亚西南部农村社会的事例论所有和分配的力学》《克里奥尔人的文化空间摆脱殖民地战略——关于马提尼克相反的空间认识》等。

**3. 欧洲和美洲的论文20多篇**

主要有：《原住民社会文件循环利用过程的成立和对土地所有制度的影响——基于20世纪前叶玻利维亚法庭代理人运动的事例》《盖房子的女人们——墨西哥农村的社会变化和性别》《产生对抗资本主义的时候——西班牙的地域通货活动》《对抗黑暗的未来——土耳其伊斯坦布尔的地震与共同体》《法国经营者的实践——论主体性的解释》等。

**4. 人类学研究的新视野和反思**

这方面的论文有60余篇。其中又可归纳为如下领域。

（1）人类学理论的对话和反思：《人类学是什么?》《从宇宙到自然——人类学近代论的尝试》《未开化的人格、文明的人格》《作为人类学方法比较的再研讨——代序》《被统管的比较——进门以后还能前进吗?》《比较的不幸》《人类学在“at home town”——关于对区域社会贡献的日本人类学诸问题》《绪论——人类学田野调查的外延与展望》《对话的田野、协作的田野——开发援助与人类学的“实践”形式》《愚直的民族志——著作权、无形文化遗产、志愿者》《表象、介入、实践、人类学者和当地的关系——代序》。

（2）传媒和人类学的研究越来越受重视：《媒体、人类学、异文化表象序》《媒体人类学的射程》《日本电视节目中的媒体表象》《电视节目和民族志的比较——论异文化的标准化》《由媒体产生的面对面性质的个别性关系——关于某个广播电台节目听众的“集会”》。

（3）医疗、身体与性别：《掌握差异——糖尿病药物使用时人与科学技术的相关性》《从印度尼西亚的事例看开发和革命的说法》《开发的两个记忆》《从本土的实践到民族医疗——以和近代医疗的交叉为中心》《作为的专业性——关于尼日利亚传统医疗的专职化》《妖术与身体——肯尼亚海岸地区的翻译领域》《关于民族医疗的占有》《宗教是什么?》《人类学的性别研究与男女平等主义》《通过意大利“异质”性别歧视机制的再思考论另一个男女问题》《变异的共同体——超越联姻理论》《“身体资源”是什么——特集的序》《民俗艺能继承中身体资源的再分配——由西浦田乐试论》《身体技法的研究视角——再读莫斯的“身体技法论”和武术班的事例研究》《现代化与萨满教实践中的身体》《差异的反复——在加拿大实践中的记忆与身体》《“护理”的人类学——特集的序文》《对于乳腺癌患者协会的领导人而言，何谓护理》《摘柿子叶生活——超越标准化》《从无障碍化到脱离障碍——照射近代日本的视觉障碍者们“没有做完的梦”》等。

（4）技术与文化：《序——面向科学技术的人类学》《机器与社会集团的相互构成——泰国农村机器技术的发展与职业集团的形成》《作为媒介生产技术的开发与接受过程》《地震学、实践、网络——土耳其地震观测的人类学观察》《面向产业的生态学——产业与劳动研究的人类学视角》等。

（5）历史、共同体与国家建构：《共同体概念的脱离与再建》《人与人之间不同的连接纽带——法国巴黎郊外的马格里布系移民第二代的多民族共同体》《从韩国济州岛的生活实践论生活共同体原理的混淆与创造》《现在为什么要研究历史（代序）》《用于理解现在的历史研究》《历史中的全球化——波罗洲北部殖民地时期和现代看到的劳动形态》《某个不完全的历史——20世纪古巴的精神和物质的时间》《国家政策与近代题解》《学习文字、积累知识、了解故乡——关于苏维埃时期西伯利亚的文化建设》《日本近代化过程中安全神话的政治学——以卷入殉职的权利关系与言说的构建为中心》《共同体性的近代状况——从巴厘岛火葬礼仪实施体制的变化来思考》《关于博物馆公开性理论的难题——（澳大利亚）土著居民的实践和可能性》《爱斯基摩人的共同体形成运动——人类学实践的界限与可能性》《中间集团论——从成为社会成员的起点到回归》《统治的结社与意识形态——关于差异排除实践的考察》《现代社会的协会的乌托邦——法国和菲律宾协同工会的社会地位》《民主主义和不充分的道德政治——关于中间集团现代可能性的考察》《在家里的田野调查》《在地域学习、在地域连接——宇治市文化人类学的活动与教育实践》《从祭祀礼仪看大学与地域以及人类学的作用——以明石市稻爪神社的秋季祭祀调查为例》等。

### （六）现代日本人类学的中国研究

正如前文所言，日本人类学民族学有悠久的中国研究传统，其中20世纪50年代以前的研究主要与日本的侵略战争结合在一起。

到了20世纪80年代，随着中国的改革开放，很多学者有机会来中国从事人类学田野调查，其研究主要集中在如下几个方面。

**1. 民族主义人类学的反思和“重访”研究**

如前文所述，在殖民主义反思的基础上，以侵略中国时期所做的《中国农村惯行调查》为基础，做了一些“重访”研究。例如，1990年中生胜美对满铁的调查村之一——山东省历城县冷水沟进行追踪调查，对于20世纪50年代后这一村落的社会变迁和村落的权力结构，特别是围绕着家族宗族进行了分析和描述。[①] 1989年，石田浩在《中国农村惯行调查》的基础上，结合自己的实地调查，对华北农村社会的经济结构特征进行了研究分析。[②] 但石田浩的研究主要侧重于农村经济的发展方面，缺乏对农村社会结构的研究。此外，美国的一些学者利用《中国农村惯行调查》写出了一些较有影响的著作，如黄宗智的《华北的小农经济和社会变迁》。[③] 黄宗智的研究指出，传统的华北农村村庄多为多姓村，宗族组织不发达，活动限于自然村的范围，在自然村内一般都有内生的而又相对封闭的政权结构，这种结构植根于自然村的宗族结构。在这种政权结构中，族内的纷争由族中威信最高者调解，而异族间的纷争、村庄内的公共事务以及与外界的交涉，由各族的领袖组成“首事”会议协商处理。黄宗智在这里指出了一个重要的事实，即在华北的村落中，族政和村政是分离的，但村政的建立，又离不开族政的支持。20世纪70年代，美国学者马若孟利用《中国农村惯行调查》中四个村庄的材料，研究了近代农村经济——村庄和农户经济是如何组织起来的、怎样行使职能以及怎样随着时间而改变，并对中国的土地问题展开了讨论[④]。杜赞奇也利用《中国农村惯行调查》，

---

① 〔日〕中生胜美：《中国村落的权力结构和社会变迁》，亚洲政治经济学会，1990。

② 石田浩：《中国农村社会经济结构的研究》，晃洋书店，1989。

③ 黄宗智：《华北的小农经济和社会变迁》，中华书局，1986。

④ 〔美〕马若孟著《中国农民经济》，史建云译，江苏人民出版社，1999。

从文化、权力与国家的视角，探讨村落中的各种社会关系与权力的文化网络，进而明确村落和国家的关系。其研究具体反映在《文化、权利与国家》[①] 一书中。在上述诸多的研究中，研究者较为注意的是村落自身的结构特点。特别是旗田巍、黄宗智和杜赞奇等都注意到了亲族关系与村庄的分化，只是他们的研究没有具体考虑组成亲族关系的具体的家及族的内在机制。这些研究基本上反映了两种倾向：日本的学者仅仅考虑村落本身的结构特点，且着眼于描述，缺乏理论的升华，特别是没有更多地研究调查社区与整体社会的有机联系；而黄宗智、杜赞奇的研究强调了国家政权与村落的关系，缺乏考虑民间社会的规范对整体社会的影响。笔者曾经把这一研究归纳为汉族社会人类学研究中的满铁研究学派。同时，在日本也有一些学者，从战争与现代社会的记忆角度思考战争对当地社会的影响，其中旅日学者聂莉莉的《中国民众的战争记忆——日本细菌战的伤痕》[②]，最具有代表性。

**2. 汉族社会的人类学民族志报告不断涌现**

对于汉族社会的研究，日本研究者有着深厚的东洋学传统。而从社会史的视角进行研究也是传统日本对汉人社会研究的基础。例如，1940 年加藤常贤的《支那古代家族制度研究》，1943 年诸桥辙次的《支那家族制》，1952 年大山彦一的《中国人的家族制度的研究》，1968 年守尾美都雄的《中国古代的家族和国家》，牧野和清水盛光的《支那家族的解体》《中国族产制度考》等。关于村落制度和地方自治有和田清变 1939 年写的《中国地方自治发达史》，松本善海 1977 年的《中国村落制度史的研究》以及清水盛光 1951 年的《中国乡村论》等。特别是近年田仲一成对村落祭祀与宗族的研究，是近年来研究中国村落社会祭祀礼仪的代表性著作。[③] 不

① 杜赞奇著《文化、权力与国家》，王福明译，江苏人民出版社，1996。

② 聂莉莉：《中国民众的战争记忆——日本细菌战的伤痕》，明石书店，2006。

③ 〔日〕田仲一成：《中国的宗族和戏剧》，东京大学出版社，1985。

过这些研究主要集中在对历史的叙述和表达上。如何在此基础上结合《中国农村惯行调查》等对中国汉族社会的理解和认识来书写现代汉族社会的民族志，也是日本学术界一直想努力达成的目的。然而由于条件所限，很多日本学者这方面的田野调查集中在台湾和香港地区，20世纪80年代以后才有所改观。例如，渡边欣雄教授的《风水的社会人类学——中国和周边社会的比较研究》（风响社，2001），濑川昌久的《客家——华南汉族的认同与其界限》（风响社，2001）、《族谱——华南汉族的宗族、风水与移居》（风响社，1996），吉原和男、铃木正崇、末成道男主编的《“血缘”的再构造——东亚的父系结构与同姓联合》（风响社，2006）等。

除上述日本学者的研究外，在日本获得人类学学科博士学位的一些中国学者其选题多数集中在汉族村落社会的研究。第一本日文版的著作为聂莉莉的《刘堡——中国东北地方的宗族及其变迁》（东京大学出版会，1992）。韩敏博士的安徽李村研究，把人类学的文化研究和社会研究的传统，有机地结合在其跨越时空、传统与现代相对接的村落民族志的研究中。她所强调的社会结构延续性的观点，其中也暗含着约定俗成的文化传统已成为人们的一种生活习性。特别是对于社会主义革命后村落社会在不同阶段社会文化的生产和生活实践的叙述，让我们重新思考法国结构主义与马克思主义的争论问题。可以说本书是在延续日本东洋学的基础上，秉承西方、日本和中国人类学的优秀传统，由中国人自己完成的关于汉人社会的一部经典的民族志论著。[①] 秦兆雄在博士论文的基础上出版的《中国湖北农村的家庭·宗族·婚姻》（风响社，2005），还有潘宏立的《现代东南中国的汉族社会——闽南农村的宗族组织及其变迁》（风响社，2005），萧红艳的《中国四川东部农村的家族

① 韩敏著《一个皖北村庄的社会变迁与延续——对革命和改革的反应》，陆艺龙译，江苏人民出版社，2007。

与婚姻——长江上游流域的文化人类学研究》（庆友社，2000）等，不过上述研究主要集中在亲属与社会组织的框架中进行。

此外，日本的新一代年轻学者通过在中国各所大学的留学，完成了自己的田野调查。例如，蔡林（音译）的《汀江流域的地域文化与客家——有关汉族多样性与一体性的考察》（风响社，1995），饭岛典子的《近代客家社会的形成——在外界称呼与自称之间》（风响社，2006）。

**3. 中华民族多元一体格局中的少数民族研究**

20世纪中叶前期，日本关于中国周边少数民族的研究有较多的调查报告和资料。以鸟居龙藏为代表的人类学先驱，从20世纪初期就对中国西南少数民族地区进行过深入的调查，而且对东北内蒙古地区的蒙古族游牧社会也做了考察，[①] 可以说是开创了日本人类学家研究中国少数民族的先河。以此为开端，日本侵华战争期间日本的民族研究所和有关机构在中国各地做过很多的民族学调查。

在中国多民族社会的研究中，正是由于费孝通先生提出的中华民族多元一体格局的特点，作为多民族社会中汉族社会的人类学研究，单单研究汉族是远远不够的，还必须要考虑汉族与周边的少数民族社会以及与受汉文化影响的东亚社会之间的互动关系。到了20世纪80年代以后，日本民族学人类学家开展了对中国西南民族的调查和研究，当时的出发点是试图探讨日本文化和西南民族文化之间的关系，由此引发关于照叶树林文化的讨论。同时，以白鸟芳郎为代表的学者展开华南、西南民族学与东南亚之间关系的讨论，此研究的有关成果体现在由日本中国大陆古文化研究会编著的《中国大陆古文化研究》（合集1～10，风响社，1995）中。此套丛书由当时的著名学者参加编写，以民族、历史为中心，涉及考古、神话、民间故事、语言、美术等方面的地域性研究，成为今天讨论“华南民族学·大陆东南亚研究”的基础性学术著作。

① 〔日〕末成道男：《鸟居龙藏和中国民俗学》，《中国21》第6集，1999。

进入20世纪90年代，日本有关中国少数民族的研究，并没有孤立地考虑某个民族或族群的历史轨迹，而是把某个民族的变迁置于与周边民族的互动特别是与汉族的互动中进行考察。例如，以竹村卓二为代表的学者，从民族认同的角度，开始讨论汉族与邻近各民族的关系，其成果主要体现在《国立民族学博物馆研究报告别册》第14号中（1991）；同时，竹村卓二教授在20世纪80年代中期多次考察华南瑶族并与东南亚瑶族进行比较研究，也非常关注华南各民族的“汉化”现象，其成果体现在他主编的《礼仪·民族·界限——华南各民族的“汉化”现象》（风响社，1994）一书中，集中考察了居住在中国南部的瑶族、苗族等少数民族一边保持自己的身份认同，一边与汉族共存的现象，从各个民族的礼仪角度来验证“民族界限”的复杂多变性与维持过程。在此基础上，作为竹村卓二弟子的塚田诚之教授也在延续和发展老师的观点，他主编的《民族的流动与文化动态——中国周边地区的历史与现在》（风响社，2003）则是一本通过中国内蒙古、云南和越南等广大地区的事例，来考察民族流动及伴随流动而产生的文化变化的论文集；他还与长谷川清共同主编了《中国的民族表象——南部人类学·历史学研究》（风响社，2005），论述了中国南部及其周边各民族是如何界定自我与他族的界限的，探讨了“民族”这一概念的今日基础。他个人代表性的著作为《壮族社会研究——以明代以后为中心》（第一书房，2000）。

在对中国少数民族的研究中，国家与民族文化的变迁有着直接的关系，笔者在日本国立民族学博物馆的讲演中，曾提到国家主义的民族学或人类学的概念，这是中国民族学的一大特点。对此日本也有很多学者予以关注。特别是由横山广子主持、笔者参加的“围绕中国民族文化的动态和国家的人类学”的研究课题，从国家、民族与文化互动关系等方面，展现了少数民族社会文化变迁的轨迹（《国立民族学博物馆调查报告》20集，2001）。而长谷千代子的《文化的政治与生活的诗学——中国云南省德宏傣族的日常实践》（风响社，2007）从语言、非语言的角度研究泼水节等节日庆典中表现出来的国家与民族问题。

这些研究是如何从理论上来概括汉族与少数民族的关系呢？已故在日华人社会人类学家王崧兴教授将其升华为中华文明的周边与中心理论，即“你看我与我看你”的问题。他的一个主题就是如何从周边来看汉族的社会与文化，这一周边概念并不局限于中国的少数民族地区，它事实上涵盖了中国的台湾、香港以及日本、韩国、越南、冲绳等周边国家和地区。他特别强调，必须由汉人周围或汉人社会内部与汉民族有所接触和互动的异族之观点，来看汉民族的社会与文化（末成道男编著《中原与周边——从人类学田野角度来看》(风响社，1999)。

当然，有关不同民族的研究有诸多论文和报告，在此不能一一枚举。

现在日本人类学界也开始对日本人类学进行反思。他们希望在国际网络中的日本人类学应该展开与周边国家和地区的对话，特别是在亚洲。例如，对家族亲族、身份和种姓、道德与礼仪、法律与权力、身体和精神、文明的秩序观（中华和印度以及西欧的比较)、移民、族群性、民族政策、历史观、人类学知识的历史、殖民地经验等，在地域的情境中进行把握。[①] 有的学者认为日本的人类学在应用研究方面缺乏规模和力度。例如，在东南亚，日本的政治学者、经济学者足迹遍布各地，在很短时间的调查中取得了非常瞩目的业绩，同时也涌现出一批对日本政府和联合国亚洲远东经济委员会（ECAFE）及世界银行有影响的人物。相反，人类学者在东南亚长时间地住在调查社区，进行细致的参与观察调查且非常认真地学习当地语言，并出版了一批非常有影响的研究著作，但在现代社会中并没有形成很大的影响。当然，我们并不是排斥人类学

① 〔日〕清水昭俊：《日本的人类学——国际的位置和可能性》，杉岛敬志编《人类学实践的再构筑》，世界思想社，2001。

纯学理的研究，而是要考虑这一学科的生存问题。即在理论研究的基础上，不断推进应用领域的研究。这让笔者联想到1997年1月在北京大学举办的第二届人类学高级研讨班上，乔健教授也曾提到，应用人类学对人类学的研究非常重要，它是关系这一学科生死存亡的问题。这就需要人类学的研究注意“政策科学”的必要性，要研究现实社会和文化人类学的关系。最近20多年，在社会科学的各领域中，如经济学、政治学、法学等涌现出很多政策通类型的研究者。然而，人类学与之相比，还处于一种象牙塔的状态。在第二次世界大战以后，世界各地的发展突飞猛进，特别是发展中国家，这种发展和开发是紧密联系在一起的。而开发本身就涉及人类和文化的问题，开发的前提，就是对异文化的理解。人类学如果守着固有的模式不放，可能会制约学科的发展，这可能不仅是非西方社会的人类学，即使是欧美的人类学也同样面临的问题。

# 另外一个他者：灵长类社会研究在人类学中的价值*

公元2002年我在东京都立大学社会人类学研究科做客任副教授时，当时的主任大塚和夫教授在一次讨论会上，拿着一本京都大学菅原和孝刚出版的《感情猿 = 人》① 向我们推荐说，这本书是近年日本人类学关于人性讨论非常有影响的著作。我随即买了此书，从中看到人类学的“感情”研究如何与灵长类的研究结合起来，从而更好地把握人类的本质。在该书中作者提到，以田野调查为基础的人类学家，主要是对于他者的行为空间的记述，而人类之外的另外一个他者就是灵长类。而这个特殊的他者和我们人类一样有其自身的社会和文化，也像我们人类一样有着丰富的感情世界，所以作者用了“ = ”，把猿与人等同起来看待。我们知道，现代人类学的研究方法除田野调查之外，很重要的一个方法就是比较研究。对于灵长类“社会”的研究，不仅仅是在其内部进行比较，还要和我们人类进行直接的比较，如我们人类是“群居的社会”，灵长类的社会也同样。他们都通过“抑制”“支配”“服从”“依赖”等

---

* 本文原载于《广西民族大学学报》2011年第6期。

① 〔日〕菅原和孝：《感情猿 = 人》，弘文堂，2002。

行为，维持着社会的构成和延续。在他们的世界中，喜怒哀乐、嫉妒、情绪、表情等身心世界以何种方式表达出来？像人类文化中的狩猎采集民这样迁移性的社会，其社会构成与灵长类社会有着诸多的相似之处。这也是学界一涉及史前考古遗址研究，便常常用狩猎采集社会的个案来进行比较、解释的原因。作为一位从事人类学教学与研究的工作者，我也对曾经是典型狩猎社会的中国鄂伦春族进行了长时间的调查和研究。对于狩猎社会有着切身的体验，反过来再阅读有关灵长类行为研究的成果，颇有亲近之感。记得在给学生授课时，每次讲到狩猎社会，我就会说从人类的起源算起，人类的历史有大约400万年，我们有399万年生活在狩猎采集时代。所以狩猎采集社会的研究对于我们认识人类的本质、社会的形成、社会分工、人和自然的和谐关系有着重要的意义。然而，如果把这一思考再放到另外一个他者——猿猴的社会中进行比较的话，我们的视野又会变得更加开阔，对于上述问题的思考也会更加有深度，从而也能更好地理解人性的本质。

## 一　灵长类的社会文化与行为

其实在我早期学习考古学时，都是在沿用“劳动创造人”的学说，常常讨论经典作家的语录，如人性的本质包括两个方面，一是人与动物的区别，二是人与人的区别。[①] 以制造工具和劳动来区别人类与动物的本质，在当时的科学研究背景下有其合理性。但随着20世纪60年代以后一门新兴的学科“灵长类学”的诞生和发展，人类对于19世纪以来有关人类本质的讨论有了新的思考。例如，文化曾经是讨论人和其他灵长类区别的重要标志之一，后来经过灵长类行为学的研究，发现猿猴也有文化，如相当多的研究讨论取食行为，像我们熟知的黑猩猩能用细树枝来吊食白蚁。不过日本

① 〔德〕马克思：《1844年经济学哲学手稿》，人民出版社，2000，第131页。

猴子泡温泉的行为与取食无关。记得三年多以前，我第一次在京都国际日本研究中心见到《猴、猿、人——思考人性的起源》的作者张鹏时，我们就聊到了温泉和日本文化。当时他马上就回到他的猴子世界，说他研究过日本猴子如何泡温泉，认为泡温泉的习惯主要是在母子间以学习的方式传播和稳定下来的。在此基础上他写出了《日本猴温泉文化行为的传播》一文，引发了当地媒体的极大兴趣，经过媒体传播，当地已经变成很热门的来看猴子泡温泉的旅游点。

此外，诸如劳动、制造工具、语言、社会性等，也有很多新的讨论。例如，动物垒窝筑巢、掘穴打洞、觅食哺子也是一种劳动，黑猩猩制造钓竿取食蚁穴的白蚁、制造树叶海绵吸食树洞的水，也是在制造工具。就语言来说，动物虽然不会讲人话，但是也可以通过发声、动作、表情、气味、超声波等方式传递信息，其实如果与人类比较应该是一种非语言行为。就社会性来说，蚂蚁、蜜蜂、大雁等很多动物形成稳定的群居生活方式，具有严谨的组织纪律，又被称为社会性动物。

其实对于灵长类社会与文化行为的讨论，应该追溯到日本著名人类学家、灵长类学家今西锦司博士（Dr. Imanishi Kenji）。在对鄂伦春族的调查和研究过程中，我在日本的东洋文库、东京大学东洋文化研究所等机构查阅日本战前和战中对于大小兴安岭的调查资料中，看到了这位日本学者的名字。之后阅读了他很多关于中国内蒙古和东北的田野调查报告。2002 年 2 月，我在东京都立大学时看到京都大学为纪念今西锦司教授一百周年诞辰，在京都大学图书馆专为他举办纪念展览。我专程从东京赶到京都观看了这一展览，从展览中对这位学术大师有了更深的了解。他的研究不仅仅是在人类学、生态学方面，而且对于生物世界有着很深的研究，特别是灵长类学，甚至很多学者称今西锦司创立了独立的学问，即生物社会学。在他看来，构成生物世界的“最基本的构成单位”是“种”，他把由种形成的社会称为“种社会”，明确提出了动植物世界也有自己的社会构成。在此基础上，他对灵长类研究很大的贡献是文化与人格论。今西锦司大量阅读吸收了文化人类学、弗洛伊德精神分析学说和新弗洛伊德学说，之后又接受消化荣格（Carl Gustav Jung）的心理分析学说，他把这些不同学科的研究成果吸收到对灵长类社会的研究中。前面提到的日本猴群社会文化现象，溯源的话最早就是今西锦司的研究团队发现的。有学者总结说，美国的灵长类学是以心理学和文化人类学为基础发展起来的，而日本的灵长类学特征是从动物学到人类学的转型，这种特点在今天还是日本灵长类研究的基础之一。正是基于这种学术关怀，今西锦司于 1967 年创立了京都大学灵长类研究所。当时日本刚刚举办了东京奥林匹克运动会（1964 年），国内经济进入快速发展轨道，同时人们的眼界更加国际化，形成了学术上赶超欧美的思想原动力。今西锦司教授在第八届灵长类研究会上及时提出，“所有学科领域中，日本最有可能超越欧美的可能是灵长类学。因为欧美没有猿猴的自然分布，而我国不仅有猿猴，也有渗透在民间文化中朴素的猿猴知识。利用这些自然和文化优势，日本应建立一所综合性的灵长类研究所，将来一定能够领先于世界”。同年 5 月，日本诺贝尔奖物理奖得主朝永振一郎将今西锦司的提案提交日本内阁总理，建议尽快建立一所综合性的基础研究所。日本政府次年通过议案，并于 1967 年组建了京都大学灵长类研究所。从今西锦司的学术足迹中，我了解到京都大学灵长类研究所是目前世界上首屈一指和亚洲唯一的综合性灵长类学术研究机构，主要通过对灵长类（包括人类）的综合性研究，理解人类起源和人性形成的生物学基础。

从今西锦司百年的纪念展览中，我也体会到灵长类学的研究和人类学之间的密切关系。加上对前文提到的《感情猿 = 人》等的阅读，我越来越确信这一学科对于人类学研究的重要性。作为以人类的生物属性和文化属性为研究对象的人类学，不能完全回到以文化和社会为对象的社会文化人类学中，应该有其独立性。2004 年 9 月，我从日本回到北京大学不久，就来到中山大学人类学系，日益觉得要有一个团队来做生物人类学。记得还是我在中山大学人类学系读硕士时，我们就跟冯家骏先生和黄新美先生学习“人体解剖学”和“体质人类学”，尽管我之后很少从事这方面的研究，但直到今天，这一学科训练对于我从事社会文化研究以及接受跨学科的知识都起着潜移默化的作用。我一直认为生物人类学是人类学专业的主干基础课程，对于培养和提高学生的科学素质、科学思维方法和科学研究能力有着重要的作用。生物人类学是研究人类自然属性（human nature）的一门学科，通过关注人类生物性变异的研究，试图在科学规范的理论和事实基础上探讨人类的起源、演化和生物学多样性等人类学的关键问题。在国外院校，尤其是欧美国家的人类学系基本上都开设了生物人类学专业，如美国哈佛大学人类学系、英国剑桥大学人类学系等。日本、德国等国的人类学传统也非常强调对人类的生物学特性和灵长类学的研究，分别组建了德国马普人类进化研究所和日本京都大学灵长类研究所等综合性的研究机构。长期以来，生物人类学的理论、原理和方法强烈地诱发人们不断研究的兴趣，启发着人们对人类本性及其生物学特征的不断探索。中山大学人类学系传统上就很重视人的生物属性研究，但主要是在体质人类学的范畴之内，如果能有搞灵长类行为研究的学者加盟，对于这一领域一定会有很大的帮助。

## 二　灵长类研究与人类学

人生有缘，学术也不例外。或许是“桂月影才通，猿鸣回入风”，正当我在想如何引进一位这样的人才时，便收到了从未谋面不知底细的张鹏的来信。信中他说以其所在的京都大学灵长类的研究传统，认为回国的话回人类学系最合适。或许真是有缘，2008年底，我正好在京都国际日本研究中心开会，离京都大学的一个校区不远。我就用邮件给张鹏发了回信，希望他在晚上来我住的地方谈一下。那天晚上他按时过来，我们开始了第一次的猿猴之聊。我从“两岸猿声啼不住，轻舟已过万重山”的“猿”到底为何种类型，“秋浦多白猿，超腾若飞雪”的“白猿”为何，到我曾经去过的福建齐天大圣庙，甚至包括猿猴的区别，以及其行为和人的关系（开篇日本猴泡温泉也是在这晚我才第一次听到），一直聊到天亮，当然聊得最多的还是他研究的中国金丝猴和日本猴。我今天还有很深印象的是，他最初在秦岭研究野生金丝猴的社会生态，但是开始很难见到猴子，坚持在野外跟踪半年以后，猴群就不再躲避他，每天都能见面。他发现每个猴子的长相都不一样，就给每只猴子起名字，其中群里最漂亮的雌性就叫“圆脸”。更让我捧腹大笑的是，他在日本调查的时候，一只年轻雌性猴锁定张鹏为初恋目标，向他发出邀配的信号，他以自己对猴子习性的了解，躲避了雄性日本猴的攻击。他告诉我每次到野外都要在深山里生活几个月，没有电话信号，吃饭、洗澡都存在困难。我当时就和他说对于猴子的研究需要参与观察，猴子又不会说话，所以一定要有敏锐的观察能力，做人类社会研究的文化人类学者应该加强这种训练。我当时说有人类学家写过“寂寞的人类学”这句话，我说其实你们的研究更加寂寞，因为常常几个月或更长时间没有语言的交流。灵长类研究强调对研究个体的长期观察，由于研究者无法与猿猴直接对话，需要通过长期记录观察对象的行为等数据，分析研究对象和其他个体的社会关系。这种研究方法是与人类学共通的，但是目前人类学系的学生过于依赖访谈，忽视了对研究对象长期观察的重要性，我想这一点上人类学和灵长类学在研究方法上也应该有很多可以互补的方面。那次聊天相当于我第一次接受灵长类的基本知识，听张鹏兴高采烈地讲他在野外的经历，我感觉到这个年轻人对灵长类学研究有着执着的热情和吃苦精神，这样坚持下去一定会有大的出息。那时候他就已经在国外著名的灵长类研究杂志上发表了十几篇英文论文，其中多篇为 SCI 来源论文。当时我就建议他来中山大学人类学系工作。2009 年初张鹏通过中山大学的“百人计划”成功加盟人类学系，成为国内人类学界第一位灵长类研究的学者。

2011年3月，日本大地震的前几天，我抱着对今西锦司教授的崇敬之情，在张鹏的引领下，参观了京都大学灵长类研究所。这才知道这个研究所居然不在京都，而是在名古屋下面一个叫犬山的偏僻小镇的郊区，原来他去京都看我要走几个小时。我参观了他们的各个研究机构和实验室，也看到了被研究的几十个大猩猩和数百个日本猴，还参观了大猩猩和人比数字的瞬间记忆，结果人类输了，我也试了下，也一败涂地。当然，也不会忘记参观研究所旁世界最大、集中了全世界不同种类猿猴的猴子公园。

这次考察让我进一步了解到，当时今西锦司教授建立京都大学灵长类研究所为完善学科体制和灵长类学发展奠定了基础。人类也是600余种灵长类中的一种，非人灵长类（猿猴）与人类近缘，其组织结构、免疫、生理、代谢和行为等方面都与人类高度近似，因而一直是医学生物学研究、药物试验、人类学和心理学研究中不可替代的模型动物。目前日本灵长类学形成了一套有别于欧美的独特研究方法，培养学者达200余名，其中绝大多数毕业或受训于京都大学灵长类研究所。在40多年的发展中，该研究所已成为日本全国共同利用研究所和国际交流基础研究所，研究方向扩展到分类学、心理学、智能、社会学、人类学、行为学、疾病模型、生理生化、实验动物等多个领域。该所每年平均得到政府预算1600万美元，承担“21COE生物多样性项目”“HOPE项目”“生物资源中心建设”等大型科研项目。所内汇集了百余名日本、美国、法国、德国和中国的灵长类专家和学者，累计发表英文、日文等学术文章4000余篇。京都大学灵长类研究目前有本国和外国学者80余名。仅在2005~2008年，该研究所每年获得500万美元以上的纵向研究经费，发表英文SCI论文100篇以上；三年内在*Nature*、*Science*、*Current Biology*和*Molecular Evolution*等国际著名杂志上发表论文24篇，组织国际研讨会18次，进行国外调查约200人次，为日本国内外不同领域的学者提供系统的科研和交流平台，奠定了日本灵长类学的发展基础。

## 三　从灵长类研究看人类的文化

通过后来的了解我很清晰地看到，灵长类学是一个新兴的跨学科研究领域。该学科始于第二次世界大战以后，在欧美和日本发展迅速。据2006年国际灵长类学会统计，目前世界上有7000余名灵长类学学者，发表英文研究论文4万余篇，其中包括来源于*Nature*的文献746篇和来源于*Science*的文献982篇。

随着灵长类学的迅速发展，国外很多院校的人类学系或生物学系都开展了灵长类学教育，如哈佛大学、剑桥大学和京都大学。灵长类学融合了人类学和生物学的知识，有利于学科理论交叉和研究方法的完善，诱发人们不断研究的兴趣，启发着人们对人类本性及其生物学特征的不断探索。这些人类学基本知识、概念、规律和研究方法，不仅是学校各专业学生继续学习专业课程和其他科学技术的基础，也是培养和提高学生科学素质、科学思维方法和科学研究能力的重要内容。

目前，欧美的许多著名院校都建立了灵长类学研究中心或研究室，如美国国立卫生研究院（NIH）资助的8个国立灵长类动物研究中心、德国马普人类进化研究所、日本筑坡大学灵长类研究中心和京都大学的灵长类研究所等。美国除了在国内出生的试验用猿猴以外，每年进口试验用猿猴超过2万只，欧盟每年进口1万多只，日本每年进口5000只以上。随着生物医学研究的深入发展，对非人灵长类动物模型的应用必将进一步扩大。2010年，美国国立卫生研究院计划进一步增加对猿猴研究的投入，同时欧盟计划立法强制所有新批药品须经过灵长类模型动物的实验。这些都表明，灵长类研究将持续和进一步蓬勃发展的趋势。

但是，制约欧美灵长类研究的一个主要原因是其灵长类资源的匮乏，因为整个欧洲大陆和北美大陆没有猿猴的自然分布。而有猿猴的国家为了保护处于濒危状态的猿猴，大都采取严格的保护措施，并提高到保护国家战略资源的高度。最近几年，在韩国、泰国和马来西亚等有灵长类自然分布的国家，也陆续设立了一些“灵长类研究中心”，但是这些机构缺乏灵长类学教育的基础，实际上只是提供实验动物的繁殖机构，基本缺乏自主性研究和教育功能。

我通过张鹏了解到，中国是世界上灵长类资源最为丰富的国家之一，有灵长类8个属24种，主要分布于广东、广西、海南、云南、贵州等南方省份。此外，国内猴场每年出口或转口的灵长类动物超过2万只，供应量超过全球供应总量的60%。国内的灵长类研究也正在起步，2002年中国科学院在北京首次承办了“第19届国际灵长类学大会”，提出积极推动中国灵长类研究的发展方针。同时政府对环境和物种保护方面的投入加大，建立了40余个和猿猴有关的国家级自然保护区。

但是，目前国内灵长类学的主要问题是灵长类学研究和教育基础薄弱。一方面，我们对猿猴了解较少，中国大部分猿猴种类都处于濒危状态，却缺乏对资源数量、行为生态和形态体质等基础数据；另一方面，我们灵长类实验管理和生物技术研究的起步较晚，国内现有繁殖技术无法与国外接轨，常常在国际贸易中蒙受巨大损失。而张鹏两年前与其导师渡边邦夫教授共同出版的《灵长类的社会进化》[①] 和此次即将出版的《猴、猿、人——思考人性的起源》，不仅填补了国内中文相关教材的空白，而且为相关学科包括具体的管理和研究部门进一步了解猿猴的本性提供了良好的学理基础。

## 四　结语

在这一学术背景下，我们再来了解作者在《猴、猿、人——思考人性的起源》中讨论的灵长类的起源、分类、生态、行为、

① 张鹏、〔日〕渡边邦夫：《灵长类的社会进化》，中山大学出版社，2009。

社会、文化、心理、疾病、遗传、生命伦理与保护等各方面知识，就会更加清晰地了解人类与猿猴究竟有哪些区别，也可以帮助我们进一步认识人类等长期未解的自身谜团，同时也有助于我们重新认识人类之前的社会进化和人性的起源和本质。正如作者在《猴、猿、人——思考人性的起源》中所说，“人类是长期进化的结果，身体细胞组织显露着生命起源时代的痕迹，胎生哺乳特点是哺乳动物时代的痕迹，发达的视觉和灵活的双手是灵长类时代的痕迹，男女分工劳作和家庭生活是原始狩猎采集民时代的痕迹。我们的身体、基因、行为等很多特征继承了灵长类祖先的遗产，在此基础上通过上百万年对自然环境适应过程中出现了一定的变化”。作者试图从灵长类学的全新视角探索人性起源，解释全球人们的共通性及其生物学本质。这一思考角度可能与我们常见的人类学书籍不同，而这些不同真正体现了人类是生物性和文化性的综合体这一特点，也可为读者提供从生物进化角度理解自身的新思维。

通读此稿，我更加领会到京都大学菅原和孝教授著的《感情猿 = 人》，用等号把猿和人放在同样的位置上进行情感等行为和心理研究的学术逻辑所在。其实，张鹏博士是把作为人类的情感，自然地投入对猿猴的研究和关爱之中。

作为我的同事，我对于张鹏的了解也越来越多，包括他的家庭。2002 年张鹏父亲去世的时候，家人一直联系不上他，三天以后才在当地村民的帮助下找到他，告知了家里的噩耗。有一次他的太太林娜和我说，那次也就是第一次在京都约见张鹏时，张鹏居然没有来得及和她打招呼，看到邮件后就直奔车站，而她当时还在医院住院……

这就是一位普通学者的科学追求，他所留学、从事研究的京都大学灵长类研究所的创始人今西锦司教授以及后来的学者们，能做出如此瞩目的研究成果，其背后有一种对于科学的追求和忘我的精神，这也是我们需要共勉的地方。

# · 二 ·

# 社会与文化的自画像

# 从文化人类学来看简单社会的交换

交换是人类社会生活的一个基本方面。在简单社会，交换是在个体与群体间建立联系的最基本的方法。正如交换理论的创始人法国人类学家莫斯所指出的，礼物交换的重大意义在于联结人群，而这种交换可以从经济制度扩大到政治、宗教及社会领域。[1] 在简单社会中，交换被赋予了不同的文化意义，是简单社会得以延续的重要因素之一。

## 一 经济的交换和象征的交换

1957 年，经济史学家波拉尼[2]（Karl Polangi）、人类学家阿伦斯伯格（Arensberg）及经济学家皮尔森（Pearson）将他们在哥伦比亚大学的讨论编成《早期帝国的商业与市场制度》一书。在该书中，波拉尼将人类的经济分配制度分为三种：①互惠的交换；

① 参见〔美〕乔纳森·H. 特纳《现代西方社会学理论》，范伟达主译，天津人民出版社，1988，第 308 页。

② K. Polangi, *Trade and Market in the Early Empires*, Glencoe: The Free Press, 1957.

②再分配的交换；③市场交易。[①] 所谓互惠的交换是指以社会的义务作为交换货物及劳力的基础，其目的并非物质上的获利。这种制度在简单社会（或原始社会）中最为常见。再分配的交换主要见于政治组织较为发达的社会中，该社会或部落的人们以一定的物品或劳力汇集于社会的领袖或部落的酋长那里，然后再由他们以慷慨及施恩的方式，将其重新分配给整个社会。市场交易的动机是基于追求物质上的最大获利，交易的进行受市场的物品与劳务供求波动影响。波拉尼指出，这三种制度是整合社会最重要的力量。波拉尼的三种分类法，为研究经济现象提供了有价值的分析工具，但其缺点也是极为明显的。波氏武断地将三种分配制度归于三种社会（原始社会、古帝国及现代社会），其实它们是普遍存在于任何社会的。即使是在市场经济控制的现代社会中，互惠及再分配的制度也是常见的，原始社会是以互惠及再分配的制度为主，但市场的交易也并非没有。

最能说明互惠交换制度的是马林诺夫斯基对具有南海岛文化特征的群体——特罗布里恩德岛岛民进行的著名的人类学研究。[②] 他观察了一种被称为库拉圈的交换制度与 Gim Wali 的仪式。这是居住在一个大圈岛上的社区个体之间的一种封闭式的交换关系圈。两种虽同为相互赠与的行为，但表达方式不同。Gim Wali 所交换的鱼及山芋为日常生活物品，而库拉（Kala）所交换的为代表声望及象征性价值的东西。其一是由红贝壳串成的项链，其二为白贝壳做成的手镯，前者是以顺时针方向进行，后者为逆时针方向，因此，自然形成了库拉圈（见图 1）。[③]

---

① 〔美〕A. 哈维兰著《当代人类学》，王铭铭等译，上海人民出版社，1987，第453页。

② 〔日〕山口昌男著《文化人类学入门》第二章“交换的经济人类学”，岩波书店，1982。

③ 〔英〕马林诺夫斯基著《西太平洋的航海者》，梁永佳、李绍明译，华夏出版社，2002。

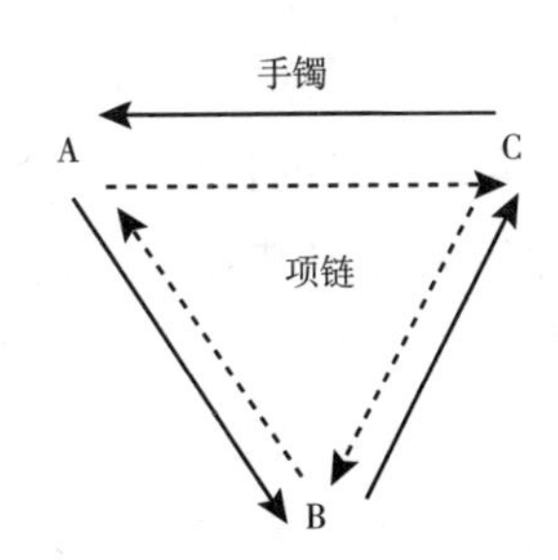


**图1　库拉圈交换制度模型**

除了库拉圈交换外，他们也与其他岛屿发生一些贸易行为，这种贸易纯粹是商业行为，是可以谈价钱的。

另外，再分配的现象也见于特罗布里恩德岛岛民，他们每年必须给酋长两万筐的山芋。事实上，酋长一年根本消费不了那么多，也无法长久保存及大量贩卖，只好将其慷慨地分给人们，再分配的制度是稳固酋长地位的一种手段。

可见，在简单社会中，经济行为与其他社会行为在功能上是如何密切相关的，他们在互惠的交换行为中所追求的并非物质上的最大获利，而是社会性的及仪式性的声望与价值的满足。这种交换与其说是经济的交换不如说是象征的交换。因此，马林诺夫斯基认为，像“库拉圈”这样一种永久性的社会模式，可看作具有积极功能的一种现象，其结果可以满足个人的心理需要，以及社会整合和社会团结的社会性需要，形成一种非经济动机的交换网络。人们的经济行为，目的在于维持人类关系或履行义务责任。作为简单社会制度的基础亲属关系的建立，也是以交换这种形式为基础的。

## 二　交换与亲族关系

莫斯把交易视为联系人群、稳定群体结构的重要手段，但他没有达成最后一步，为什么交换关系如此重要，成为社会活动的轴心，且在形式上保持不变？到了列维·斯特劳斯手中，才知道没有必要为交换寻求其他因素，交换的价值存在于自身。他指出，在人类社会中，交换是一种用来确定其各部分间彼此相结合的普通手段。在社会生活中，有4个交换层次，即货物、服务、信息和女人。我们用经济结构来说明货物和服务交换的法则，用语言结构说明互通信息的法则，用亲属结构来说明交流循环女人的法则。因此，列维·斯特劳斯在《亲属之基本结构》一书中指出，亲属制度的起源及其功能是交换的不同形式。

在简单社会中，女人不单单是一种用来满足生物需求的自然物，她同时也被赋予文化上的价值。女人的交换是根据一种对应法则，而禁止乱伦就是对应的法则。禁止与自己圈子里的女人结婚就是要与他人交换，把自己圈子里的女人嫁出去，也要保证能够要回一个女人。因此，人类就不得不建立一套交换制度来作为社会组织的基础，这就产生了所谓的亲属制度。列维·斯特劳斯认为，亲属制度的功能在于规定婚姻的可能性与不可能性，也就是规定交换女人的方式。

在世界历史中，野蛮部族一次又一次遭遇必须在向外结亲与被屠杀殆尽之间作出选择。石器时代狩猎与采集的游群——父居的游群，互相交换妇女是为了彼此间可以和平共处。每个群内的男人必须与其他群内的女人结婚，那么游群成员要结婚就必须依赖其他的游群，这样就在游群之间形成了联姻关系。他们就形成了联姻团体，建立起一套婚姻交换制度。

在简单社会中有系统地交换妇女，有安定和供应可靠等好处，这经常是唯一可行的交换形式。在shoshone族之间，这家的子女与另一家的子女结婚，这种姊妹交换是最简单、最容易的婚姻交换形式。这种姊妹交换的模式为：A群的男子把他们的姊妹送给B群的男人，再把B群男人的姊妹带回来。

在颇为原始的狩猎与采集阶段，地域群仍还是小的狩猎群，两个部族由许多地域群像$A^1, A^2, A^3, \cdots, A^n$与$B^1, B^2, B^3, \cdots, B^n$等构成。一个地域群可以和 $n$ 个地域群安排交换。如此 $A^1$ 可以同时与 $B^1$、$B^3$、$B^5$ 交换，而 $B^1$ 也可以与 $A^1$、$A^3$ 交换。① 由此类推，一系列的互惠交换关系就可以建立起来。

这种交换婚在狩猎采集的生态体系下及以游群为地域群的情况下是有效的。事实上澳大利亚土著的情况证明了这一点。因此，我们石器时代的祖先或许就是依靠群体间交换妇女而得以生存的。

这也代表了列维·斯特劳斯提出的直接交换的形式，即有限交换，人类学家称之为对称的交换。这种体系可能依分裂群体变成4个、8个、16个等来增大，并且在增大后仍继续直接交换。这种制度或许适合人口较少而且交换群体的数目也不太大，在大而复杂的社会实行起来就很困难。限定交换是最原始的交换形式，一般实行范围较窄。

另一种亲属基本结构为普遍交换，即一般交换。这种社会把母方交表婚和父方交表婚分开，婚姻的对象只限于一方，而不强制另一方，这种婚制普遍存在于单系社会中，交换的单位也不限定2的倍数，只要有三个外婚群以上，即可以维持单方交表婚的制度。使女人能够在各外婚群之间循环交换，这种交换是间接的交换，是单向而非双向的交换，是非对称的交换。

这种普遍的交换只实行单方交表婚，故又可分为母方交表婚和父方交表婚两种类型。这两者的区别不仅是交换方向不同，基本的运作过程也有差异。母方交表婚的婚姻方向永远是固定的，但父方交表婚的婚姻方向是隔代交替的。

这种婚制在亚洲、澳洲、非洲等世界上许多地方都可以看到其遗迹。在亚洲，这种风俗在东南亚的许多部落都存在。例如，在印度的阿萨姆邦和缅甸的克钦、奇鲁、库基等部落中都证实存在这种风俗。印度尼西亚的里奥族为突出的一例。在我国云南省西北部的

① 〔美〕罗宾·福克斯（Robin Fox）著《亲属与婚姻》，王磊译，台湾黎明文化事业公司，1979。

独龙族、镇康县的德昂族都保留这种婚制。

从上述分析看出，我们是以妇女在群体间的流动以及创造永久性联姻来整合诸群体间关系的机制作用来理解交换和亲属体系的。不仅如此，在被交换的女人与同样被交换的商品劳务之间，存在一种根本的区别。一方面，女人是生物个体，即由其他生物个体自然繁殖的自然产物：另一方面，商品劳务是制作物，即由技术活动者在文化平面上制作的社会性产品。因此，根据文化模式来确定的各集团，实际上交换着文化的对象。所以，“婚姻交换起着自然和文化之间进行调节的作用，而文化与自然最初被看作是分离的。这一联合通过用一个文化系统替换了一个超自然的原始系统而创造了由人操纵的第二自然，即一个中介化了的自然”①。

## 三　对简单社会交换的评价

在简单社会中，进行生产主要是为了满足基本的生活需要，当有剩余产品出现时，往往就导致了诸如政治的和宗教的一类非经济活动。亲属关系在这种社会中决定着社会关系，而交换又往往包含着一些相互的关系。例如，我们所说的限定交换和一般交换与婚姻的形态相关联，它们和我们当今社会人们之间进行的交换和赠物交换完全不同。交换一有货币介入，所有的价值都被还原为货币，市场经济的建立是以数量化为前提的。在这种社会中，买卖的交换处于中心地位，经济的交换是主要的，但在简单社会中所进行的交换，具有社会的交换、象征的交换方面的重要意义。一方面，这种象征生物品的交换对人们的心理过程有着重大的意义；另一方面，一定的社会文化、社会结构也对交换关系产生很大的影响。例如，在印度尼西亚弗雷列斯岛的里奥族社会，交换就是为了进一步强化

① 〔法〕列维·斯特劳斯著《野性的思维》，李幼蒸译，商务印书馆，1987，第145～146页。

社会的纽带而进行。母方交表婚被禁止进行，不进行一般交换。因此，在这类关系的群体中，结婚并不作为交换的媒介，其交换在小规模范围中进行，交换东西是为了进一步强化交流。

另外，在简单社会中，其赠物有两种形式。女性给男性带来的米、酒、纺织物都是女性生产的，而男性给女性回赠的水牛等动物和刀为有关男性自身活动的东西。因此，有关男性的东西从男方过渡到女方，有关女性的东西或带有女性象征的东西，过渡到男方。在这里物不单单是我们意义上的物，它表示一种二元的对立，即人类社会的组成是基于男性与女性，其物也是由男性的与女性的两部分构成。在里奥族中，在他们的世界观中，实际上把物都分为“这是女的，这是男的”两种。[①] 可见，这种具有经济价值的物品，在简单社会中带有宗教、仪礼的意味。正像涂尔干在《宗教生活的基本形成》中指出的：“仅是社会活动的一种形式，仍然没有清楚地和宗教结合在一起，那就是经济的活动。经济的价值是一种力或一种效力，我们知道了力的观念是发端于宗教；另外更丰富的是能赋予超自然的神力以神圣的价值。因此，经济的价值观念和宗教的价值观念是不可分的。”[②]

在记录民族志的文献中，如果我们留意一下，会发现各种各样的交换。特别是在简单社会中，经验的或实际的价值单位向仪礼或仪式单位转换。例如，在“夸富宴”（potlatch）中，给予他人物品，也使其社会地位提高，接受这些物品的人们无视它的实用价值，给予者为了提高其地位也放弃其实用的价值，在物品完全被破坏的情况下，其实用的价值消失，然而其完全转化成社会的、仪式的、仪礼的价值。从这里我们看到，各类财富被转换为仪礼的、仪式的价值，超越了其社会的实用的、经验的价值，把大量的山芋贮

① 〔日〕山口昌男著《文化人类学入门》第二章“交换的经济人类学”，岩波书店，1982。

② 上海社会科学院宗教研究所编《宗教研究论文集》，1986。

藏起来，故意不加使用。这种价值观给婚姻等社会关系也带来了一定的影响。

可见，在简单社会中，交换的概念远远不同于现代社会的交换概念，经济的交换、象征的交换和婚姻的交换是相互关联地结合在一起的。它代表了某一特定文化的社会——结构模式是人类经济动机和心理行为的反映。因此，对于简单社会交换的考察应把它置于一个完整的文化体系中，只有这样才能对简单社会的交换有个清楚的认识。

# 身体的多元表达：身体人类学的思考[*]

## 一　从二元论到一体论、循环论：身体的自然与文化

19 世纪开始建立起来的人文社会科学的基础常常囿于二元的框架中，如神圣与世俗、社区与社会、传统与现代、身份与阶级、自然与文化等。身体研究在早期也没有脱离这一二元的藩篱，如从柏拉图开始，经笛卡尔直到黑格尔，都是将身与心置于二元对立的角度进行讨论。特别是笛卡尔将身心二元论发展到极致，经典名言“我思故我在”形象地传达出他的身心观：人是灵魂性的存在。更甚于柏拉图对身体的贬抑，笛卡尔眼中的灵魂和身体完全是分离和对立的。人类学的身体研究恰恰超越了自然/文化。思想/身体二元对立的概念，而是根据不同文化中的田野资料来讨论当地社会的身体表达。

人类学的诸多理论出发点和研究命题都来自于对“自然与文

* 本文原载于《广西民族大学学报》2010 年第 3 期。

化”或曰“生物属性与文化属性”关系的思考，人的生物属性与文化属性不是二元对立的概念，而是文化中的自然与自然中的文化互为补充的概念。身体本身的研究就是这两者的统一。例如，日本学者汤浅泰雄的《灵肉探微——神秘的东方身心观》一书，作者围绕身心问题这一主旨，从肉身观、修行、身心医学等方面总结东方身体观的特质与意义，指出东方（印度、中国、日本）身体观（修行、肉身观）最突出的特点是：强调“身心合一”，预设身心关系可因修行实践而发生变化。[①]

可以说身体研究是将生物属性与文化属性相结合的研究。比如，很多民族都将种、骨、精液等作为男性的象征，将大地、肉体、血、经血等作为女性的象征。但不同民族在解释和认识亲属系谱关系时，却对这套共同的身体象征有着不同的文化解释，彰显出各自的社会与文化特点。

还有人类学者从身体通过仪式从自然性向社会文化性转化的过程，来思考身体、人、自然与社会文化间的关系，也从个体身体健康或疼痛的状态与社会文化的隐喻来探讨疾病产生的社会机制。又如，“种”的概念本来是生物学的一个核心概念，但在不同的文化背景下，它被赋予了一定的文化意义，具有了文化的社会属性。人类的两性关系的结合、种的繁衍，本身是一种生物属性，但社会对于“种”的观念常常寓意为一种文化的符号。这一“种”的观念，在中国与祖宗观念是相辅相成的，即后代观念。又如，在斐济，身体是社会文化与宇宙相互调和的小宇宙，人和社会文化都是受自然界的运行及其运行法则所支配的。繁体汉字“氣”中有一个“米”字，它是指作为物质的米在被煮的过程中成为蒸汽（气体），遇冷又变成水（液体）和冰（固体）这样一种“气”的循环过程。“氣”是超越身体、物质、非物质的形式差别而循环着的一种生命

① 〔日〕汤浅泰雄著《灵肉探微——神秘的东方身心观》，马超等编译，中国友谊出版公司，1990。

力，心情[1]（心理）、天气（自然）、妖气（宗教）、病气（医疗）等也是身体、宗教、医疗、自然中生命循环的一部分。同样的道理也适用于斐济文化。相当于“气”的斐济语 BULA，既是日常打招呼用语，又被斐济人认为是超越自然、社会、文化、人体界限、循环着的生命力。[2]

## 二　作为社会的身体：亲属研究的转换与社会结构的隐喻

较早关注身体问题的人类学家马塞尔·莫斯，有两篇与身体有关的晚期著作，即关于“人的观念”（1938）和关于“身体的技术”（1935）的论文，强调自我和个人的思想是由社会建构的，并随历史的变化而变化。同时他也关注习性的无意识方面，如同毛利族母亲教女儿按传统的方式走路一样，教和学先是完全有意识的，只是到后来习得的模式才变为一种无意识的身体习惯。他的这一研究很明显地影响了玛丽·道格拉斯。而玛丽·道格拉斯则把身体看作一种自然象征，她对社会身体而非物质身体更感兴趣，关注的焦点在于寻找社会危险与身体象征之间的一致性。此外，莫斯思想的另一部分，即关于“身体的技术”，则为比较社会学领域莫斯的一位后继者——皮埃尔·布迪厄所继承。[3]

身体的社会性基础离不开亲属关系。例如，成为人类亲属关系基础的亲子关系，是从生物学的亲子关系中独立出来的社会的亲子关系，这种观点从古典人类学一直到结构功能主义人类学的亲属研

① 日语写作“気持”。——译者注

② 〔日〕河合利光《身体与生命体系——南太平洋斐济群岛的社会文化传承》，姜娜、麻国庆译，《开放时代》2009 年第 7 期，第 129～141 页；更详细的内容见河合利光《生命观的社会人类学——斐济人的身体》，《性别差异与生活系统》，风响社，2009。

③ 〔美〕安德鲁·斯特拉桑：《身体思想》，王业伟、赵国新译，春风文艺出版社，1999。

究，基本上一脉相承。但今天人们都已经意识到，我们经常强调的血缘关系的重要性，在现代社会中已经受到严峻的挑战。类似于收养关系那样，养亲和血缘一样，被视为同等重要。当然，在很多亲属制度中，家庭或者家户（household）内，自然的、生物学的关系是优先的。

社会的不同，亲属关系的分类、远近以及界定亲属关系的标准也不相同。谱系的观念可以说在任何社会都存在，但对于怀孕、胎儿发育、子女与父母关系的观念，存在很大的差别。特别是由于新的生殖技术（new reproductive technology）的发展，这些问题变得越来越复杂，如试管婴儿、代理母亲（surrogate mother）等。近一段时间，在有的国家和地区甚至出现了买卖卵子的机构。在这种情况下，专家在呼吁、社会在呼吁，如何建立生命的伦理的价值。首先，在社会人类学这一学科看来，所有系谱和亲子关系的建构都是文化的；其次，到目前为止，人类学者所研究的社会，能对这些问题的解决找到切入口。例如，在考虑人工授精的时候，非常必要区别生亲和养亲，而这些语汇在人类学中是顺手可得的。这就是生物学的父亲和社会的父亲。这一对概念是理解很多社会习惯的关键。

卡斯腾在《后亲属》中回顾了大量亲属研究的文献，讨论了家屋、性别、亲属、人观等概念，希望摒弃自然/文化的二分法，重视地方性差异，企及一种全新的相对的亲属制度理解。例如，他研究的马来人认为，母亲是孩子血液的来源，父亲是骨头的来源，但是长久生活在一起并生育后代以后，夫妻的血液会慢慢地混合在一起。身体是性别化的，也是可以转化和拥有共同属性的。[①]

人类学非常关注“自然”的身体成为社会结构隐喻的方式。对身体社会性的探讨也构成了人类学“社会结构”研究的重要领域之一。身体或被视为一种技术和社会实践，或被视为一个承载社

① Janet Carsten, *After Kinship*, Cambridge University Press, 2003, pp. 71 - 75.

会文化的象征体系，与社会分类机制、阶层划分、社会人的建构等密切相关。比如，路易·杜蒙的《阶序人——卡斯特体系及其衍生现象》，[①]《阶序人——卡斯特体系及其衍生现象》向我们展示了印度种姓制度的阶序性及其在不同历史时期的表现。杜蒙讨论的重心是卡斯特体系在意识形态上的原则，即印度教特有的洁净与不洁的分类体系。二者的对立以最显而易见的方式表现于婆罗门与贱民这两个极端的类别上，这项对立是阶序的基础，因阶序即是洁净比不洁高级；它也是隔离的基础，因为洁净与不洁必须分开；它也是分工的基础，因为洁净的职业也必须与不洁的职业分开。[②] 同时论证了印度社会阶序原则有种种身体表现形式，如婚姻、食物及直接与间接的身体接触的规定，即结构性的不可接触性构成了印度种姓制度的基础。身体即承载着印度教徒的精神世界和人观的表达，又成为社会等级结构的基础和社会分类的隐喻。

## 三　身体的政治与权力隐喻

与身体社会性讨论密切相关的概念是“身体政治”，身体政治中的“身体”概念在一定程度上是社会性身体的表现形式。在这里，身体是一个被动的承受者的概念，因为所有对身体的规训与控制都基于社会力量。身体受控制是社会力量的结果，同时也表达了社会结构和文化的隐喻。

洛克在对身体政治的讨论中指出，“身体政治是指个体和集体身体的规划、监管和控制，它存在于生殖和性领域、工作和休

① 〔美〕杜蒙著《阶序人——卡斯特体系及其衍生现象》，王志明译，远流出版公司，1992。

② 〔美〕杜蒙著《阶序人——卡斯特体系及其衍生现象》，王志明译，远流出版公司，1992，第108页；〔英〕爱德蒙·利奇著《文化与交流》，郭凡等译，中山大学出版社，1990。

闲方面以及疾病和其他的人类反常状态中，与后结构主义思潮有关”。[①] 这一论断事实上揭示了现今身体研究的诸多命题，而在后现代语境中，身体研究的新方向就是比较身体在不同群体中是如何被建构的，这就涉及话语权利、地方性、研究者的立场、对人群的重新分类和归类、殖民主义与后殖民主义、重新反思文化民族主义及反思自身社会研究中的取向等问题。如果说传统的身体研究更多倾向于社会和文化建构，福柯则进一步将身体与权力结合起来，创立了一种身体政治学。

福柯的《疯癫与文明》《规训与惩罚》《性经验史》等多部著作包含了丰富多彩的身体思想。他对监狱制度的考察展示了无所不在的权力对身体的生产规训。

当然，还存在各种规训权力，这些权力实际是让身体成为一个驯服而有用的东西，权力在反复地改造、制造和生产出他们所需要的身体。他所关注的正是这种“身体政治”（body politics）。其所讨论的权力已经深深地渗透进身体的每一个层面，与性别、国家意识形态和消费时代等相互交织。这方面的论著涉及对殖民、革命、社会福利、老龄化、妇女解放、性政治等的讨论。威尼·弗非运用福柯的“规训社会”和“身体权利”概念，揭示了英国传教士在巴布亚新几内亚社会创造新的道德的身体的过程，以适应基督教义和服务殖民统治。[②]

## 四　中国的身体研究与人类学的视角

中国的身体研究在自觉不自觉中形成了自己的传统和特色。目前的研究主要集中在作为人观的身体观与身体史研究领域，其特点

① Margaret Lock, “Cultivating the Body: Anthropology and Epistemologies of Bodily Practice and Knowledge”, *Annual Review of Anthropology*, Vol. 22. 1993, p. 8.

② Wayne Fife, “Creating the Moral Body: Missionaries and the Technology of Power in Early Papua New Guinea”, *Ethnology*, Vol. 40. No. 3, 2001, pp. 251 – 269.

整合了哲学、文学、历史学、人类学等学科的基础，主要从对西方身心二元对立反思批判的基础上，强调中国在儒教、道教影响下的传统身心统一的整体观。

**1. 关于身体观的研究**

杜维明于1985年提出“体知”[①]的概念，对中国的身心问题作出全新的诠释，“体知”的德性之知的儒家传统内涵为儒家知识论的发展提供了新思路。一方面回应了西方身与心、主体与客体、道德与知识等二元对立论，另一方面为儒家知识论的发展提出了新的思路。这一概念也引发了哲学界乃至人类学界的长期讨论，如《体知与人文学》汇集了多篇不同学科视角下对体知与传统人文学关系的解读文章。

20世纪90年代之后，台湾学界开始关注中国身体观研究。杨儒宾主编的《中国古代思想中的气论与身体观》一书收集了20篇身体观研究的论文，集中讨论中国身体观与西方身心二元论的差异。[②] 周与沉的《身体：思想与修行——以中国经典为中心的跨文化观照》一书对中国身体观进行全面的哲学思考，梳理了中国经典思想中的身心论述与修行实践，凸显中国身体观的基本特征，反思中国身心传统更新发展之路，涉及作为血肉形躯之身（形）从外到内层层展开、心（神）的诸多层面，从知、情、志、性到魂魄、气化的身心整体结构。[③] 该书拓展了中国身体观的研究层面和路径。杨儒宾的《儒家身体观》一书探讨了孟子儒家身体观的道德规范意义。[④] 蔡璧名的《身体与自然》通过古代医学典籍考量了中国传统身体观，即身、心互渗以言身而非即心以言心，探寻养生全形之道。本书对生命历程作了分期，从生理与病理的角度考察了

① 杜维明：《杜维明文集》（第五卷），武汉出版社，2002。

② 杨儒宾编《中国古代思想中的气论与身体观》，巨流图书公司，1993。

③ 周与沉：《身体：思想与修行——以中国经典为中心的跨文化观照》，中国社会科学出版社，2005。

④ 杨儒宾：《儒家身体观》，“中央研究院”中国文哲研究所，2003。

身体的奇正常变，以及男女性别不同所导致的体质差异。作者认为，身体作为有机的生命整体，延伸至人文化的领域，与天地相通。黄俊杰在该领域的研究也颇有建树，集中在对“身体政治论”和“身体隐喻”方面的讨论，如《中国古代思想史中的“身体政治论”：特质与涵义》《古代儒家政治论中的身体隐喻思维》《身体隐喻与古代儒家的修养工夫》等论文。[①] 黄俊杰强调中国古代身体政治论的修身、治国推演的道德哲学性质，揭示政治与身体的隐喻关系等。

**2. 身体与历史**

在中国，把身体放入历史的脉络中研究可谓表现得尤为突出。而身体史的出现，还表现为多学科共同作用的结果，身体与历史、宗教、政治、哲学、文学以及传统民俗等相互交叉。此外，值得一提的是，台湾关于身体方面的研究颇有建树，20 世纪 90 年代以来，在台北“中央研究院”组织下，1992 年组成“疾病、医疗和文化”研讨小组，1999 年在《新史学》第 10 卷第 4 期出版了“身体的历史”专号，2002 年举办“医疗与文化学术研讨会”，这些都集中产生了一批关于身体的论文专著。尽管目前大陆学界对身体的研究相对滞后，但有关的尝试也与日俱增。以下就分别从身体器官史、人群生命史、身体观、性别角色几个方面[②]来简要回顾。

身体各部分的器官在中国数千年特有的历史文化浸染下，早已成为文化的符号和历史的积淀。早在 20 世纪 30 年代，民俗学者江绍原的《发须爪——关于它们的风俗》一书，就对中国历史文化中的人体，特别是发、须、爪等进行了一番考察。关于女性缠足和头发的研究，近年来成为较受关注的热点，相关研究成果也较多。譬如，黎志刚在他的论文集包括《想象与营造国族：近代中国的发型问题》一文中指出，在儒家文化体系内，发式的差异不仅是

① 黄俊杰：《东亚儒学史的新视野》，台北喜马拉雅研究发展基金会，2001。

② 在侯杰、姜海龙所著的《身体史研究刍议》中，则是从器官功能史、生命关怀史、身体视角史、综合身体史 4 个方面展开分析。

出于美学的需要，也是华夷的界限。从清初的“剃发令”到太平天国时的“蓄发令”，再到辛亥革命之后的“剪辫易服”，对头发的苛刻要求的背后是复杂而隐晦的历史在流动。此外，还有杨念群的《从科学话语到国家的控制——对女子缠足由“美”到“丑”历史进程的多元分析》，杨兴梅的《观念与社会：女子小脚的美丑与近代中国的两个世界》，汪民安的《我们时代的头发》等都是这类研究的代表。身体史研究也与社会性别史的研究领域有所关联，对生育史、性史的讨论即是如此。此类的研究如蒋竹山的《女体与战争——明清厌炮之术“阴门阵”再谈》，宋晓萍的《狂奔的女性政治学》，刘小枫的《沉重的肉身——现代性伦理的叙事纬语》。这里要特别强调的是黄金麟的《历史、身体、国家——近代中国的身体的形成，1895～1937》一书较有代表性。作者依次将身体在近代中国所经历的变化概括为身体的国家化、身体的法权化、身体的时间化和身体的空间化，而在这四种变化的背后，则是随着近代中国纳入资本主义世界体系和民族、国家危机下身体政治化的建构。

**3. 从身体研究来看多民族中国社会**

身体研究在中国是人类学文化研究传统与社会研究传统的重要结合点，同时也是国家与社会研究框架的连接点之一，同样也是分析“我者”与“他者”、本文化与异文化相互理解和认识过程中重要的一个环节，也是解读近现代中国社会文化变迁的关键词之一。国外身体的人类学研究的基本思考方式需要结合中国的具体社会文化民族背景来讨论。在笔者看来，有如下一些问题可以拓展其具体研究领域。①大传统的理念与小传统有机结合，与来自民间田野中的身体观念的对话。如上所言，我们在思想层面已经积累了诸多身体观的研究基础，而这些典籍中的身体观，大多是大传统文化的直接表达，而作为小传统的民间社会中，特别是民间知识中的身体观，如风水与人的身体关系——骨、气、血及生育关系、亲属关系等还需要进一步深入讨论，民间社会如何体会“身”“心”“人观”“气”等，事实上可以做人类学实证研究。②从身体看民族：

多民族共生的中国社会，每一民族内部都有其特殊的身体认识，而对身体的内在属性与外在特征的把握，被转换成一种标识，成为民族认同与维系的标志，并且不断在民族文化的生产与再造中扮演着重要的媒介。我们时常混淆现实与标识，将身体的内在属性与外在特征简单化约为族群间的界限与标识，将标识视为真实而不是现实的表征，这就需要人类学者脚踏实地，真正进入田野中去，在田野中去伪存真。同时有关各民族“身体”的研究也是探讨民族文化变迁和民族互动的重要视角，也可以从身体的角度来看中心和周边、我者与他者的相互关系。

在中国的革命和改革历程中，身体是非常重要的切入点。例如，作为革命的身体，其背后和身体相关的附着物，如服装、发型等被赋予了很多“阶级”的内涵，包括“文化大革命”时期没有性别的服装。又如，改革开放以来对都市中农民工群体的身体的消费、抗争、情感等又构成了一个新的叙述话语。

总之，人类学的身体研究是动态的研究，将诸如世界、国家、民族、文化等作为身体研究的参照系。人类学者要做大气的研究，还必须具备独立的研究态度，做能和当下社会思潮对接的研究。现代性的发展与全球化浪潮的洗礼，使今日的身体研究呈现出丰富多元的研究趋势，下面的四篇文章来自不同的田野调查，反映出身体研究的多维视角。

## 五　四篇文章在身体研究中的特点和意义

人类学的研究传统通过在田野中观察和理解他者并反思自身以达到对人类人性和文化的整体性把握。专栏内的四篇文章，[①] 可以

① 李锦：《父亲的“骨”和母亲的“肉”——嘉绒藏族的身体观和亲属关系的实践》；秦洁：《“下力”的身体经验：重庆“棒棒”身份意识的形成》；冯智明：《身体的象征与延续：红瑶还花愿仪式研究——以龙胜金坑小寨为例》；汪丹：《白马藏人猪膘肉食体验的文化解读》。

说运用人类学的基本理念，立足于田野工作，是进行身体研究的人类学探究的尝试。

亲属及亲属关系的研究一直是人类学这门学科核心的研究内容，在亲属研究中如何来定义“亲”是非常关键的，而不同社会对于“亲”的定义是不一样的。不同社会中所固有的民俗的生殖理论即人类的生殖行为和女性的怀孕、生育文化观念也是非常重要的。李锦的文章运用翔实的田野资料，为我们梳理和展示了中国西南藏族的一支嘉绒藏族的身体观与亲属关系内涵，其所探讨的“生物学的亲属”和“社会学的亲属”，其背后蕴含着民俗知识体系的重要意涵，这种研究取向实则为知识人类学研究的一个重要方面。从知识人类学视角来进行亲属研究，很可能超越亲属研究的固有框架，从而具有特别的意义。在藏族社会的研究中，对作为实体的身体关注较少。因为当藏传佛教成为主流文化之后，轮回的思想占据了统治地位。从藏传佛教的教义看，轮回的含义是，“一个现象生起，同时另一个现象停止”，[①]“我们相信，该生命和生命之间相联系的，并不是一个实体，而是最微细层面的意识”[②]。但对于普通的藏族群众而言，他们作为佛教徒接受的轮回观念，主要以意识的连续为基础。在这个意义上，轮回意味着旧的身体消失，灵魂去往新的身体。这一基本观念，使得藏族社会中人们一般认为身体只是灵魂的栖息地，在人们对于灵魂不断轮回的高度关注中，身体则被相对忽视。因此，过去的研究者也较少关注作为实体的身体及其象征在藏族社会中的意义。

然而，如果我们把目光转向藏族的社会建构过程，就不能不重视藏族的身体观。按照人类学社会建构的理论，由血缘形成的社会组织通常是一个社会最基本的单元。尽管大部分研究者认为藏族社

---

① 〔美〕索甲仁波切著《西藏生死之书》，郑振煌译，中国社会科学出版社、青海人民出版社，1999，第111页。

② 〔美〕索甲仁波切著《西藏生死之书》，郑振煌译，中国社会科学出版社、青海人民出版社，1999，第110页。

会中的血统概念并不是其社会建构的关键所在[1]，但是，人们也发现，“骨系”作为一种对于遗传物质的认识，在藏族社会中的作用无法忽视。因此，列维妮·南希对骨系的研究，成为人们理解藏族血统体系的重要成果[2]。这四篇论文中李锦的研究提醒我们，嘉绒藏族关于父亲的“骨”和母亲的“肉”的身体观，不仅是这个藏族支系对于生物性遗传的知识体系，而且是其亲属关系实践的理论基础，同时揭示出藏族社会中亲属关系的生物性和社会性特征。

不同于其他学科对身体的研究，人类学更倾向于将身体理解为社会象征分类的一部分。从20世纪六七十年代开始，视身体为社会的一种象征的身体象征理论就代表了身体人类学的主要思潮。冯智明的《身体的象征与延续：红瑶还花愿仪式研究——以龙胜金坑小寨为例》一文以广西龙胜县红瑶为研究对象，运用身体象征理论，以“身体”为中心，从一个新的角度考察了兼具求子和治病功能的“还花愿”仪式的内涵，揭示其蕴含的身体象征与延续意义。不仅接续了西方身体人类学的研究传统，充实国内的身体实证研究，也不失为仪式研究的新尝试。

为了逾越身心二元的对立模式，文章引入玛格丽特·洛克的“心性身体”概念，以整体观的视野，表明身体在物质性（肉身性）之外所体现的思想属性，从而对“身体”的意义和价值进行反思。通过对红瑶“还花愿”仪式中的三个身体意象：花、骨血和“命延长”的抽取分析，认为“自然”的身体经由仪式获得了文化（社会）属性，体现出红瑶生命观和人观的核心特质：对延续性的强调。文章用红瑶的这一个案说明，研究生命转折仪式和困

---

① 巴伯若·尼姆里·阿吉兹著《藏边人家——关于三代定日人的真实记述》，翟胜德译，西藏人民出版社，1987，第125页。

② Levine, Nancy, *The Dynamics of Polyandry*: *Kinship*, *Domesticity*, *and Population the Tibe Border*, Chicago: University of Chicago Press, 1988. 其中关于骨系的部分，在国内发表的有格勒《“骨系”与亲属、继嗣、身份和地位——尼泊尔尼巴（Nyinba）藏族的“骨系”理论》，赵湘宁、胡鸿保译，《中国藏学》1991年第1期。

扰仪式中的身体表现，提供了一个对人类学关注的人的生物和文化双重属性及其关系的思考途径。

身体研究的兴起与20世纪70年代女性主义运动的兴起、资本主义消费文化的高涨对人类身体的冲击和商品化过程密切相关，受此思潮影响，身体研究多针对女性身体展开，探讨主题也多围绕身体政治、生育性身体、身体归训等。一方面男性身体在研究中缺失或低度显影，另一方面对身体的商品化过程探讨也较少。秦洁的文章恰弥补了上述两方面的不足。特别是她将身体感知纳入对重庆农民工群体的研究中，讨论人如何使用物质性的身体，如何途经感知的渠道，主动获得身体技术和运用身体技术的问题。

山城“棒棒”以重体力支出为显著的生计特征，其身体既是生存的工具和手段，又是体验“痛”、体验“累”的物质性存在，也是铭刻社会文本意义的载体。山城“棒棒”以体力支出为特征的生计过程，可以被视为身体技术生成和展演的舞台，是身体经验获得与实践的典型呈现。《“下力”的身体经验——重庆“棒棒”身份意识的形成》一文以重庆“棒棒”为个案，是对身体经验研究理论的延续和拓展。文章从身体经验的视角考察“棒棒”在求生计过程中的身体经验与身份意识的关联性，揭示出“棒棒”的身份意识是身体经验的产物，也是社会意识形态制约的结果，“棒棒”的身体经验和社会二者共同建构了“下力”的身体和低下的身份。

汪丹的文章回应了藏文化的东端——藏族、羌族、汉族文化碰撞中如何用“身体”来讨论族群边界的问题。中国讨论中很容易在身体外在特征方面体现不同的文化，也就是区域史中民族间的互相“看”，但汪丹的文章另辟蹊径，从身体的感知能力出发，以身体与物的互动为立足点，将滋味作为探讨族群边界与人际关系的媒介，是一种较有新意的尝试。

# 从非洲到东亚：亲属研究的普遍性与特殊性*

人类学经过一个多世纪的发展，到今天可谓五彩缤纷。翻开今天的人类学著作和相关的论文，诸如性别、旅游、开发、民族纷争、医疗、环境、难民、原住民运动、民族主义、殖民地问题等名词，不断进入我们的脑海之中。而这些词汇也同时出现在其他的社会科学中，如政治学、经济学、国际关系、法学、社会学等领域。这表明，这些问题是人类今天所面临的共同问题。而对这些问题的研究，离不开人类学的研究传统——“文化”和“社会结构”研究的基础。

传统的关于简单社会的研究常常把社会结构视为一种静态的组织形式，如果把其置于开放和动态的社会研究中，就会存在许多问题。在相当长的一段时间，亲属制度的研究处于一个非常沉闷的时期。但这并不能说明亲属关系的研究已经进入末途，而是研究对象的转移。例如，在20世纪50年代后期，英国社会人类学中心的领域从非洲转向了东南亚、东亚、南美等地，在亲属制度的理论上，“连带理论”非常兴盛，而且不仅仅停留在对于单系继嗣本身，而

* 本文原载于《社会科学》2005年第9期。

是对于“继嗣”的理论不断给出具体的解释。这在一定程度上从原有的非洲研究的静态模式中脱离出来，亲属制度主要的研究对象不再仅仅局限在相对封闭的传统社会，而文明社会、工业社会逐渐成为重要的研究对象，开始关注亲属关系的过程、网络结构以及与亲属相关的领域，探讨关于亲属关系与社会组织在不同社会中的内在结构和功能特点以及其在剧烈的社会变迁中的角色调整与适应。特别是在自然与文化、社会与国家的参照系下，亲属及其相关的婚姻与家庭如何影响人们的政治、社会与经济等行为，现代亲属关系的关系与创造（如血缘的再建构）等所表现出的特性（特别是在超越固有的血缘、关系概念基础上，以技术、价值、法律等为基础而建立的新型的亲属关系），成为现代人类学对亲属研究的重要思考点。在研究的趋向上，也出现了从结构到过程的转化，从范畴到观念形态的转化。而在人类学领域，主要来自非洲的亲属研究理论特别是关于血缘、世系、继嗣、宗族、祖先祭祀等理论，在东亚如何与之对话呢？

## 一　作为“社会传统”的亲属研究与结合“文化传统”的亲属研究

在20世纪50年代，福特斯（Meter Fortes）曾把社会文化人类学的研究分成两个传统：一个传统是“社会的”，与此相关联的代表性人物主要为梅因（Maine）、摩尔根（Morgan）、麦克伦南（Mclennan），以及研究传统结构功能主义的承袭者；另一个传统就是“文化的”，相关的代表人物和学派主要为泰勒（Tylor）、弗雷泽（Frazer）和博厄斯学派（Boasian School）。他指出，亲属的研究是社会的传统。[①]

① M. Fortes, *Social Anthropology at Cambridge since 1900*. Cambridge University Press, 1953, pp. 11 - 14.

翻开人类学的历史，美国人类学是在对印第安文化和政策研究的基础上逐渐发展起来的，对“文化”价值的关注等成为其重要的特点；与美国的人类学相比较，欧洲的人类学特别是英国的人类学和印度、非洲、太平洋地区的殖民地有着直接的关系，其研究领域以“社会结构”的研究为核心。这两种研究对象，也反映了解释人类社会的两种分析框架。

从人类学产生以来，婚姻、家庭、亲属以及亲属关系的研究，一直是这门学科核心的研究内容。今天的人类学家早已意识到，如果有一个非常清楚的属于人类学家所拥有的主题，那就是亲属关系，而且跨文化亲属关系的题目所涉及的问题，是了解人类学的核心分析概念、理论和方法的历史发展的关键之一。就像罗宾·福克斯（Robin Fox）所归纳的那样：“亲属对于人类学就如同逻辑对于哲学、裸体对于艺术一样，是学科的基本训练。”特别是在第二次世界大战前后，人类学对于亲属关系的研究达到了极盛时期，事实上已经成为一个单独的研究领域。当然，这些研究当时主要集中在对太平洋岛屿与非洲简单社会的研究领域。在这些相对封闭的简单社会中，通过亲属关系的研究，能够揭示当地的社会结构，进而丰富和创立新的社会理论。

我们知道，英国的一批人类学家对于非洲亲属组织的研究，在20世纪40~50年代取得了丰硕的研究成果。当时的研究反映了较为典型的“社会传统”。诸如，1940年的《非洲的政治制度》（*African Political Systems*）和1950年的《非洲的亲属与婚姻制度》（*African System of Kinship and Marriage*）的出版，牢固地奠定了社会人类学在社会科学中的独立地位。这两本书所收的各篇论文的作者，大都受到了马林诺夫斯基的熏陶，后来又成为布朗的弟子，他们都是调查非洲部族社会的优秀人类学者。其中，夏派拉、克拉库曼、理查德、福特斯、埃文斯·普理查德、内德尔六人在两书中都执了笔。特别是《非洲的亲属与婚姻制度》，在田野调查和理论上，都达到了炉火纯青的地步。普理查德在《非洲的政治制度》中指出，即使在同一语言、文化的地域中，政治制度的不同是常有的；即使同一政治结构，也常常会出现在文化完全不同的社会中。又如，在两个不同的社会中，尽管社会制度中的某一方面存在一定的类似性，然而在其他方面未必相同。在比较不同社会时，像经济制度、政治制度、亲属制度等，是比较研究的重要内容。在这里，这些社会人类学家，通过对非洲 8 个不同社会的比较研究，提出了非洲社会两种不同的类型：原始国家（primitive states）和无国家社会（stateless society）。

这两本具有代表性的著作，是典型的关于非洲部落社会的微观研究。书中通过对非洲社会的研究，阐述了对各个不同社会进行比较的社会人类学的基本观点和方法。当然，在相当长的一段时间里，这些研究主要集中在对无文字社会或简单社会的比较研究。

但在上述所提到的作者中，能把“社会的传统”的亲属制度研究和“文化传统”研究趋向的信仰、宗教仪式等的关联性结合起来的社会人类学家应推福特斯。

福特斯在对非洲加纳特莱恩族的研究中，认为对特莱恩族宗教制度的研究，如果脱离和他们关联的社会组织，就难以理解他们的宗教制度。在关于《非洲部族社会的祖先崇拜》一文中，他认为祖先崇拜是非洲宗教体系中显著的特征，祖先崇拜已经广而深地渗透到加纳特莱恩族的社会生活整体中，这一点可与中国和古罗马的社会相并列。他强调，在祖先崇拜盛行的社会，这一信仰已植根于诸如家族、亲属、继嗣这样的社会关系和制度之中。他把祖先崇拜与社会结构相联系给出了自己的定义：祖先崇拜是由一系列宗教上的信念和礼仪组成，这些信念和礼仪与其社会行动规则相呼应。……只有权利和义务互相补充，权威才得以维持。在这些社会中，权威和权力是通过亲属关系和继嗣关系衍生出来的社会关系创造出来并得以行使的。……在这个意义上，祖先象征着社会结构永久的连续性。[①]

在与此论文相关的研究中，他还主要利用马克斯·韦伯的《中国的宗教》、许烺光的《祖荫之下》、林耀华的《金翼》、弗里德曼的《中国的宗族与社会》《东南中国的宗族组织》，以及20世纪60年代西方人类学者对中国台湾汉族的调查报告、日本学者特别是中根千枝的《日本社会》等文献，把其研究的非洲社会与有悠久历史和文字的中国和日本的祖先崇拜进行了简单的比较。在解释产生祖先崇拜的社会、文化原因时，他认为并不是因为这些社会在技术上、经济上、政治上以及知识体系上存在类似性。他接着结合泰勒关于宗教体系的定义，认为祖先崇拜主要是这一社会特别是在家的层面上，社会关系结构的“延续”。祖先崇拜在现实生活中主要是以“家”为中心进行的，所以，应该把祖先祭祀的研究置于与其有直接关系的社会结构中进行把握。

当然，在他的比较研究中，对于像中国和日本这样的社会中祖先崇拜和社会结构的有机联系，并没有进行深入的发掘。但他所揭示的祖先崇拜与社会结构的关系的维度，对于我们重新把握东亚的社会结构有着直接的理论意义。

但20世纪70年代以后文化人类学的一些研究认为，祖先及祖先祭祀是存在于其自身独自象征领域的行为，和社会组织未必是相关联的对象。[②]

不过，在笔者看来，两者之间还是有着直接的联系，特别是在东亚的社会研究中。至少福特斯的“祖先象征着社会结构的永久的连续性”的观点，在现在的东亚社会中是具体的事实。如果确切地说，东亚的传统社会结构得以延续的重要基础是祖先观念与祖

---

① “Some Reflections on Ancestor Worship in Africa” in Fortes, M. and G. Dieterlen eds. *African Systems of Thought*: *Studies Presented and Discussed at the Third International African Seminar in Salisbury*, *December* 1960. Oxford University Press. 1965.

② 渡边欣雄主编《祖先祭祀》，日本凯风社，1989，第15页。

先崇拜。

不用说东亚社会的人类学研究与福特斯调查的非洲无文字社会有很大的区别，在东亚社会存在一套相对应的价值体系，即儒家文化。儒家文化中的“孝”的观念，是祖先祭祀与社会结构相互关联、延续的文化意识形态（而与“孝”的观念相对应，在福特斯研究的非洲社会，在祖先崇拜中存在一种“pietas”的文化理念）。

此外，众所周知，汉族社会人类学重要的代表人物弗里德曼，其对汉族社会宗族模式的研究，出发点正是对建立在无文字的非洲社会基础上宗族理论的反思和检验。同时，他也是能把“文化”与“社会”传统结合起来对中国社会进行研究的代表性人类学家之一（有关弗里德曼的介绍已经有很多论文发表，在此不予赘述）。

这种研究的特点，进入东亚社会的人类学研究中，得以进一步综合。特别是在中国以及东亚的家族制度研究中，“文化”与“社会结构”的研究取向，已经融为一体。

其实早在20世纪30～40年代，中国一批卓越的人类学家，在接受了西方的人类学传承，进行中国社会的家族与祖先祭祀研究时，在潜意识中已经关注“文化”与“社会结构”的综合研究：对于作为文化仪式的祖先祭祀与作为社会结构基础的家族、宗族的内在联系性及其与中国文化的整体性的关系，给予相当高的关注，如杨堃的博士论文《祖先祭祀》、林耀华的《义序宗族》与《金翼》、费孝通的《生育制度》、许烺光的《祖荫之下》等。基于此，在东亚社会的亲属制度研究中，更为关注的是，在以大传统文化即儒家文化为基础的社会中，在社会结构上的同异性问题应该是东亚研究的一个重要传统。家族主义与家族组织、亲属网络与社会组织、民间结社与民间宗教组织等是东亚社会中非常有特点的社会结构的组成部分。例如，在中国、日本和韩国，都用相同的汉字表示“家”，其内容却完全不同。正因为此，这个“家”也是探讨东亚社会基础的关键词，为什么极其相同的汉字呈现出不同的含义？正像我们所熟悉的，如日本的“同族”、冲绳的“门中”、韩国的“门中”以及中国的“宗族”，就是典型的代表。而祖先或祖先祭祀以其自身特有的方式存在于东亚的具体社会结构和象征礼仪之中。特别是在祖先的荫护下，在对祖先的追忆中强化集团的社会认同。在东亚特别是近20年来，作为“传统”的社会组织的宗族、同族和门中，以“祖先”为中心，所表现出来的行为和礼仪出现了复兴甚至被重新创造的趋势。

## 二　民俗生物学的亲属与社会学的亲属

所谓“民俗生物学”，原则上是以人类之外的动植物的语汇来解释、比喻、隐喻解释人类的行为，但有的语汇并不仅仅是人类和动植物所共有的。而社会学的亲属主要指超越生物性意义上的亲属范畴。亲属是因血缘、婚姻或收养等关系而联系在一起的人们，包括配偶、直系血亲、旁系血亲、直系姻亲、旁系姻亲以及有收养关系的人们。法学对亲属的限定非常明确，在不同的国家有着不同的限定，特别是在涉及继承的问题时，民法的条文非常严格。各国法律对亲属种类的划分不一。德国、法国法只承认血亲，姻亲、配偶不计入亲属范围；日本法则规定，血亲、配偶、姻亲为亲属。在中国，法律承认亲属分为三类，即血亲、姻亲、配偶。亲属关系指得到社会认可的包括血亲和姻亲在内的谱系关系，也包括收养关系。我们日常生活中的亲属关系有两大类，即血亲和姻亲。血亲可分为自然血亲与法律拟制的血亲两种。自然血亲是出于同一祖先有血缘联系的亲属，拟制血亲本无血缘联系，但法律上确认其与自然血亲有同类的权利与义务，故又称为准血亲。姻亲是由婚姻关系而产生，但配偶本身除外。它又可分为血亲的配偶，配偶的血亲，配偶的血亲的配偶。在所有社会中，亲属关系都起着重要的作用。

关于亲属我们也可以从语汇上进一步解释，如英文中的

kinship一般中文翻译为亲属。与亲属相对应的词为kin或者relatives，kinship是由血缘和婚姻结合在一起的关系且还具有一定抽象的概念。例如，如果与friendship相比较的话就很容易理解。在中文中没有相当于-ship的语词，在表述时存在很大的不便。所以，kinship就像kinship and marriage那样，血缘关系在其中具有重要的作用。

人的分类可以总括为以整体为基础的范畴型和以个体为中心的关系型。例如，“xxx家的人们”的分类，如“伯伯”“阿姨”等的分类。前者是把社会整体化分成不同的部分，此种分类称为“范畴”。属于范畴的分类，在东亚社会如中国、日本、韩国社会中的“家”这样的亲属集团、村落和聚落这样的地域集团，以及部落和民族那样的大的集团。而后者的分类方法即把某人称为“伯伯”“阿姨”等的称谓，是从个人的观点对人的分类。这种分类也可以归纳为“关系”型，如邻居、朋友、亲戚等。而亲属或者亲属集团如果进一步分类的话，应该分为可以追溯到有共同祖先所形成的“继嗣集团”（descent group）和以个人为中心具有亲属关系的人所形成的“亲类”（kindred）。

成为人类亲属关系基础的亲子关系，是从生物学的亲子关系中独立出来的社会的亲子关系，这种观点从古典人类学一直到结构功能主义人类学的亲属研究，基本上一脉相承。但今天人们都已经意识到，我们经常强调的血缘关系的重要性，在现代社会中已经受到严峻的挑战。类似于收养关系，养亲和血缘被视为同等重要。当然，在很多亲属制度中，家庭或者家户（household）内自然的、生物学的关系是优先的。

社会不同，亲属关系的分类、远近以及界定亲属关系的标准也不相同。谱系的观念可以说在任何社会都存在，但对于怀孕、胎儿发育、子女与父母关系的观念，存在很大的差别。特别是由于新的生殖技术（new reproductive technology）的发展，这些问题变得越来越复杂，如试管婴儿、代理母亲（surrogate mother）等。近一段时间，在有的国家和地区甚至出现了买卖卵子的机构。在这种情况下，专家在呼吁、社会在呼吁，如何建立生命的伦理价值？在社会人类学这一学科看来，所有的系谱和亲子关系建构都是文化的；到目前为止，人类学者所研究的社会，能对这些问题的解决找到切入口。例如，在考虑人工授精的时候，非常必要区别生亲和养亲，而这些语汇在人类学中是顺手可得的。这就是生物学的父亲和社会的父亲。这一对概念是理解很多社会习惯的关键。

著名人类学家埃文斯·普里查德，在对非洲苏丹努尔人的研究中发现，在和祖先的关系具有政治重要性的社会中，把生物学的父亲用拉丁语 genitor 表示，把社会的父亲用 pater 来表示。努尔族的鬼婚（ghost marriage），这里的婚姻关系并不因配偶一方的死亡而结束，一个未为亡夫生下小孩的寡妇，可以去找一个情人，所生的小孩归于前夫名下，因此，已死的丈夫有了子嗣，也是小孩的社会父亲（pater），而后来的亲人虽是小孩的生理父亲（genitor），却没有婚姻契约所认可的身份①。这一对生物的父亲和社会的父亲的概念，事实上涉及亲属的本质论问题。在早期的研究中，特别强调生物性的亲属，而对于社会性的亲属注意很少。

而对社会性的亲属（social kinship）这一概念的讨论，源于拉德克利夫-布朗对于亲属关系的定义。布朗把夫妻（两者之间在法律上认可的关系）、双亲和子女、兄弟姐妹这三组关系作为基本的家族单位，他称为亲属体系的结构单位②。在这三种关系中，他特别强调亲子关系，基于这些连带的关系，关系的网络无限扩大。例如，他在《社会人类学方法》一书中，就特别强调这种连带的关系。他提出："不同部落和不同牧群的人，通过亲属系统而联接在一起。一个人根据某种亲属关系，而接近或疏远与他有社会接触

① Evans - Pritchard, E, E. *The Nuer, 12th Printing*, Oxford: Oxford University Press, 1980.

② Radcliffe-Brown, *The Study of Kinship Systems*, 1941.

的每一个人，不管他们属于哪个牧群或部落。计算亲属成员的基础是实际上的家谱关系，其中包括一个氏族男性成员们之间的关系。任何一个人的亲属都被归为有限的类别中，在其中的每一个人各由一个亲属称谓表示，并因而确定了他在该类别中的亲疏关系。任何两个人相互之间的互动行为，都是根据他们本人在亲属结构中的关系。这种结构是一种个人之间、个人与亲戚关系之间复杂的二元配置。”①

在这里我们看到，亲属的本质为亲子的关系。拉德克利夫－布朗强调社会关系，而社会关系由伴随权利和义务的习惯所规定。马林诺夫斯基与布朗不同，他是从内向外看亲属关系的，从人类内在的生育需要、产生外部的文化制度如婚姻和家庭，以父母为亲属关系的基础。而布朗更倾向于从外向内看，把婚姻、家庭以及亲属制度视为结合在一起的整个组织或结构的组成部分。不过，他们都强调从范畴和关系来分析亲属与社会组织。

在相当长的时期里，大多人类学家认为，相对于社会的亲属概念，应该把亲属定义的基础放在生物学的亲属关系中进行思考。其出发点为，不管何种社会，单性生殖是没有的，为了社会的继替，有性生殖是不可缺的，所有的社会不能否认的是性交、怀孕、出生这一过程。针对此，巴恩斯（Barnes）、尼达姆（Needham）等进行了讨论。他们认为，生物学的事项和社会的事项，是不同的视角，认为社会的亲属概念应该保留、继续使用。1971年尼达姆主编的《亲属与结婚再考》一书出版，书中主张定义亲属的普遍性是非常困难的，而把亲属从社会整体中分离出来也是非常困难的，并认为正是由于早期的人类学家囿于基于生物学基础的西方亲属观，而后来的学者又一味地追从前辈学者，这样就忽视了社会生活的脉搏，使亲属制度的研究陷入泥潭之中。基于此，他对亲属给出

① 〔英〕拉德克利夫－布朗著《社会人类学方法》第四章，夏建中译，山东人民出版社，1988。

了自己的定义："关于'亲属'的一些问题，到现在为止的相当多的讨论，以我之见，这些议论的大部分陷入学究气的琐碎的争论之中。……所谓亲属是权利的分配和其代际间继替的问题。这在我看来是根本的前提。这里所说的权利，不只是特定的权利，它也包含了诸如集团的成员权、地位的继承、财产的继承、居住地、职业等所有的内容。这些权利的传递，与给与者和接收者的性和血脉没有任何关系。"[①] 尼达姆还指出，正是由于引用所认识的收养、收继婚、冥婚、单系继嗣等事项，社会人类学所涉及的事项，并非和生物学的事项直接关联，而是和社会的事项精密地联系在一起，这些概念应该成为认识社会的分析概念。

上述由对个别社会的研究引发出来的亲属的生物学与社会学意义，是否可以寻找到普遍性的定义呢？虽然到目前还没有普遍性的定义，但这种探求一直在继续着。

翻开人类学关于亲属研究的历史，可以说20世纪中叶的亲属研究是以英国为中心而发展起来的。美国文化人类学的亲属研究从20世纪60年代末到70年代涌现出诸如古迪纳夫（Goodenough）、舍夫勒（Scheffler）等为代表的亲属研究专家。他们都是著名的跨文化比较研究和人类关系档案（HRAF）创始人默多克的门下。古迪纳夫也秉承跨文化比较的方法，对亲属制度的研究从整体上进行把握。[②] 特别是如何来定义"亲"，是非常关键的。但不同的社会，人们对于"亲"的定义是不一样的。他们认为寻求亲属关系的普遍定义，把亲子关系在生物学的意义上彻底分离出来的社会的亲子关系是完全不可能的。但生物学的亲子关系，只是在"我们"西方近代的科学知识中才具有意义的概念。因此，不同社会中所固有的民俗生殖理论，即人类的生殖行为和女性的怀孕、生产文化观

① Rodney Needham (ed.), *Rethinking Kinship and Marriage*, pp. 3 - 4, Tavistock, 1971.

② Ward Hunt Goodenough. *Description and Comparison in Cultural Anthropology*, Aldine, 1970.

念，也更为重要。

上述西方经典人类学家关于“生物学的亲属”和“社会学的亲属”的研究，其背后蕴含着诸多的民俗知识体系。这种类似性的民俗知识体系特别是关于“民俗生物学”的亲属和“社会学”的亲属，在东亚以及中国汉族社会的研究中有非常丰富的例证。这些有文字社会历史悠久的民俗知识体系，完全可以补充仅仅来自“无文字社会”亲属研究的个别性的个案。在这方面，日本社会人类学家渡边欣雄教授关于冲绳和中国汉族社会的亲属的研究，特别是“民俗学”的亲属和“社会学的亲属”的研究，为我们扩展东亚社会研究领域奠定了重要的基础。

渡边欣雄教授较早就指出，仅以发端于欧洲社会的分析概念作为理解社会的基本原则，不可能寻求到适用于各民族所有文化的“普遍的原则”，这有很多的例外。相对于欧美社会人类学的“普遍的”亲属的法则，存在很多的例外事例。例如，中国汉族的“家”和“房”并不是family，日本本土的“同族”也不是descent group，冲绳的“门中”也不是patrilineage，韩国的“家”和“门中”也同样。强调对各个社会的研究，应该以主位的研究（emic approach）为出发点去思考问题。这种研究取向应该成为知识人类学研究的重要方面。他提出，历来社会人类学研究的中心为亲属研究，而现在应该超越亲属研究的框架，作为知识人类学的问题关注点来进行研究，有特别的意义。[①]

在人类学中，不同的民族通过自己所熟知的文化象征手法来理解亲属关系，即把系谱关系通过各自的文化象征来解释和认识，如象征男性的种、骨、精液等，象征女性的大地、肉体、血、经血等，这些已有诸多的报告。在汉族社会，“民俗生物学”的亲属和“社会学”的亲属具体表现如何呢？

① 渡边欣雄：《民俗知识论的课题——冲绳的知识人类学》，凯风社，1990，第111～127页。

**1. 根与枝**

在北方汉族社会，近代以来关于汉族移民的重要传说就是山西“大槐树”的传说。很多北方的汉族包括我自己提到自己的祖先时，很自然地会说到我们是从“大槐树”迁出来的，我们的根在那里。改革开放以来，海外华侨的寻“根”热以及南方很多地方出现的“同姓寻根”等现象，本身就说明汉族社会对于家以及家乡的认同意识。这种“根”与“枝”的关系，在具体的家族制度中象征着“家”与“房”（在华北汉族社会称为“股”）。在家族的运行机制中，常常用根与枝的关系来寓意家族的动态关系，特别是“分、继、合”的关系。[①]“树大分枝，中古皆然”，“树大哪有不分枝”，“树大分枝，鸟大分窝”，这些民间谚语说明汉族家庭的运行机制。分家一般指的是已婚兄弟间通过分割财产，从原有的大家庭中分离出去的状态和过程，当用作名词时常表示由一个家分为两个或两个以上家后的状况。这也是俗语里常说的“另起炉灶，另立门户”的实态。门户的另立自然是一个独立的新的家庭产生，也就是家庭再生产的表现。分家后所谓的独立具有相对性。“经济上他们变独立了，这就是说，他们各有一份财产，各有一个炉灶。但是，各种社会义务仍然把他们联系在一起，他们经常在生产生活上互相帮助，关系十分密切。”[②] 因此，对村落社会中不同家庭类型之间的联系性及层次性进行探讨，正阐明了分家是家庭再生产的最佳途径。与此相对应，探讨不同的家庭类型及其结构，如果把分家这一家的内在运行机制置于一边，对于家庭结构的研究，也只能在统计数字上进行量的分析。

**2. 种与种的观念**

“种”本来是生物学的一个核心概念，但在不同的文化背景

① 可参考麻国庆《分家：分中有继也有合——中国分家制度研究》，《中国社会科学》1999 年第 1 期。

② 费孝通：《江村经济》，江苏人民出版社，1986，第 59 页。

下，它又被赋予了一定的文化意义，具有了文化的社会属性。人类两性关系的结合，种的繁衍，本身是一种生物属性，但社会对于“种”的观念常常将其寓意为一种文化的符号。这一“种”的观念，在中国与祖宗观念相辅相成即为后代观念。人类社会的发展是持续不断的新陈代谢过程，其条件就是要有人来承先启后。这是一个替换过程，一代一代的继替，必要有祖孙三代，要有老一辈，还要有小一辈。以家庭的亲属关系为根据的社会定下的这个规矩，是社会继续的根基。这就叫作世代交替。从社会的意义而言，世代交替是人口发展的形式，但这一发展形式在中国社会中被赋予了特殊的文化意义。所谓“不孝有三，无后为大”，“有子万事足”“延续香火”等就是这种观念最突出的表现。汉族的尊祖观念，其目的还是在祖先的荫护下接续香火。这种观念在诞生仪礼中表现得尤为明显，既重男女之生，又重男女之别。《诗经·小雅·斯干》中描绘，生了男孩“载寝之床，载衣之裳，载弄之璋”，用以表示尊贵。在现代农村，重男轻女的思想还是相当普遍。

在传统社会，一个理想的中国家庭必须建立在子孙满堂的基础上。无生育子女就是绝后，就是断根绝种。“多子多福”仍是普遍的生育观，生育的意义和目的在于“传宗接代”。“今世的人是已故祖先生命的延续”仍是人们的普遍信条。而婚姻的结合并非平等的结合，婚姻本身的终极目的是男性通过这一结合繁衍自己的生命体，具有一种“借女生子”的男性霸权意旨。[①] 但如果由于女性或男性的原因，家庭面临绝后时，该如何办呢？在相当多的情况下，会以“同姓过继”或“入赘”的方式来解决。在福建等地还流行“买儿子、养真孙”的习惯。在极个别地方，为了种的繁衍，还存在“借男养子”的习俗。例如，在关中地区曾经有一种习惯，每年三月三，如果已婚的妇女无子，家里默许她在这一天与她在庙会上遇到的男性过夜。在客家地区，有的村落在20世纪50年代时

① 麻国庆：《“借女生子”田野札记》，《读书》2000年第2期。

还保留此种习惯。而这些所谓的真孙以及后代，已经不是“生物性的亲属”，而是地道的“社会学的亲属”。这在一定程度上说明，“种”的延续的观念，已经超越了血缘乃至文化伦理，成为汉族社会“社会学的亲属”发展的重要基础。

**3. 血浓于水：拟制血亲与义亲属——社会学亲属的扩大化**

血系的观念在汉族社会不用说是人群结合的重要纽带。这种“血浓于水”的观念，也会应用到社会关系的扩展上。

在汉族社会，除由父系和母系组成的亲属关系外，还有一种干亲，即在社会学、人类学及法律社会学领域中所称的拟制的亲属关系。这一概念主要指，在社会结合的人与人的关系中，在生理上、血缘上没有亲属关系的人们，用以与家和亲属相类似的关系来设定他们之间的关系，所建立的类似亲属关系。这一拟制的家和亲属关系，在汉族传统社会较为流行，即使在现代社会也能看到它的痕迹和影响。这一关系是家的外延扩大的重要表现方式，成为社会结合的一个重要象征。在传统社会的行会、秘密社会和地域化宗族中尤为突出，[①] 如秘密社会壮大发展的一个内在机制就是把家的制度拟制到其内部组织和运行之中。秘密社会也模仿了中国传统的家族制度，实行共财共食制，如在湖南会党和青莲教系统的各种团体，“其传徒皆有度牒”，以此为凭，“虽处皆供银粮饭食”。在广西天地会中还有典型的集团共食制“米饭主”制度。秘密社会还模仿家长式的统治，在内部形成了宗法师承和等级身份关系。维持这种统治的表征是模拟“家礼”和“家法”。所谓“师徒如父子，同参如手足”，这种以孝敬和服从师父为第一要旨的“家礼”，以决定人生死的家法来保证。可以说秘密社会的权力体系，是父系家长制支配家族这一传统法则的扩大和强化，据此建立起来的纵向父子关系和横向兄弟的同僚关系。纵向的父子关系以青帮的严格字辈制和

① 麻国庆：《拟制的家与社会结合——中国传统社会的宗族、行会与秘密结社》，《广西民族学院学报》1999 年第 2 期。

师徒制最为突出，先后建立起24个字辈，拜师入门各按字辈，一般团体内部头目为师傅，成员均为门徒。入门弟子与师傅之间的关系如同父子一般。如此世代相传，使成员置于一个等级森严的家族网络之中。横向关系以天地会的房族制为代表。当然，秘密社会这一拟制的家的关系，也是以拟制的血缘为基础的，如喝血酒，总是要把血的成分加入其中。

在汉族的民间还有“义亲属”。“父母”要保护“子女”，“子女”要侍奉双亲，互相协助，而且在亲属之间禁止近亲相奸，子女有继承权等权利和赡养义务。义亲大致有以下五种：①在小孩出生时，给产儿找义父母；②给小孩命名的义父母；③乳母子关系和寄养关系；④举行成人仪式时的冠礼亲；⑤子女结婚时的媒人亲。义亲具备潜在性质。例如，在20世纪50年代以前的农村，因生产关系构成的地主和佃户的关系、庄主和庄民的关系、渔村的船主和船员的关系等。义亲除上述的父子关系外，尚有义亲兄弟关系等。

**4. 骨与气：风水与亲属制度的象征关系**

弗里德曼在其《中国的宗族与社会》一书中，曾在第五章中用较大的篇幅来讨论风水和祖先崇拜的问题。在这里他认为，子孙为祖宗选择好的风水，主要是为了自己得到恩惠，获得“福”，[①] 只把祖先当作一种物质的媒体加以利用。这一单向受惠论的观点，是典型的“接力模式”方面的思考，而忽略了中国家的一个基本运行机制即“反馈模式”，这一反馈模式不仅仅是对父母的赡养问题，其实还蕴含了对祖先的祭祀，这种祭祀并非单单从祖先处受利，也含有对祖先的敬孝，和期盼祖先在他世生活幸福的意味。所以，中国人是有祖先也有子孙的民族的道理也在这里。

风水理论的建立，从一开始就渗透出祖宗与子孙的观念。在看

① Freedman Mauric. *Chinese Lineage and Society*: *Fukien and Kwangtung*, The Athlone, Press of the University of London, 1966.

龙脉时，由远及近，逐渐寻找太祖山、太宗山、少祖山、少宗山、父母山，直到正穴。其构成体系就像家族一样。五代才出服，寻龙脉时必须追根溯源。这可以说是象征与文化关系的典型。

早在唐代，卜应天的《雪心赋》就指出过山脉的祖孙连属关系："迢迢山发迹，由祖宗而生子生孙……自本根而分支分派。"在有关风水的著述中，把物化的自然与人类的活动相比拟，把自然也赋予了一种人的生命之源。例如："凡山自始分脉曰胎，降伏曰息，入首成形曰孕，入穴融结曰育。""大凡山自离祖出脉之际，便如人受胎之初。"

在与亲属制度的比拟中，"骨"和"气"成为一种重要的解释。例如，在《葬经》中就有如下的表述："盖生者气之聚，凝结者成骨，死而独留，故葬者反气入骨……血化为肉，复借神气资乎其间，遂生而为人。及其葬死也，神气飞扬，血肉消溃，惟骨独存。而上智之士，图葬于吉地之中，以内乘生气，外假子孙思慕，一念与之吻合，则可以复其既往之神，萃其已散之气。……"

这个"气"也是沟通祖宗和子孙的媒介。正如徐轼可所编的《葬经·气感篇》所言："人受体于父母，本骸得气，遗体受荫，经曰：气感而应，鬼福及人。"强调父母为子孙之本，子孙为父母之枝，乃气体相同，由本而达枝也。择地葬亲，若种木之类，培其根而叶自茂。这就更加明确了祖宗的风水与子孙有着直接的关系。

从上可以看到，相当于人类遗传子的"气"在亲属关系中的位置；人气成为骨肉的所有的遗传子，气的凝结最显著的部分在"骨"。风水中最重要的部位就是"骨"。正如弗里德曼所说的那样，在中国的亲属关系中，重要的实质就是"骨"，"骨"这一文化的象征，支撑着中国汉族的父系继嗣。①

总之，像上述对汉族社会中关于"民俗生物学"的亲属和

① Freedman Mauric. *Chinese Lineage and Society*: *Fukien and Kwangtung*, The Athlone, Press of the University of London, 1966, p. 179.

“社会学的亲属”的研究，有着非常大的拓展空间。上述几例仅仅是本人在调查中的一点体会，系统的研究还需要进一步深入。这一领域的研究一定会成为汉族亲属研究的一个重要亮点。

## 三　中日亲属制度的关键词与血缘的重构

前文所提到的尼达姆关于亲属的定义，事实上已经完全超越了固有的关于亲属的生物学意义，即对原有的基于非洲社会资料所作出的以血缘为基础的思考框架的批判。实际上，对于像中国和日本这样有着高度文明和历史传承很强的社会的亲属制度而言，不能囿于固有的非洲模式，必须考虑其独特的社会和文化特点。在东亚特别是中日的人类学社会学家很早就对这些问题进行了独自的思考，代表着中日社会亲属制度核心特点的“家”的概念和“宗族”“同族”等关键词。正如日本著名社会人类学家中根千枝教授所言：“中国的宗族虽然可以说是具有血缘集团的组织，但是决不能和所谓的未开化民族的血缘集团置于同一立场来思考。”①

### （一）中日特有的“家”

滋贺秀三认为，中国的家是基于同一祖先的生命扩大的同类意识，是把有形无形的资产“凑在一起”的组合。打个比方，中国的家是“组合的”（合伙的），与此相对应，日本的家或许可以称为财团，日本的家被融入外界的社会结构中。日本的家，其价值、目的是内在的，家并非以自己为目的，家业是家对社会的功能，家名仍然是对社会的声望，对社会的功能和声望就是超越家自身的。与此相对应，中国的家非常明确是以自我为目的性的，即男性的血缘如同永久的、无限的生命的扩大，延族是其自身的

① 中根千枝：《家庭的构造》，东京大学出版会，1993，第435页。

基本价值，纯经济的价值是财产，人和财产是中国家的基本要素。[①]

对于家的研究也是费孝通先生对于中国社会结构研究的一个出发点。费孝通最早的论文是与婚姻和家庭问题有关的。鹤见和子认为："之所以这样说，是因为费孝通后来不管从事文献研究，还是变为重视实地调查，都一直关注着中国社会至为重要的基本单位——家庭及社会结构变化同家庭结构变化的关系。"[②] 费孝通先生把中国乡土社会的基本社群称作"小家族"，其目的是想从结构的原则说明中西社会"家"的区别。家族在结构上包括家庭，最小的家族也可以等于家庭。因此费孝通先生认为，包括在家族中的家庭只是社会圈子中的一轮，不能说它不存在，但也不能说它自成一个独立的单位。[③] 事实上，这道出了中国社会家的一个重要特征——家的多层性。探索家的多层性结构集中体现在阶序关系和差序格局中。所谓阶序关系，是强调家的纵式结构，围绕同一父系血缘集团内部的结构特征予以展开。而差序格局则强调家的横式结构，侧重于家的网络关系。费老认为："在中国乡土社会中，家并没有严格的团体界限，这社群里的分子可以依需要，沿亲属差序向外扩大。构成这个我所谓社群的分子并不限于亲子。中国的家的扩大路线是单系的，就是只包括父系这一方面。"[④] 正是由于以父系为原则的扩大路线，中国人所谓的宗族、氏族就是由家的扩大或延伸而来。

与费孝通同期，在日本最著名的社会学家之一有贺喜左卫门，他对于日本社会的"家"和亲属制度有着很深的研究，他认为不能把"家"仅仅理解为"亲属集团的概念，其实很有必要考虑其

---

① 〔日〕滋贺秀三：《中国家族法的原理》，创文社，1967，第58～68页。

② 费孝通、鹤见和子：《农村新兴的小城镇问题》，江苏人民出版社，1991，第52～53页。

③ 费孝通：《乡土中国》，三联书店，1985，第39页。

④ 费孝通：《乡土中国》，三联书店，1947，第40页。

作为生活共同体以及经营体方面的特点”。[①]

从费孝通和有贺喜左卫门对中日家的定义可以看出，两者都强调“家”的功能性特点。在日本和中国，都用相同的汉字表示“家”，但其内涵完全不同。此外，中日两国都受到儒家文化的影响，但在社会结构上呈现出极大的不同。

在中国，作为具体的家的两个基本单位，一是家庭，二是家户。家庭是以婚姻为基础的一个生活单位，父、母、子三角形的出现就是一种血缘结合的单位的形成。而家户本身却是一个超血缘的单位，非血缘者也被包含在其中。家的这两个最基本单位，又构成了中国社会中两种基本关系的基础，即血亲关系和地缘关系的基础（见图1）。

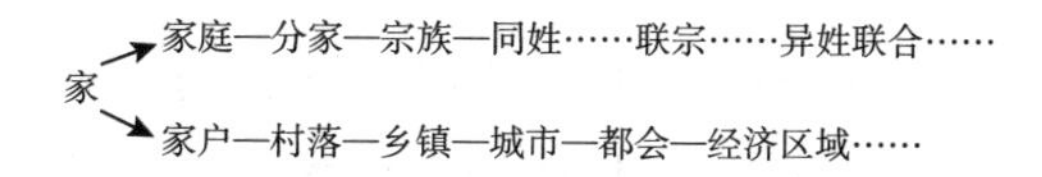


**图1　中国家的两个基本单位构成的社会结构**

前者的序列是以血亲和姻亲为主线发展出的生活组织单位，后者的序列是以户作为生活单位而延伸出来的地缘组织。这两种序列在封闭的村落社会中是互为联系有时又相互交叉的：在乡镇，宗族势力还有一定的影响力，而到了城市，宗族势力的影响就相对减弱。然而，这种地域社会及社会组织的不同，并不能说明社会结构完全不一，其实在这里以家为中心的社会结构体现出诸多的类似性。家族主义也并没有消失，而是通过其他的表现方式显示其特有功能，如传统社会的“行会”组织、现代城市中的工商业个体户等。上述的序列，我们不能简单地把其推演为从“家”到国的模式，但这一序列形成了与国相对应的社会层次。由这种血亲和地缘所衍生出的各种关系，是社会结构的具体反映。因此，从这个意义

① 有贺喜左卫门：《家》，载有贺喜左卫门《家与“亲分子分”》，未来社，1970（1947）。

上说，家庭和家户是构成社会结构的基础。从结构来看，中国的家本身包含了血缘和非血缘的关系。

而在日本的几个关键因素，如家庭、家户（世带）、本家和分家、同族等血缘和非血缘的关系糅合在一起，甚至在同族层面地缘关系也是非常重要的。如果与中国作比较可以用图 2 来表示。

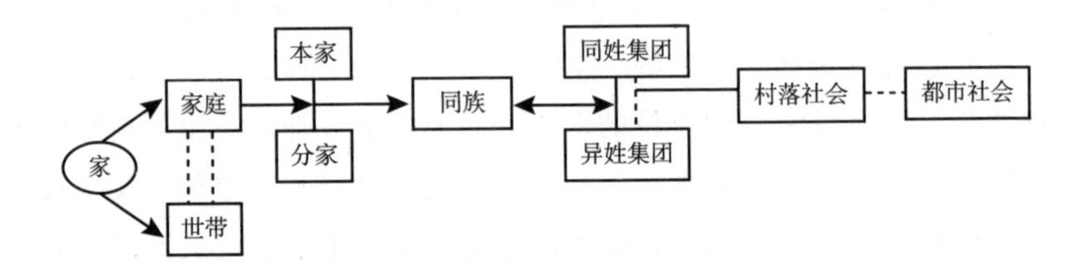


**图 2　日本的家和亲属及社会关系**

日本从家的继承上讲，根本就不存在中国的分家概念。虽说在日语中也有分家这一汉字，但与中国的分家含义已完全不同。在日本，所谓的分家无动词的含义，只有名词，并有不同的所指。因为一般由长子继承本家，所以分家主要是指由长子之外的儿子在本家之外建立的家庭，同时日本的分家也含有非血缘的成分，如养子建立的分家。在同一村落中的本家和分家的关系并不是平等的，而是一种主从的关系，分家在继承上没有继承权利。在现代社会，长子之外的其他儿子建立的家，常常也称为分家，但它和一般所说的分家也完全不同，已不存在隶属关系。

## （二）同族与宗族

日本社会中的“同族”组织，表面上类似于中国的“宗族制度”，但两者的内容完全不同。同族的建立是在“家联合”的基础上进行的，“家”的联合是由“本家”（honke）与“分家”（bunke）所组成的，即由一个称为“本家”的原有之家及与本家有附属关系的新成立之“分家”所构成的功能团体。典型的本家、分家关系是“由长子继承本家，次子以下诸子则为分家。不论本家或分家都是功能性的共同体"，这显然不同于中国的宗族系谱关系。但并不是说同族不存在系谱的序列，确切地说，同族是以共同认可的先祖和系谱的序列为基础构成的本家分家集团。

这一点笔者深有体会。笔者在日本农村作调查时，进村访谈时村民们经常会说某某是本家，某某是分家，而在中国首先说某某是谁的儿子、亲戚等。这就是说，日本构成村落的基础是"家"而不是个人，而在中国构成村落的是个人。

因此，用社会人类学的术语，中国人所指的典型的宗族是父系继嗣群（patrilineal descent group），但日本人所指的同族显然并非是一继嗣群（descent group），这是中日两国亲属制度最基本的相异点。因此，中国的宗族是基于父系原理形成的群体，日本的"同族"则是基于居住、经济要素而形成的群体。其结构的本质具有一种松散的倾向，并非一种稳定的共同体。

前文所提到的福特斯从祖先祭祀的角度对社会结构的分析理论，突出的是这一信仰已植根于诸如家族、亲属、继嗣集团这样的社会关系和制度之中。这是对于血缘关系清晰的社会组织的归纳。对于血缘以及系谱关系较为明确的宗族、家族组织，除通过对祖先的祭祀之外，连接维持它们的社会关系还有非常清楚的系谱亲属关系。而对于中国汉族社会血缘关系模糊、仅仅依靠祖先的象征力量持续下来的同姓结合团体来说，祖先的力量成为社会关系或社会组织得以维持的最主要手段。传统与现代的汉族社会的扩大化的联宗组织以及同姓结合团体，就是具体的反映。

宗族具有血缘、地缘和利益的功能。严格定义的宗族是典型的以父系血缘为主线的血缘继嗣群。然而这一作为父系血缘继嗣群的宗族，随着集团的利益、人口的流动等，突出共同认同的祖先或把祖先虚拟化，来达到进一步扩大化的社会结合。

### （三）血缘的重构：同姓的结合

在传统汉族社会，一些大的宗族组织为了扩大其自身的力量和规模，单纯靠血缘的延续和继承，很难达到目的，有的大宗族是以吸收联合小宗、同姓联合等途径进行的。此外，还有一种是由于移居他乡，通过地缘关系而组成虚拟的宗族。在这里我们会看到，地缘在中国社会中常常也是血缘或虚拟化的血缘的投影。

同姓团体的组织原理可以追溯到汉人社会结构中的父系继嗣原则，就像前文所引费孝通先生之言，依父系亲属原则不断扩大。当然，“同姓团体”不是封闭的血缘、地缘的社会集团，与同姓者的选择性联系在一起，在一定程度上具有流动的社会关系的特点。这在传统中国以及现在中国特别是海外的华侨社会，是非常活跃的团体组织形式。

中国改革开放以来经济上所取得的成就，是与华侨投资和支持分不开的。迁居他乡的华侨以极大的热情投资大陆，为家乡送金，捐建公益事业，直接投资和贸易，通过建立合资或独资企业，为大陆发展经济提供了急需的资金、技术、管理经验、就业机会和市场销售渠道。海外华人的历史文化和经济基础对大陆经济的发展产生了重要的作用。这就是一种文化认同的具体体现。在此背景下，由于华人的支持，在东南中国汉族社会，特别是广东、福建，超越血缘、跨越地域和国家的同姓团体的祭祖、修谱活动非常盛行。[①] 这些现象的出现，除经济上的关系外，与同姓社会团体对于祖先的历史的书写与记忆有着很大的关系。法国的历史学者鲁·格夫曾对历史与记忆之间的关系作了如下表述：“历史是基于想起、记忆丧失、记忆化的模式为基准发展起来的，历史是把集合的记忆的‘场’的研究为基础而书写的。”他对于历史所涉及的“场”进行了较为详细的分类，其中，像墓地或建筑物那样的纪念碑的“场”，为四种类型中的一大类型。[②] 很多同姓团体扩大，正是基

① 有关这方面的研究可参考潘宏立的论文《福建省南部农村的同姓结合和华侨关系》，吉原和男、铃木正崇编《扩大的中国世界和文化创造》，弘文堂，2002。

② 鲁·格夫著《历史和记忆》，立川孝一译，法政大学出版局，1999，第155页。

于祖先“墓地”这一“场”的认同和记忆。①

总之，在面对西方学界建立起来的亲属制度理论，特别是从非洲田野调查归纳出来的理论和概念，对于中国和日本这样的东亚社会来说，东亚的人类学者应该首先发现自己，而不应该完全沉溺于西方的话语体系之中。当然，这不是故步自封，而是东方和西方之间一个有选择的对话过程。这种对话在亲属制度的研究领域就是一个普遍与特殊的内在互动过程。笔者上面所举仅仅是笔者在这一领域研究中的一些体会，事实上这种讨论可扩展的空间无限广阔。在近 10 年前，有一位人类学家拉吉斯拉夫（Ladislav Holy）曾认为，人类学从 1970 年以后理论和方法论的范式发生了如下的转换，即从结构向过程、从实证主义向认识论以及部分的观点到整体的观点的范式转换。② 对此观点笔者持部分保留态度。“转换”这一用语，未必适合于中国社会的人类学研究，特别是在亲属制度的研究中，我们还没有把这一丰富的知识体系从人类学的视角进行完全有效的把握，事实上，我们更需要的是结构和过程的结合、实证主义和认识论的结合、部分和整体的结合。

写到此，笔者联想到东亚的社会学家和西方的社会学家的对话。而事实上直到最近，东亚的社会学家一直专注于理解西方社会学。但是，当他们在对自己社会经验观察的基础上，积累了社会学的认识时，他们开始意识到，西方社会学的理论未必一定适合东亚社会，并感到有必要形成符合本地情况的相应理论。十几年前，美国社会学会理论专业委员会组织了一次专门会议，与东亚的社会学家进行“跨太平洋对话”。该专业委员会的主席特耶坎博士是那次会议的组织者。他在给与会者的信中，陈述了召开会议的理由。他说：“我还想到，关于大规模社会变迁与社会学的现代性的理论模

① 麻国庆：《祖先的张力：流动的同姓集团与社会记忆》，载孙江主编《事件·记忆·叙述》，浙江人民出版社，2004。

② Ladislav Holy, *Anthropological Perspectives on Kinship*, Pluto Press, 1996.

型，是以西方社会以往历史经验为基础的。而运用西方现代社会的模型……来论述和解释东亚社会近来发展的动力是不合适的。在我看来，这个动力将很可能使东亚成为21世纪现代性的中心。按照这一前景，就迫切需要社会学理论开阔眼界，以便能够把握东亚正在出现的转变……。”① 这句话置于中国人类学的亲属制度研究的视野中也同样重要。

① 转引自李万甲《关于东亚社会比较研究的一些思考》，载北京大学社会学人类学研究所编《东亚社会研究》，北京大学出版社，1993。

# 家族研究的文化、民族与全球维度[*]

随着人类学学科的发展，单单靠定量的研究很难把握家庭以及家族研究的整体性。在全球化背景下，如何把家族结构的社会研究以及与此相关的文化传统和社会发展有机结合起来，如何把家族研究与其所处的区域社会以及全球化的关怀联系在一起，理性把握超越家族的族群和民族所出现的文化的生产和再造现象、跨国网络等问题，是摆在我们面前的一个重大课题。

自人类学、社会学恢复以来，中国的家族研究取得了长足的进展。可以说20世纪80年代到90年代初，社会学对家庭的研究主要集中在对家庭结构、家庭关系、家庭功能、家庭问题等方面，这个家庭是一具体的生活单位。较有代表性的研究有中国5城市家庭调查、跨省农村调查中的农村家庭与农民生活方式研究以及改革以来农村婚姻家庭的变化等。这个时期对于家庭的研究，是以问卷调查和统计资料为基础的相对宏观的研究为主。

然而，随着人类学学科的发展，包括社会学者自身在具体的调

* 本文原载于《人民论坛》2013年第29期。

查研究中，深深感到中国的家庭作为中国文化的主要载体之一，单靠定量的研究很难把握家庭以及家族研究的整体性。因此，定性研究、田野调查越来越受到学者们的关注。微观的社区研究的田野调查展现了大量关于不同民族、不同区域家庭、家族的传统的延续和再造。具体的社区研究成为这两个学科相结合的绝好对接平台。对于社区研究起推动作用的应为费孝通先生对江村有关家庭变迁的半个世纪的追踪调查，费孝通先生通过对江村以及中国家庭结构的研究，提出了著名的中国家庭“反馈模式”理论。这种思考促使研究者开始关注家的文化内涵及其在中国社会中的意义，特别是家的观念对家庭结构及生育观念的影响。费孝通先生曾强调文化的继承性问题，而能延续此种继承性的要素 kinship（亲属制度）是非常关键的。在中国社会人类学中的亲属关系，主要通过家的文化观念和其社会性的结构和功能体现出来，即家直到今天仍然是认识中国社会的关键词。

围绕着这一问题，很多研究者也从各自的研究领域，如社会思想史、历史学、经济学、政治学等角度，发表了相关的研究成果。由于家族研究所涉学科较多，很难以某一学科的问题意识来予以把握，笔者结合自己固有的研究——从人类学的角度来把握中国的家族研究，拟推出文化、民族与跨国网络的视角，来与大家共享家族本身的文化魅力。

## 一　家族是文化与社会延续的载体

刻在孔庙大成殿前的“中和位育”几个字代表了儒家的精髓，成为中国人的基本价值取向。中和之观念在实际生活中具体表现为对人和的肯定。同时也延伸到社会生活的许多方面，诸如对风水、五行、算命、饮食、命名等的追求，对人际关系的冥思、神明关系的敬仰，淋漓尽致地表现了“和”的思想作用。而家“和”是人“和”的重要基石。

社会人类学在研究一个社区文化结构时，一直强调高层文化的规范性向基层区域文化的多样性的结构转化过程及具体的表现方式。这就涉及雷德菲尔德所提出的“大传统”和“小传统”。[①] 小传统或乡民构成了人类学研究的重点，代表着人类学田野调查的实际生活，这是人类学研究的前提与出发点。在中国，社会大传统或士绅代表着文献文化，与来自田野的经验有不同的面貌。这种二分法其实也蕴含着高层文化与基层文化两种结构。所谓“大传统”文化，在中国主要指的是上层知识社会一种以儒教为主的文化取向，而“小传统”文化主要指民间社会自身所创造的文化，其主要载体是农民。费孝通先生认为，“小传统”作为民间广大群众在生活实践和愿望中形成的传统文化，它的范围可以很广，其中有一部分可能和统治者的需要相抵触，在士大夫看来，不雅驯的，就提不到“大传统”中去，留在民间的乡风民俗之中。而连接“大传统”和“小传统”的桥梁为绅士。费孝通先生还提出：“农民的人文世界一般是属于民间的范围，这个范围里有多种层次的文化。它有已接受了的大传统，而同时保持着原有小传统的本身。”[②] 费孝通先生的这一思想为地方性研究和整体社会的研究提供了重要的理论基础。在这一学术背景下，我们来看儒学与社会结构的关系是非常可行的。这一文化的延续性也是社会延续性的基础。家族在其中扮演了非常核心的角色，也就是由于家族所承载的文化和社会延续之特点，笔者把其称为纵式社会。纵式社会的延续主要依靠以下几个方面的基础。

最主要的是祖先崇拜的宗教性、礼教性的家族伦理范式。中国是“上有祖先，下有子孙”的社会，可以说，中国社会的祖先崇拜是社会组织得以延续的一个重要组成部分，也是传统社会结构延

---

① Robert Redfield. *Peasant Society and Culture: An Anthropological Approach to Civilization*, The University of Chicago Press, 1948.

② 周星、王铭铭主编《社会文化人类学讲演集》（上），天津人民出版社，1996。

续的基础。祖先的力量对于社会关系的维护，在一定程度上甚至超过了血缘关系清晰的社会集团。这种以父子关系为特征的延续性，已经扩大成为整个中国文化的主要特性之一。这种延续的观念扩大到整个民族，数千年历史文化得以延续至今。特别是在祖先的荫护下，在对祖先的追忆中，不断强化着集团的社会认同。在中国大陆特别是近30年来，作为“传统”的社会组织的宗族以及同姓团体，以祖先为中心，所表现出来的行为和礼仪出现了复兴甚至被重新创造的趋势。①

而对于像中国汉族社会血缘关系模糊、仅仅依靠祖先的象征力量持续下来的同姓结合团体来说，祖先的力量对于社会关系的维持在一定程度上甚至超过了血缘关系清晰的社会集团，如宗族、家族等。除通过对祖先的祭祀之外，联结他们的社会关系的还有非常清楚的系谱亲属关系。这一超越血缘和地缘的同姓团体，不也是借助于祖先的张力，使这一社会关系或社会组织得以延续吗？传统与现代的汉族社会的扩大化的联宗组织以及同姓结合团体，就是具体的反映。②

中国社会得以延续的第二个重要基础表现在亲子感情之中，即最能突出表现中国社会传统精神文化的是亲子反馈模式。这不仅是延续中国文化的道德规范，更成为强化中国纵式社会并延续至今的关键。从个人到家庭，再扩展到家族的结构体系中，纵向的反哺模式事实上也外推到中国人的日常生活世界和对国家的想象中去，逐渐建构起一种以家庭成员之间的血缘关系为依据来确定人与人关系及其衍生的规范、观念和价值的知识体系。

儒家伦理也是社会延续的另一个重要保障。中国的家观念是与儒家的伦理紧密联系在一起的。儒家伦理道德在本质上就是家族的

① 麻国庆：《宗族的复兴与人群结合——以闽北樟湖镇的田野调查为中心》，《社会学研究》2000年第6期。

② 麻国庆：《祖先的张力：流动的同姓集团与社会记忆》，载《事件·记忆·叙述》，浙江人民出版社，2004。

伦理孝道，为个人与个人、家庭与家庭、社会与社会和国家与国家之间构建起了共生之道。因此，马克斯·韦伯也在《儒教与道教》中把祖先崇拜看作汉族独立于国家干涉之外的唯一的民俗宗教，对民间社会组织的整合起着重要作用。这一理念一直到今天仍然影响着人们的文化观念和社会的结合纽带，例如，笔者调查的闽北的宗族，可以从中看到理学的传统以何种方式还在影响着当地农村的社会结构。现代社会面临剧烈变迁，经济建设和社会改革以及多元文化的冲击是现代中国社会的主题，但是最基础的社会结构仍没有变化，家庭依然是中国社会结构的最基本单位，也是观察和理解中国社会结构的最理想切入点。

## 二　从家族到民族：中华民族多元一体中的家族

历史学及中国哲学等传统学科框架内对华南及东南亚社会的研究，主要是从文化的层面来进行探讨，即汉与非汉的文化以及作为汉族主流价值观的儒家文化对周边民族的影响和渗入。在现代社会，这种以文化研究为取向的传统，强调的是儒家文化与这些国家和地区经济发展的内在关系，但常常容易忽视“社会”的概念。1988 年，费孝通先生在香港中文大学发表了著名的《中华民族多元一体格局》演讲，从中华民族整体出发来研究民族的形成和发展的历史及其规律，提出了“多元一体”这一重要概念。费孝通在这次讲演中指出，“中华民族”这个词是指在中国疆域里具有民族认同的 11 亿人民。“它所包括的 50 多个民族单位是多元，中华民族是一体，它们虽则都称‘民族’，但层次不同。”接着他进一步指出，“中华民族的主流是许许多多分散独立的民族单位，经过接触、混杂、联接和融合，同时也有分裂和消亡，形成一个你来我去，我来你去，我中有你，你中有我，而又各具个性的多元统一体”。笔者认为，多元一体理论并非单纯是关于中华民族形成和发展的理论，也非单纯是费先生关于民族研究的理论总结，而是他对中国社会研究的集大成。费先生事实上是从作为民族的社会这一角度来探讨与国家整体的关系，是其对社会和国家观的新的发展。在现代人类学研究中，“民族”有着相对明确的定义，是指具有相同文化属性的人们的共同体，文化是界定“民族”的重要标准之一。人类学对人们的共同体本质及关系的理解是一个逐步深入的过程。

民族这个单位的存在尽管看上去很明显，然而未必所有民族都拥有共同的社会组织和政治组织，而且，分散在不同地域的族群甚至都不知道与自身同一民族的族群所居住的地理范围。由于长期和相邻异民族的密切接触，某些民族中的一部分人采用了另一民族的风俗习惯，甚至连语言也随之发生了变化，但其社会组织常常不会发生很大的变化。与社会组织相比，语言、风俗习惯的文化容易变化。因此，把文化作为研究单位，也未必是有效的手段。社会人类学之所以关注社会，是因为对于比较研究来说，希望以最难变化的社会组织为研究对象。客观上，作为民族其是一个单位，然而作为社会其就未必是一个单位。因此，以民族为单位作为研究对象，如果离开其所处社会的研究，并不能达到整体上的认识。

多元一体格局，为家族研究开创了一个新的研究方法，传统上所说的中国之家族，主要言之汉人社会之家族，而作为不同民族共生的中国，家族的视角也是研究不同民族社会和文化变迁的重要视角。同时，在探讨汉族与少数民族的互动过程中家的观念和家族研究便成为一个很好的切入点。我们在调查中也发现，一些少数民族社会由于同汉族的亲缘和交融关系，已经积淀下了汉族性的社会和文化因子，甚至会发现一些在汉族现代社会中消失的东西。笔者调查的土默特蒙古族地区就是一个很好的个案。清代以后，大批华北汉族移民进入蒙古族生活的地区，对当地的社会文化产生了极大的影响，使得当地蒙古族到 20 世纪 30 年代以后在经济生活上从游牧走向农耕，在社会结构上形成与华北汉族社会结构相类似的特点，特别表现在家族、祖先祭祀等方面。人类学界经典的个案为 20 世纪 40 年代许烺光的《祖荫下》一书。这本著作成为认识中国汉族社会结构的重要窗口。但现在很多国内外研究者都提出了这样的疑问：许烺光所研究的大理西镇“民家人”（现为白族）能否代表汉族？笔者觉得这一担心没有太大的必要，因为在中国这样一个民族互动非常频繁的社会中，如果以一种所谓“纯”的观念去理解汉族的文化和社会，可能很难得到答案。而在“比汉人还汉人”的“民家人”自身的文化和社会中，由于同汉族的亲缘和交融关系，甚至有一些在汉族现代社会中已经消失的东西，仍然保留在他们的文化中。所以，对于“民家人”的研究本身，折射出一种理念，就是从“民家人”来看汉族的社会与文化。这正是从周边看中心理论的一种早期实践。从周边的视角进行研究无疑对于认识汉族家族社会结构的整体有着重要的意义。

我们在南方很多山地民族社会调查中也发现，很多宗族组织作为一个乡村社会的组织形式经过几百年的历史考验，仍然得以整合和延续下来，为其成员提供了宗族认同的基础，并在宗族认同的基础上强化了他们的民族身份认同。汉族的家族特别是宗族理念在很多少数民族的社会文化塑造和民族认同中扮演了重要且特殊的角色。例如，汉文化影响很深的南岭民族走廊中的苗族、瑶族、壮族、侗族、畲族等少数民族社会，是一个多元文化互动的区域，其内部所体现出来的族群的互动及文化走向，也是理解中华民族多元一体格局最基础的研究单位。笔者认为，从民族社区的家族组织和文化特点，来看中华民族多元一体格局是一种有意义的分析视角。在我们调查的南岭民族走廊上的苗族、侗族、壮族甚至一些瑶族，汉族社会的文化因素潜移默化地影响着当地社会，从他们的家族观念、宗族观念及村落结构都能看到汉文化的影子。因而，对于少数民族地区的家族研究，不能简单地局限于对族群性的理解和分析，要从与汉族互动的历史过程以及地理上的区位进行综合把握。

在费孝通先生提出的中华民族多元一体格局研究中，民族走廊扮演着重要的角色，上面所说的南岭民族走廊则是费先生重点论述的三大民族走廊之一。在南岭民族走廊的人类学民族学研究中，对瑶族社会的关注较多。跨省和跨民族的结合部是这一走廊的重要特征之一。其实费孝通先生所倡导的民族走廊研究，很早就注意到多民族结合部的问题，费先生始终将各民族之间的接触、交往、联系和融合作为问题的出发点，打破行政划分和民族区别的藩篱，提出有助于当地社会发展的建设性意见。跨省结合区域的经济生活和民间网络要突破行政划分和民族区别，首先应思考省际结合部民族地区如何对民族社会产生影响。比如，位于省际结合部的城步苗族，表现出了浓郁的汉族家族文化特色，但是却保持了强烈的民族认同。而广西永福、湖南绥宁、湖南桂阳等地的蓝姓，在与城步苗族蓝姓交流、合修族谱的过程中，一些地方的蓝姓本是汉族，知道祖先所在地的蓝姓是苗族后，纷纷要求当地政府重新认定自己的民族类别，要求依据祖先所在地蓝姓的族别更改为苗族。这种依据血缘及地域认定的苗族身份，为他们广泛开展联宗活动创造了便利。这些地区的蓝姓希望改为苗族，强调的是自己群体的宗族世系和历史传统。从他们的出发点来看，他们起初只是希望和祖居地的同姓家门拥有一样的民族身份，这样彼此沟通协调起来更为便利。但是慢慢地，他们希望在各方面得到政府更多的重视，开始强调自己是有特殊政治利益的群体，在实际操作方面体现为落实政府对少数民族的各项优惠政策。

笔者曾于1989年9月带领学生对广东阳春县一个瑶族村落进行了一个多月的田野调查，发现当地瑶民虽然有着强烈的民族认同，但该地的家族、宗族组织却和汉族社会相差不大。在族群认同、文化认同方面却与当地的客家人有着明显的“我们”与“他们”的区别。由于历史原因，他们在填写民族时一直都填成汉族，但当地人都知道他们的身份。1989年2月，经过瑶民的多方努力，加上广东省民委的民族识别，他们才被正式确认为瑶族。当然，我们也不排除位于汉族社会周边的少数民族聚落，村民虽然有着强烈的族群意识，但在很多仪式上试图通过文化和结构上和汉族的相似性来确定自己在中华世界中的位置，表明自己在中华世界中具有某种正统性。

我们的很多个案说明，少数民族或族群具备汉族性的家族社会特点，不能仅仅看作是在强大的汉文化压力下不得不实施的一种伪装手段，而应该看作是位于周边社会的人们在中华世界中自我意识表达的一种形式。与此同时，在很多民族社会中家族“传统”的延续、复兴和创造，是人类学以及相关社会科学的一个重要领域。这里的家族传统主要指与过去历史上静态的时间概念相比，更为关注动态的变化过程中所创造出来的家族的“集体记忆”，使得宗族的认同和民族身份的认同在交互状态下得以张扬。在某种意义上可以说，正是家族社会内部结构的延续带来了民族认同的社会基础，同时家族社会内部结构的延续又在某种意义上强化了民族认同。

因此，在研究民族区域时，对特殊区域不同民族文化的理解至关重要，这关系着如何加快民族区域的经济发展和现代化进程。但一些家族观念和文化认知，也会有一些负面的影响。例如，浓厚的血缘观念使许多民族地区至今盛行《婚姻法》禁止的表兄妹婚。他们认为这样血浓于水，亲上加亲，实际上祸及后代，严重地影响了人口素质。此外，血缘观念的盛行，便利维系庞大的亲戚网络，发展家族势力，却容易与地方基层政权产生冲突等问题，还需要作进一步的研究。

因此，从人类学的角度看，家族研究是了解和认识差异的民族文化观念的重要途径，是认识区域文化的重要基础。特别是在中国这样一个多元一体的多民族国家中，只有保持“你中有我，我中有你”的整体思维，才能更好地理解家族与社会、民族、国家的关系。从这个角度来看，无论是对汉族的宗族研究，还是对少数民族的家族研究，都是一个理解多民族国家社会的重要起点。

## 三　跨国网络与全球化背景下的家族

进入 20 世纪 80 年代以来，由于东亚经济的发展，人们开始关注东亚经济圈与“儒教文化圈”的关系。例如，韩国学者金日坤教授在《儒教文化圈的秩序和经济》中指出，儒教文化的最大特征是以家族集团主义作为社会秩序，以此成为支撑“儒教文化圈”诸国经济发展的支柱。家族对于社会经济的发展以及最终实现现代化起着至关重要的作用。作为以儒家文化为基础的东亚社会，家的文化概念已经渗透到经济发展和现代化建设的各个方面。

但是即使东亚社会都接受了中国的儒学，不同的社会对于儒学的取舍和吸收的重点也不尽相同，如日本的儒教理论和中国相类似的就是特别强调儒教的家族主义传统，把“孝行”和“忠节”作为人伦的最主要的道义。但在日本，特殊的神道作为一个变量介入日本的家与国之间，更加突出了“忠”的位置，把“忠”作为最高的“德”，把“孝”附属于“忠”之下。这与中国社会把“孝”作为以血缘为基础的家或族内的一种纵式关系，而更强调“忠”作为一种对己而言的“家”外关系完全不同。所以在社会结合的本质上，日本更为突出的是集团的概念，而中国更为突出的是家族主义。

作为东亚社会的人类学研究，在以大传统的儒家文化为基础的社会中，在社会结构上却存在同异性问题。例如，家族主义与家族组织、亲属网络与社会组织、民间结社与民间宗教组织等是东亚社会中非常有特点的社会结构的组成部分。在中国、日本和韩国，都用相同的汉字表示“家”，其内容却完全不同。这就要从社会、文化因素方面探讨其各自的特征。通过区分中日家、亲戚、同族的概念异同，说明“家”的概念，并在此基础上与日本的家、宗族、村落及社会结构进行比较，进而探讨中国的家与社会和日本的异同。所以说，家族的研究也是探讨东亚社会基础的关键词。

20 世纪 80 年代以后，中国的社会开启了经济建设的新潮，家族色彩的管理体制在发展的初始阶段起到了积极的协调作用，诸如封闭的亲缘协作与开放的血缘、亲缘协作联合体等。在有的企业，以关系为基准的人情取向，成为家族化企业。中国人这种浓厚的家族观，无疑使乡镇企业的行为也打上了家的烙印。这种家族观念使人视“家业即为企业”，治家即为治厂，家法、家规、家训乃成为企业管理的信条。同时，家族作为血缘和社会的基础，成为中国社会凝聚的重要因素。海外华人的投资成为中国改革开放初期经济发展的一个重要原因，它和地缘意识、家族关系、文化相同有着密切的关系，同时和地区凝聚力、中华民族凝聚力有着不可分隔的关系。

在海外华人社会，流动与网络的复杂性导致了不同的交往方式，造成不同类型的利益争端和处理方式，反映的是区域网络的不同要素对区域多样性的作用。区域网络的复杂性决定了区域的整体性与多样性特征，而这一特征正是海外华人社会的写照。网络分析的焦点是个体和群体之间的关系，并强调个体的行为和经验。对海外华人的研究中，特别强调社会流动与网络模型，包括很多点或节点，以及将它们联系起来的横切线，这些点和线代表组织、空间和时间还有人，代表信息流、商品流和社会关系。[①] 华人的家族和地缘关系，在这一网络结构中扮演着重要的角色。这些结构性因素伴随着人们的交往活动，在跨越社区的范围内不断扩展，进而在社区之间结成一种特殊形式的网络，由于各个因素的扩展范围不同，便形成了多种网络关系相交错的复杂关系。

蒲塞·维克多曾在 1965 年出版的 *The Chinese in Southeast Asia* 一书导论中总结华人研究时说，从 20 世纪 50 年代到 60 年代，社会科学替代旧的历史或政治科学成为研究海外华人的重要方法。其研究主要集中在如下方面：海外华人的双重认同，既是中国人，也是东南亚人；城市中华人社区的资源、职业与经济活动、族群关系、华人社区结构/组织、领导与权威、学校与教育、宗教和巫术、家庭与亲属关系，进而提出关于社会与文化变迁的理论。研究还讨论了华人社会的权力问题：底层是大量华人农民与劳动力，中层是

① ［美］奈杰尔·拉波特、乔安娜·奥弗林：《社会文化人类学的关键概念》，华夏出版社，2009。

小商人和中间人，顶层是少数富翁，他们控制了乡村。此外，一些具有人类学倾向的学者，通过调查分析了海外华人社区的聚居特点：华人社区按照各种方言形成相对独立的各个社区，从同一个村子迁移来的人们组成了最小的共同体，并进一步分析了不同规模社区的各种组织形式，如会馆和秘密会社。还有学者探讨华人的崇商和崇尚家族主义以及华人的怀乡情结，并试图解释华人经济成功中的文化策略，如家族企业行为、信用及关系，为东亚发展作出文化解释，分析华人如何成为亚洲现代化的革命性力量。

从以上对华人社会的研究可以看出，人类学的海外华人研究，大多都包括被研究群体的政治、经济、社会和文化方面，其中，又以亲属关系、社会组织、同化、族群关系、移民与网络等作为中心议题。例如，作为华南侨乡家庭策略的"两头家"就是一个很好的案例。19 世纪中叶以来，一批又一批的华南侨乡男子前赴后继、离乡背井，下南洋谋生。到了 1949 年之后，由于国门关闭，很多去海外的华侨无法回到家乡，其中不少人选择了"两头家"这种特殊的家庭形式，即男人在家乡与侨居地都娶有妻子，男人居住在南洋。改革开放后，回到家乡往返于两地，对两边家庭都负有责任。"两头家"是特定历史时期的产物，随着社会政治历史条件的变化，这种特殊的家庭逐渐减少，但很多拥有"两头家"背景的人仍健在，并且"两头家"至今仍然对侨乡及海外华人产生着深远的影响。这一问题的背后，隐含着家庭本身的类型变化与特殊的政治隔阂有着直接的关系。

当然，我们应该看到，在东南亚还有很多华人社会的方言社团。了解方言社团的组织形式、发展状况、成员组成，是进入华人社会研究的基础之一。在东南亚华人社区中，组建宗亲会是相当普遍的现象。当地所建构的已不是祖籍地的宗族或家族，而是以闽南、潮州、广府、客家、海南五大方言群为基本结构的帮群社会。这样的政治与社会环境，使得脱离祖籍地行政管理系统的华人社会必须透过各社团间的"执事关联"关系来建立内部的交往通道。

在漫长的华人移民、定居过程中，东南亚各地的殖民统治者、本地原住民都对华人进行过驱逐、限制和迫害。在全球化移民的背景下，华人开始有意识地融入当地本土社会，积极在东南亚政治社会谋取自己的权益和地位。然而，如果把华人的家族、家乡意识和华人的流动置于中国人的跨国主义意识背景下思考，我们会看到，这也是作为资本主义积累新策略中的独特文化领域。

海内外中国人所形成的各种跨国网络，是华人社会经济发展的重要基础。从历史上看，最主要的是基于“三缘关系”，这就是血缘、地缘和业缘。其中地缘关系是最为重要的，这是因为地缘比血缘的范围更大，血缘常常被包含在地缘关系中，说相同方言的人们组成了同乡人集团，以及超越血缘关系的同姓集团，组成的“宗亲会”等。这些分布在世界各地的“宗亲会”，常常以“振兴中华文化”为契机，实际上逐渐成为在异国他乡的利益共同体。但在海外的华人社会，传统中国社会的集团组织与仪式行为等都发生了一些变化，如宗族组织的非血缘化与社团法人化、祭祀祖先的象征化与非宗族化、各种仪式活动的简单化等，都是一种新的文化创造或新的文化生产。在不同国家中的华侨，有各种各样的组织，如以同姓为基础组成了宗亲会、以同乡为主形成同乡会、以同行业为主形成同业会。

宗姓为宗族社会某一群人所共享的一种象征符号，但同姓并不一定源于一个祖先。500 年前是一家的说法，反映了人们的一种虚拟认同，也就是在这一前提下，宗族组织通过同姓来扩大成为可能。菲律宾的宗亲会主要是由福建人和广东人组成，其对于同宗的认同大多是拟制的宗族关系，并不断扩大宗亲关系。

在某种意义上讲，家族是研究全球化与地方化的战略概念。在全球化过程中，生产、消费和文化策略之间已相互组结为一个整体。作为全球体系中的华人，常常在文化上表现出双重的特点，即同质性与异质性的二元特点。关注全球化过程中华人的文化认同与家族、家乡观念对于中国研究和从外部世界认识中国日益重要，对于多民族的国家尤为重要。所以对文化的生产与文化认同，是在全球化背景下要进一步深化和讨论的问题。

以上笔者把家族研究通过将历时性与共时性有机结合的思考框架，在社会、文化、民族、国家与全球化的概念背景下，讨论了中国家族研究的几大突出领域，进而在此基础上试图引出家族研究对于认识中国社会和文化的方法论意义。首先，如何把静态的作为家族结构的社会研究以及与此相关的文化传统，与社会发展有机地结合起来；其次，如何把家族研究与其所处的区域社会以及全球化的关怀联系在一起，是摆在我们面前的一个重大课题。特别是在全球化背景下，超越家族的族群和民族所出现的文化生产和再造现象、跨国网络等问题，成为人类学研究的一大主题。

# 非物质文化遗产：文化的表达和文法*

## 导言

1997年联合国教科文组织（UNESCO）与摩洛哥国家委员会于6月在马拉喀什（Marrakesh）组织的“保护大众文化空间”国际咨询会上，“人类口头和非物质遗产”作为一个遗产概念正式进入联合国教科文组织的文献资料，随着时间的推移，几经推敲和斟酌，被相关国家和地区所采纳。2001年5月，联合国教科文组织宣布了首批“人类口头和非物质遗产代表作”，19项代表作获得通过，中国昆曲艺术入选。而在此期间，我国政府和学术界也紧随世界形势的变化，开展了如火如荼的抢救保护非物质文化遗产的工作。2009年9月30日，在阿联酋举行的世界非物质文化遗产政府间委员会第4次会议决定，76项遗产被列为联合国教科文组织“人类非物质文化遗产代表名录”，我国有22项入选，成为本次会议列入非遗项目最多的国家。这也充分说明我国的非物质文化遗产

* 本文原载于《学术研究》2011年第5期。

保护工作得到了国际社会的认可。总体看来，政府、学术界和人民团体在非物质文化遗产保护方面倾注了很多心血。但是，我们仍要看到，文化有着变迁和发展的过程，即使部分传统文化和民间文化列入非物质文化遗产的保护范畴，但是保护远远不如自身生命力的延续更具有长远发展的动力；且中国民间文化，特别是民俗文化，从有形的物质形态，到无形的文化形态，内容丰富、特征各异，非物质文化遗产的相关保护工作很难面面俱到、一一照应，那么这部分目前仍存留在生活空间的民俗文化该如何发展，显然是当下应该探讨的重要问题。

## 一　从“有形”到“无形”：文化遗产保护中的文化洗牌

1972 年，联合国教科文组织通过了《保护世界文化和自然遗产公约》。1976 年，世界遗产委员会成立，开始致力于世界范围内有形的物质文化遗产的保护工作。1978 年，首批遗址列入世界遗产名录。在此期间，就有会员国对保护无形的文化遗产表示了关注。然而，“非物质文化遗产”作为一个与物质文化遗产相对应的综合概念被引入 UNESCO 内部的工作机制中，也经历了长期的论证，并于 2003 年 10 月第 32 届全体大会通过《保护非物质文化遗产公约》后尘埃落定。可见，从“有形”的物质文化到“无形”的非物质文化遗产保护，其在世界遗产保护范畴内经历了一次费时较长、从认识到实践的一次文化洗牌。

在了解联合国教科文组织从“有形”物质文化遗产保护到“无形”非物质文化遗产保护的观念转变，并对非物质文化遗产保护工作有了进一步深入理解的同时，我们将目光暂时拉回到东亚国家日本。早在 1950 年日本制定的《文化财保护法》中，就综合考虑了有形文化财产和无形文化财产的保护问题。这可以说是世界范围内“无形文化遗产”保护较早在国家法律政策层面的体现和实践。在日本现今施行的《文化财保护法》中，明确将国家依法保护的文化财对象划分为有形文化财、无形文化财、民俗文化财、纪念物、文化景观和传统建造物群等六大类别。有形文化财包括建筑物、美术工艺品，如绘画雕刻工艺品、书法作品等等，无形文化财包括戏剧、音乐、传统工艺技术等。而民俗文化财也包括无形民俗文化财和有形民俗文化财。前者包括衣食住行、传统职业、信仰与传统节庆相关的民俗习惯、民俗民艺等，后者则包括无形文化财活动中使用的衣服、器物、家具等。日本学界的这种分法，显然把民俗文化财作为文化财产中非常重要的一部分。而单独将民俗文化财再次划分出“有形”和“无形”，在告诉我们一个道理，就是在民俗文化的保护过程中，如果只侧重有形或无形的文化遗产保护工作，都不可能将民间民俗文化的保护传承和发展工作做到完美，毕竟无形的技艺、岁时节庆等民俗文化往往需要有形的物质民俗作载体，才能将其完整地呈现在我们面前。而这种划分方式所带来的另一个更为客观实际的问题，就是在应对非物质文化遗产保护的大语境时，民俗文化如何发展？而它的发展实际上应该建立在“无形”的民俗文化和“有形”的民俗文化遗产共同保护的前提下。

2002 年 5 月，文化部中国艺术研究院启动了中国“口头和非物质遗产的认证、抢救、保护、开发和利用工程”。紧接着，在文化部和财政部等部门支持下，“中国民族民间文化保护工程”也于 2003 年正式得以启动，其中包括由中国民间文艺家协会倡导发起、以普查中国民间文化为重点的“中国民间文化遗产抢救工程”。这项工程计划从 2003 年到 2020 年用 17 年的时间，创建我国非物质文化遗产保护的有效机制，初步建立起比较完备的非物质文化遗产保护体系，基本实现我国非物质文化遗产保护工作的科学化、规范化和法制化。这一工程的启动和实施，标志着我国非物质文化遗产的保护，已由以往的项目性保护，开始走向全国整体性、系统性的保护阶段。但是，我们在强调非物质文化遗产保护，特别是在接受了联合国输入的“非遗”概念和实践的同时，应该结合本国文化保护和传承的基本形式，特别是我们面对自身历史悠久的传统文化和民俗文化时，一定要保持清醒的头脑。文化遗产的保护可以在概念上分为“有形”和“无形”，但是操作过程中绝不可能分得如此一青二白，二者实际上是相辅相成的，特别是反映在民俗文化上面。如果在如今的形势下，过于重视“无形”而忽视“有形”，那么这种文化洗牌显然就会失去应有的支撑力，正如古人所云“皮之不存，毛将焉附”的道理。而且传统文化和民俗文化，其实都具备一种新旧交融的特性，它们不仅代表着过去，也立足于现在，在社会发展变迁中不断调整自己，其内容和形式也在发生变化，并随着现代社会科技的进步，呈现出重新建构的新态势，这种变化出现在民俗文化的“有形”和“无形”两个层面上，事实上很难将民俗文化从“非物质”形态的文化遗产保护和“物质形态”的民俗文化遗产保护中截然切割开来。

## 二　从涵化到重构：民俗文化变迁中的抉择

文化变迁一般是由本文化内部的发展以及不同文化的接触而引发的。文化的涵化是指不同族群持续地接触一段时间后因互相传播、采接、适应和影响，而使一方或双方原有的文化体系发生大规模的变异的这样一种过程及其结果。涵化的前提条件之一就是文化接触，之二是文化传播。因为在相互持续的接触中文化传播不可避免，只有通过大量的相互传播，涵化才能最后实现。涵化强调双方长期的持续互动，双方文化的接触是全面的。另外，涵化过程无法区分涵化的主动方和被动方。最后，涵化的结果是双方在长期互动中通过双向传播或单向传播，双方或一方原有的文化体系发生大规模变迁。通常变迁先发生在文化边缘地带，然后才向文化中心推进。这种横向的文化变迁过程在文化区的纵深发展即是涵化的过程。

在中国这样一个多民族的国家，随着现代化进程的发展，少数民族的生活方式发生了很大的变迁。举例来说，广东湛江历史上属于少数民族地区，今天已经形成了融合多民族文化的多元一体的独特文化气氛。早在两千多年以前，汉代徐闻港就成为"海上丝绸之路"的始发港，现代湛江因为经济交流活动形成了独具特色的港口文化。在民俗文化与非物质文化遗产方面，很多学者从整体把握，将以湛江为中心地区的民俗纳入岭南民俗这一大的范畴中，但如果考量具体的文化事项，我们会发现湛江民俗与广府、潮汕、客家这三大民系的民俗相比，有许多独具特色的地方。在民族关系与文化涵化方面，现代湛江的主体居民是汉族，但在历史上，湛江却属于少数民族地区，在长期的历史发展过程中，汉族与各民族文化在交流中已经发生了涵化，今天以湛江为中心的地区，已经形成了多元民族文化交融的局面。

文化在世代传递的连续性基础上不断容纳和增添新的文化特质或要素，一种文化通过发明、发现或采借，使文化要素的特质日益增长和丰富，这也是一种文化的累积过程，也是人类文化发展的基本形式。这种现象类似于一种"滚雪球"现象，如今天中国的汉文化就是在"滚雪球"中，融合周边不同民族的文化，而形成的一个文化共同体。但是文化积累到一定过程，也会产生新的情况，如民俗文化在长期的稳定传承后，在面临当代社会的现代化、大众文化、商品化等诸多问题时，也会发生转变，这种转变之一就是文化重构。文化重构属于文化人类学特殊进化论的范畴，源于美国人类学家斯图尔德的"文化适应"概念。文化重构始终处于不断调适的过程中，它并不是简单剪贴式的拼凑杂糅，也不是大刀阔斧的改头换面，它是一种动态化地立足于原来文化特质上的再生产过程。

湛江有许多民俗文化，包括语言都是在中国历史上极其缺失和珍贵的文化资源。湛江的汉文化恰恰吸收了原来的少数民族文化，而形成自身特有的文化特色。其实在这一吸纳、引进过程中，必然涉及一些文化的重新建构，所以湛江地区的民俗文化才有区别于广府、潮汕等三大民系的自身特点。可见，民俗文化绝不会一成不变，在应对、适应外界环境的过程中既有传承又有重构，也有创新，在新陈代谢中不断发展。但是在对周边文化的吸纳和加工中，真正被吸收并稳定地进入民俗文化的部分永远是极其有限的，否则民俗文化就不会成为相对稳定的社会规范系统了。实际上，民俗文化的涵化和重构过程，是与整个文化系统相互适应的过程。

从非物质文化遗产保护的角度来看，民俗文化中的无形民俗文化属于非物质文化遗产的保护范畴，广大民众世代传承的人生礼仪、岁时活动、节日庆典，以及有关生产生活的其他习俗等等，都属于非物质文化遗产保护的范畴。而目前看来，类似人生礼仪、节日庆典等非物质文化和过去传统的民俗文化相比，早已发生了很大的变化。比如，中华民族端午节的习俗中有“缠五色丝”的做法，该民俗在梁·宗懔《荆楚岁时记》有记载：“（五月五日）以五彩丝系臂，名曰辟兵，令人不病瘟。又有条达等织组杂物，以相赠遗。”[①] 在20世纪八九十年代，这种习俗在北方的许多农村和城市都流传下来。一般姑母或姨母要给自己的侄儿（女）、外甥（女）送上五色丝线缠成的手镯、小葫芦等等装饰品，以避五毒，并在节后第一个下雨的日子解下，扔到水沟中让水冲走。而进入21世纪，由于医学的发达，缠五色丝线避五毒的做法在端午节却不再流行，节日现状就是民俗文化在社会发展过程中不断适应的结果。事实上，非物质文化遗产是在一种持续的构建过程中形成的，纯粹的、不受任何社会经济文化因素影响的民俗文化是不存在的。因此，非物质文化遗产的保护一定要关注“无形”的内在特征，它是一个不断调适、重构的过程，且不可用静态的目光去审视此类民俗文化的传承和保护。

---

① 宗懔：《荆楚岁时记》，岳麓书社，1986，第38页。

## 三　从传统到现代：民俗文化的调适和重构

前文化部部长孙家正在《人类口头与非物质文化遗产丛书》总序中指出："现代化进程的加快发展，在世界范围内引起各国传统文化不同程度的损毁和加速消失，这会像许多物种灭绝影响自然生态环境一样影响文化生态的平衡，而且还将束缚人类思想的创造性，制约经济的可持续发展及社会的全面进步。"[①]

民俗文化是民间社会具有代表性的文化。实施主体主要是下层民众，行为特点则是高度世俗化；尊奉着在传统中形成的道德秩序；在交往上看重亲缘、地缘等关系；文化传播方式通常是口传心授和日常生活中形成的民俗规约和惯例；因此，其本身具有较强的传统性和保守性。而民俗文化与传统文化又有着一定的联系，也存在不同。从非物质文化遗产保护的角度来看，已经和即将列入国家非物质文化遗产保护名录的内容，为数众多都是中国各地方、各民族的民俗文化。它们被认为是国家的文化瑰宝，但在全球化和市场经济大潮的冲击下却面临着失传和濒于灭绝的危机。如何保护这些民俗文化，关系到民族文脉的传承、国家软实力的提高，是我们当代文化中国建设的现实需求。尤其是广大民众世代传承的人生礼仪、岁时活动、节日庆典，以及有关生产生活的其他习俗，有关自然界和宇宙的民间传统知识和实践，传统的手工艺技能等，对于这些民俗文化的无形物质文化遗产来说，最好的方法或长久的发展之道莫过于把它们保护在基层社群之中，亦即创造、解释和不断再生产出这些民俗文化的社会环境与文化土壤。

民俗文化的"有形"形态，人们可以采用静态的方式加以保护，可以深入民间去挖掘、去收集，摆放到各种类型的博物馆中加

① 孙家正：《〈人类口头与非物质文化遗产丛书〉总序》，见王文章主编《人类口头与非物质文化遗产丛书》，浙江人民出版社，2005。

以收藏和保存，而这种静态的保护往往将有形的物质形态固化，它的生命往往止步于收藏者将其带回并妥善保管的那一刻，然后就会刻板地不再发展，成为只会诉说过去的一件藏品，这种方式显然不是文化遗产保护最有效的方式。民俗文化虽然是从传统社会中走出来的，但它也要经历一个动态的发展过程，需要在传统和现代的冲突中不断调适自身。目前，我们进入了全球化时代，随着现代化进程的加快，农村城镇化发展已经提到国民经济和社会发展日程上来。农村城镇化的发展改变了民俗文化产生的原初地理和文化空间，城镇化后的农村已经与原初意义上的农村存在很大的差别。农村城镇化进程中，周边城镇和大中城市的辐射力对农村的发展更具影响力。大中城市的城市文化和中小城镇的城镇文化会通过各种方式渗透到农村人们的日常生活中，如大众媒介、交通运输、商品交易、旅游观光等等途径。乡村的文化空间不再封闭，各种文化开始在这里汇聚、碰撞，以前所谓封闭落后的农村现在基本已经不存在。

而农村接受的现代文化中，大众文化的影响值得一提。科学技术的发达，现代化程度的提高，城市化进程的加快，西方文明的引进，都为大众文化提供了丰厚的土壤，使其在中国这块刚刚开发的土地上展现旺盛的生命力。加之在市场经济的引导下，经济效益作为其外在的推动力，大众文化的审美趣味完全以大众欣赏取向为主，在内容和价值观上也呈现一种中立化趋势，这都使得大众文化产品的内容与形式趋向某种同质化、普适性、泛众化，更易于被民众接受。而民俗文化由于地域、历史等原因形成的不同文化形态与大众文化的诸多上述特性存在很大的不同。20 世纪 90 年代至今，中国民俗文化呈现出不平衡发展的趋势十分明显。有的地方由于采用“文化搭台、经济唱戏”的做法，竭尽全力挖掘民俗文化的商业价值，又把民俗文化的发展推向了商品化的一端，这就是某些地区民俗文化得以恢复，而有些地方却在式微，出现民间文化创作断代、艺术传人断代的严峻现实。

目前我国民俗文化的保护，特别是民俗文化中的非物质形态，在当代社会文化语境下，面临着严峻的挑战。正如多米尼克·斯特里纳蒂所说："艺术和精英文化自有其地位，真正通俗的民间文化也有其地位，它起源于基层民众，是自我创造和自发的，直接反映了民众的生活与各种体验。这种本真的通俗民间文化绝不可能企望成为艺术，但是它与众不同的特色却得到了承认和尊重。由于工业化和都市化，这种情况改变了。社群和道德崩溃了，个体变成了孤独的、疏远的和失范的，他们可接受的唯一关系就是经济上的和契约性的关系。他们被同化进了一群日益没有个性的大众之中，受一种他们能得到的、替代社群和道德的唯一资源——大众媒介——摆布。在这个世界中，大众文化的传播像一种致命的能媒，使民间文化窒息，并威胁着要扼杀艺术的完整性。"①

《易经》有云：穷则变，变则通，通则达。民俗文化面对当前的态势，将如何发展，是摆在当前非物质文化遗产保护面前不可规避的现实。而且非物质文化遗产保护工作毕竟能力有限，即使做到国家、省市、地方三级联动，但对于中国丰富多彩、品类繁多的民俗文化形态来说，显然也是杯水车薪。民俗文化的发展，特别是其中无形文化形态的发展需要靠文化自身的力量，特别是要靠文化的创造和使用者——人。人和文化之间的互动才能带来文化发展的新活力。在全球化的时代，面临各种文化的大碰撞，民俗文化的保护也要站在与时俱进的角度去开展。

民俗文化在与上述所提及的各种现代文化的互动中要作出有选择性的创新与组合，就是将其中有用的内容有机地置入固有文化之中，这就是所谓的文化重构，这种重构推动了该种文化的结构重组和运作功能的革新，这种文化适应性更替当然要立足于民俗文化的根基之上，"变"或者说重构要在遵从民俗文化特质的

① 〔英〕多米尼克·斯特里纳蒂：《通俗文化理论导论》，阎嘉译，商务印书馆，2003，第15页。

前提下进行适当的选择和组合，而不是改头换面的重新来过。例如，日本的阿依奴人，在旅游的生产和文化展示中，使得阿伊奴人的认同，有意识地得以重构。从这个角度来看，阿伊奴人的整个旅游项目可以看作是民俗文化认同更大的构成性过程借助商品形式的一种展示。当然，它要向观众展示饮食节、公共化的仪式、手工艺品的程序和阿伊奴人产品，他们会有意识地组织起来，在村庄中出售这些物品，这些方式实际是将原有阿伊奴人的民俗文化解构后加以重新建构，同时又强化了族群认同。笔者曾在闽北樟湖镇[①]开展过田野考察，通过当地民间信仰艺术“赛蛇神”与“游蛇灯”体现出的社会结合特性，在形式和内容上有效地得到统一，也体现了农民群体灵活多变的生存智慧。值得注意的是，以前蛇王节主要来自民间组织，而1998年的蛇王节，政府领导参与，还专门请来其他地方文艺团体和耍蛇玩魔术的艺人进行表演，并把这一活动纳入经济开发和发展旅游业的范畴，而且大众媒体还为其作专题报道，这一民俗活动的发展显然让我们了解到文化重构的过程，也使得传统自然地融入了现代之中，成为地方社会动态的社会变迁的象征之一。

## 结　语

文化遗产的保护是一种全球性的文化保护行为方式，从“有形”到“无形”的文化遗产保护措施的推出，也是在全球化背景下，将静态的文化相对论纳入动态的文化相对观去理解非物质文化遗产保护的过程。而作为对全球化回应的动态文化相对论的把握，萨林斯提出，我们正在目睹一种大规模的结构转型过程，形成各种文化的世界文化体系、一种多元文化的文化，因为从亚马孙河热带雨林到马来西亚诸岛的人们，在加强与外部世界接触的同时，都在

① 本调查于1997年7月初到8月初，1998年8月中旬到9月中旬开展。

自觉地、认真地展示各自的文化特征[①]。这一具体的事实就是本土的或地方的文化认同、地方共同体主义以及多元民族社会的民族主义在世界不同国家和地区，出现了复苏、复兴和重构的势头。20世纪可以说是文化自觉地被传承、被发现、被创造的世纪，这一文化也是近代以来民族—国家认同的一个重要源泉。今天，不同国家、地域和民族的文化“无意识地传承”传统，常常为来自国家和民间的力量进行着有“意识地创造”，这种创造的过程，正是一种文化的生产与文化的再生产过程，实际也是一种文化重构的过程。而重构的基础，并没有脱离固有的文化传统。中国的汉族社会与少数民族社会一系列的民俗文化展示，特别是在“文化搭台、经济唱戏”口号下，将民俗文化植入旅游发展的框架中加以生产和再造，无疑也是一种文化重构的尝试和实践。总体来说，在现代化和全球化的语境下，在国家、省市政府及各种组织的大力推动下，开展非物质文化遗产保护工作时，应遵守文化遗产保护的本真性和完整性原则，强化无形文化遗产和有形文化遗产的整合性保护。而对于能够得到非物质文化遗产保护工程所庇佑的民俗文化，特别是濒临失传的无形民俗文化要加以完好保护，而对于仍然生存于社区空间的民俗文化，除借助政府的相关措施外，民俗文化的守护者、承载者和实践者，在获得自身文化认同的同时，面对现代化的撞击，还应适当进行文化的调适和重新建构，使其自身能够迸发出活力，这也是当前非物质文化遗产保护工作暨民俗文化发展策略的必由之路。

**参考文献**

1. 王文章主编《人类口头与非物质文化遗产丛书》，浙江人民出版社，

① Sahlins. M. “Goodbye to Tristes Tropes: Ethnography in the Context of Modern World History”, *Journal of Modern History*, Vol. 65, 1993, pp. 1 – 25.

2005。

2. 〔英〕多米尼克·斯特里纳蒂：《通俗文化理论导论》，阎嘉译，商务印书馆，2003。

3. 乔治·E. 马尔库斯、米开尔·M. J. 费彻尔著《作为文化批评的人类学》，王铭铭、蓝达居译，三联书店，1998。

4. 麻国庆著《走进他者的世界：文化人类学》，学苑出版社，2002。

5. Sahlins. M. "Goodby to Tristes Iropes: Ethnography in the Context of Modern World History", *The Journal of Modern History*, Vol. 65, 1993.

6. 〔日〕无形文化财保持者会编《无形文化财要览》（上、下），株式会社芸草堂，1975。

# · 三 ·

# 应用人类学与发展的困惑

# 当代中国的社会现实与应用人类学研究*

## ——中国大陆应用人类学现状评述

人类学一直存在的应用传统与中国传统文化中“经世致用”的思想相结合，使得中国的人类学一经建立就带有很强的应用特色。前辈就曾背负边区开发的使命奔赴少数民族地区，甚至还建立了边政学学科。1949 年以后学者们又参与了民族识别和民族社会历史调查等工作。从 1953 年到 1956 年，通过大规模的实地调查研究完成了民族识别工作，明确了 40 多个少数民族的族属问题，建构出了今天影响大陆社会生活各个领域的多民族框架。1956～1958 年在此基础上又展开了少数民族社会历史大调查，积累了数千万字的调查资料，并整理编写了少数民族简史、简志、自治地方概况三套丛书初稿和调查资料 300 多种，成为后来新政权落实民族政策的重要基础。但是近年来人类学界以“应用人类学”为主题进行了诸多讨论，针对应用人类学是否可以被称为“学科”产生了很多争论，尤其对于应用人类学的研究领域和研究对象，现在依然不能达成一致意见。虽然对“应用

* 本文发表于《华人应用人类学刊》第 3 卷，台湾华艺出版社，2012。

人类学”概念的理解存在分歧，但学者们基本达成了如下共识：应用人类学不在于刻意地去生产出一个基于田野分析单位的理论模型，而在于将人类学的理论和方法应用于实践，解决现实中的相关问题。

因此本文并不打算在这里梳理应用人类学在中国的学科发展史，而是回到重要的社会问题中去，对新近中国大陆的应用人类学发展现状作一个较为概括的介绍。过去30年大陆社会最主要的特征就是工业化和城市化的迅速发展，这带来大范围的人口流动，进而导致社会结合方式的松动以及传统文化的快速变迁。人口流动将城市、生态、文化甚至疾病裹挟到社会变迁的浪潮中，带来了一系列的新现象和新问题，在此基础上应用人类学得以迅速发展。流动的现象反映了作为过程的中国问题，也就是新的历史条件下中国社会如何结合起来，新的社会传统如何形成的问题。正是由于这种考虑，下面对于大陆应用人类学主要领域的介绍，集中于各个领域对流动现象以及由此带来的社会和文化问题的研究。

## 一　城市化与人口流动

一般认为中国传统的经济发展模式是“男耕女织，农工相辅”，农业与手工业是紧密结合在一起的。[①] 在此之上的居住模式以乡土为基础，并形成了以传统家族观念等一整套知识为代表的文化伦理。1950年之后，严格的户籍管理制度确立了二元的城乡格局，城市与农村之间的人口流动被严格控制。直到家庭联产承包责任制实施之后，大量闲置人口涌向城市，形成规模巨大的人口流动浪潮，这一现象也是理解当代中国社会的重要途径。2012年1月17日，国家统计局公布了2011年主要宏观经济数据，数据显示城

① 费孝通：《江村经济——中国农民的生活》，商务印书馆，2001。

镇人口69079万人，乡村人口65656万人，中国历史上城市人口第一次超过乡村。第六次全国人口普查数据显示，全国人口中有超过一亿人口常住在上海、北京、广州等十个大型城市。上述数据显示，30年间中国快速的城市化进程将数以亿计的人口从农村转移到城市，这一引人注目的现象背后，是中国社会结合方式的剧烈变化。

20世纪80年代，大陆各个地方的乡镇企业异军突起，小城镇快速发展扩张。这一背景下农村劳动力流动是通过就地转移来实现的，也就是费孝通先生提到的“离土不离乡”。乡镇企业和小城镇的发展使得农村剩余劳动力可以进入本地区的工厂和市镇，在本地域内从事非农职业，乡镇吸收了大量的农村劳动力。早在1983到1984年，由费孝通先生牵头组织对江苏11个市的小城镇进行系统调查，并结合当时中国农村正在发生的革命性变革，精辟地总结出小城镇是城乡结合的纽带。[①] 费孝通先生将小城镇视为城乡之间的人口“蓄水库”，强调通过发展乡镇企业振兴小城镇，实现地域内的人口流动，从而减轻大城市的人口压力。他提出，小城镇的发展促使“离土不离乡”与“离乡不离井”成为解决我国人口问题的两条具体途径。

自20世纪90年代中期起，中国大陆区域经济发展的不平衡性加剧，东部沿海地区和中西部地区的差距日益明显。由于乡镇企业的凋敝，“离土不离乡”的模式已经不能有效地缓解人口流动的压力，跨区域的异地转移成为主流，表现为大规模的“民工潮”，即常说的“离土又离乡”。这一时期人口流动的突出特点有：一是流动人口数量大，流动人口数量达到亿人次以上；二是方向集中，主要向发达地区城市流动，特别是流向珠三角、长三角这样的加工型工业基地成为产业工人。体制性壁垒阻止农民融入城市社会，同时

① 费孝通：《小城镇大问题》《小城镇再探索》《小城镇新开拓》，载《费孝通文集》第9卷，群言出版社，1999。

与市民对进城农民的身份性排斥作用在一起，[①] 因此农民工在迁移出去后并不预期能够在迁入地长期居住下去。这种职业与政治身份分离的人口流动并不能实现真正意义上的人口城市化。流动人口作为劳动力要素进入了市场体系，但是他们的家庭、生活、消费和理想都与此无关，往往在经济、政治、文化等方面与原住地有着紧密的联系，这里户籍制度是影响推拉的重要因素。[②] 每年春节期间广州火车站拥挤的人流反映了流动人口的周期性流动，有学者称为“人口钟摆式移动”。他们中的绝大多数都不会永远定居于城市，而是处于一个钟摆一样的过程中，即摆动在乡村社会和城市之间。[③]

也有学者从传统社会结合的结构性特征出发，侧重于从血缘、地缘和业缘等因素着手，来调查和分析外来人口的社会网络、族群认同和群体关系等问题。这类研究往往受到差序格局理论的影响，关注特定区域和行业的外来人口如何以血缘、地缘和业缘等为纽带，在城市空间内形成相互的社会认同和关系网络。[④] 王汉生等指出，“浙江村”形成了一种独特的进入城市的方式，称之为“产业—社区型进入”。不同于一般意义上的人口流动，它是带着综合性资源的经营者的流动，并在城市中形成了一个以聚居为基础的产业加工基地。这种有形的产业基础可能会随着社区的发展和人口的流动而解体，但乡土人际网络引导资金、网络、关系和人力等资源伴

---

① 卞悟：《农民流动：良性还是恶性循环》，载香港《二十一世纪》2004 年第 3 期。

② 李强：《影响中国城乡流动人口的推力与拉力因素分析》，《中国社会科学》2003 年第 1 期。

③ 周大鸣：《珠江三角洲人口移动探讨》，《社会科学战线》1990 年第 2 期；《珠江三角洲的人口移动与文化适应问题》，载阮西湖主编《都市人类学》，华夏出版社，1991，第 278 ~ 184 页；《从农民工眼中看农民工和适应过程》，载马戎、周星主编《田野工作与文化自觉》，群言出版社，1998。

④ 王春光：《社会流动与社会重构》，浙江人民出版社，1995，第 10 ~ 12 页；项飚：《社区何为：对北京流动人口聚居地的研究》，《社会学研究》1998 年第 6 期。

随着人口的流动而流动，成为传统地缘关系在新社会条件下的主要内容。与此取向相同的还有“河南村”“新疆村”等以特定居住关系和青海化隆拉面店、湖南出租车等以行业关系为切入点的研究。在这一路径下，有学者以迁移者的城市就业为基础，提出“城市版”的差序格局，认为了解社会网络的结构和功能，就能认识表面上杂乱无章的迁移就业现象。[①]

改革开放以来中国地区间、民族间经济文化、社会生活发生了极大的变化，过去相对封闭的少数民族地区出现了日益发展的族际人口互动现象，少数民族人口向东部发达地区和中心城市流动的现象也日益突出。因为其特殊的文化传统、民俗习惯和政治身份，少数民族流动人口带来的影响和问题也纳入了学界的视野。杨圣敏、何星亮等学者曾先后组织过若干城市少数民族流动人口调查，内容涉及城市中的民族村、都市流动人口的族群认同与文化适应、人口结构的变迁等问题。[②] 为了在城市中生存，少数民族流动人口往往采取不同的策略，通过民族文化资源和跨民族交往来建立适应城市的关系网络。[③] 也有学者用民族志的方法，研究城市少数民族流动人口的生存现状。[④]

进入 21 世纪以来，人口流动出现若干新的趋势，这方面的研究也转向一些新的现象和人群，其中最突出的就是对第二代农民工的研究。随着人口结构的变化，农民工主体由第一代向第二代转换，即 1980 年后出生的农村劳动力。和他们的父辈相比，第二代农民工在成长环境、价值观念、生活方式、流动动因等方面存在很大不同。他们对于城市生活有强烈的认同感，并且以不同的方式界

① 张继焦：《差序格局：从“乡村版”到“城市版”——以迁移者的城市就业为例》，《民族研究》2004 年第 6 期。

② 中国都市人类学会秘书处编《城市中的少数民族》，民族出版社，2001。

③ 张继焦：《城市的适应——迁移者的就业和创业》，商务印书馆，2004。

④ 张海洋、良警宇编《散杂居民族调查：现状与需求》，中央民族大学出版社，2006。

定自己的身份认同与归属，但是同时面临着更加尴尬的境地——既无法定居、融入城市，也无法回到父辈居住的乡村。作为社会主义新传统的二元城乡体制显然已经不再适应当前人口大规模流动的社会现实，但如果简单废除以户籍制度为核心的这一体制，第二代农民工在无法适应城市生活之后可能退无可退，这一庞大的人群将暴露在社会治理体制之外。从这个意义上讲，第二代农民工如何融入城市生活的问题，实际上指涉的是二元的城乡体制如何在新条件下调整的问题。大多数关于新生代农民工的研究都倾向于反对城乡二元结构，并将其视为现代社会的身份制，是农民工通往城市生活的人为障碍。这些研究相信新生代农村流动人口的社会认同已经发生了改变，他们的价值观念、行为模式将推动城乡关系的融合，并预期流动人口的“半城市化”。[①] 但事实上中国的农民工流动并不是农村人口向城市流动的单向过程，而一直是一个双向的流动，既有以年为周期钟摆式的长途流动，也有以农业季节为周期的短距离流动，绝大多数农民工最终会面临着返乡的问题。有学者就从新生代农民工的现实行为逻辑出发，指出不可持续的城市生活使得新生代农民工必须面对返乡这一选择。[②] 将农民工返乡作为解决这一问题的出路，实际上强调的是农村作为社会再生产和劳动力再生产的基础作用，也就是要从积极的角度去调整二元的城乡体制，而不是简单地抛弃。

此外，新的研究对于人口在流动过程中如何结合起来作出了努力。有研究者借助穆斯林传统的“哲玛提”概念，指出当今社会中清真寺、清真餐厅、家庭、学校、网络等都是“哲玛提”的存在形式，不同群体基于不同认同层次建立了“流动的精神社区”。[③] 也有

---

① 王春光：《农村流动人口的“半城市化”问题研究》，《社会学研究》2006年第5期。

② 贺雪峰：《农民工返乡研究》，山东人民出版社，2010。

③ 马强：《流动的精神社区——人类学视野下的广州穆斯林哲玛提研究》，中国社会科学出版社，2006。

研究从业缘的角度出发，研究了城市中的拾荒者、棒棒军、出租车司机等群体。[①] 都市生活中多种群体相互交往，这一过程往往就建立起新的社会关系网络，以适应陌生的城市生活。新关系网络的建立受到传统文化、乡土资源、经济机会、政治资源以及流动人口个体行为逻辑的影响，所以说农村人口向城市流动的过程不仅仅是空间上的流动，而且是在特定制度结构中发生并同时改变着这种制度结构的过程，是一个社会性因素重构的过程。费孝通先生晚年提出以社区建设来推进城市化过程，正是出于对这种重构的思考。[②] 城市里的不同群体如何被组织起来，如何既能满足居民的生活需要又能够确保城市有序运行，社区被认为在其中起到重要的作用。

## 二　生态人类学

没有去过草原的人对草原充满想象，以为那里都是“天苍苍，野茫茫，风吹草低见牛羊”，都是勒勒车和蒙古包，还要骑马上学，殊不知延续了千年的游牧传统现已被所谓的“现代化”“定居化”和“城市化”过程遮蔽乃至在有些区域面临着消失的危险。

中国是一个由多种生态环境、多种民族和多种文化所组成的国家，多元文化的共存及其与生态环境的适应成为中国社会的一大特点。林耀华先生就是运用经济文化类型理论，阐述了各个类型的特

① 张寒梅：《城市拾荒人——对一个边缘群体生存现状的思考》，贵州人民出版社，2001；李翠玲：《一个底层拾荒者社会空间的生产——以兴丰垃圾场“垃圾村”研究为例》，中山大学人类学系硕士论文，2006；田阡：《身份社区的建构——深圳攸县籍出租车司机的人类学研究》，中山大学人类学系博士论文，2007；秦洁：《都市感知与乡土性——重庆“棒棒”社会研究》，中山大学人类学系博士论文，2010。

② 费孝通：《对上海社区建设的一点思考——在“组织与体制：上海社区发展理论研讨会”上的讲话》，《社会学研究》2002 年第 4 期，第 1 ~ 6 页；费孝通：《居民自治：中国城市社区建设的新目标》，《江海学刊》2002 年第 3 期，第 15 ~ 18 页。

征和它们的地理及生态基础。[①] 具体来说，不同的经济文化类型形成不同的生态环境保护模式，表现为多元的环境观念和行为逻辑。草原生态区，主要从事的经济类型是牧业经济，各个游牧民族在长期发展过程中形成了朴素的生态意识，体现在他们四季轮牧的放牧制度和宗教文化上。[②] 森林生态区，如鄂伦春族及部分鄂温克族，因为直接依赖动物资源，所以这些民族长期以来形成了一整套关于狩猎的制度、习俗和观念。[③] 山地农耕区的民族以“刀耕火种”为主要的生计方式，他们依不同的生境特点，有不同的游耕周期，实行有秩序的林、粮轮作。[④] 生活在这一地区的众多西南少数民族就是通过他们所经营的刀耕火种农业系统，积累了丰富的地方性知识，在主动调适生存环境后获得社会的延续。[⑤]

早期的研究重视传统知识体系，特别是少数民族地方性知识体系中的生态知识。[⑥] 任何一个民族的传统文化，都是在对生存于其中的自然生态环境的适应和改造过程中创造和形成的；不同的群体孕育了不同的社会观，留下了与自然环境有关的社会表现、态度和行为模式等环境遗产。[⑦] 这些环境遗产主要表现在民间的环境知识中，主要包括对自然环境的利用、对人文环境的控制和人与自然的协调理念。因而各民族由于生存空间的特点、生活方式的不同，其对自然资源的管理利用和文化传统也就各具特色。

建立在不同生态环境之上的民族文化形成了有效的环境保护知

① 林耀华、切博克萨罗夫：《中国的经济文化类型》，见林耀华《民族学研究》，中国社会科学出版社，1985。

② 王建革：《农牧生态与传统蒙古社会》，山东人民出版社，2006。

③ 王俊敏：《狩猎经济文化类型的当代变迁》，《中央民族大学学报》（哲学社会科学版）2005年第6期。

④ 高立士：《西双版纳传统灌溉与环保研究》，云南民族出版社，1999。

⑤ 尹绍亭：《森林孕育的农耕文化——云南刀耕火种志》，云南人民出版社，1994；《人与森林——生态人类学视野中的刀耕火种》，云南教育出版社，2000。

⑥ 麻国庆：《环境研究的社会文化观》，《社会学研究》1993年第5期。

⑦ 色音：《蒙古游牧社会的变迁》，内蒙古人民出版社，1998。

识，这些知识有利于当地环境的保护并且拥有自身的传统价值，但这些传统知识都面临不同程度的冲击。随着社会的变迁与国家政策的干预，这些生态区原有的传统生产方式和价值已经发生了很大的变化，生计模式的转变对环境保护提出了新的挑战。[①] 如何在资源丰富的民族地区推进发展，同时又控制环境恶化的趋势，也就是如何处理发展与保护的关系问题成为一个学术界关注的焦点。[②]

这种挑战不仅来自民族社会自身的变迁，更主要的是在国家政策主导下，以保护环境和提高人民生活质量为目标的有计划的生态移民政策的影响。2002 年以来，已有众多的社会学人类学研究者参与到对“生态移民”的研究中来，并有了相当的学术积累。[③] 学界在对“生态移民”进行定义并概念化之后，[④] 反思生态移民政策和移民过程中暴露出来的问题已经成为相关研究的重点。[⑤] 以内蒙古草原的生态研究为例，以“沙尘暴”和持续干旱为标志的“生态危机”将传统中自在的草原社会与文化纳入了国家生态治理的框架中。随着“草畜平衡”“禁牧休牧”等政策的广泛实施，草原的“边界”固定化被进一步推进，国家在基层草原社区的治理模式也随之发生了重要的转变。定居化政策颠覆了传统的社会秩序，

① 宋蜀华：《人类学与研究中国民族生态环境和传统文化的关系》，周星、王铭铭主编《社会人类学讲演集》，天津人民出版社，1997；麻国庆：《开发、国家政策与狩猎采集民社会的生态与生计——以中国东北大小兴安岭地区的鄂伦春族为例》，《学海》2007 年第 1 期。

② 李亦园：《生态环境、文化理念与人类永续发展》，《广西民族学院学报》2004 年第 4 期。

③ 中国社会科学院民族学人类学研究所：《“生态移民：实践与经验”国际研讨会论文集》，2004。中国社会科学院民族学人类学研究所：《“生态移民与环境影响评估”国际学术研讨会论文集》，2005；新吉乐图：《中国环境政策报告：生态移民——来自中、日两国学者对中国生态环境的考察》，内蒙古大学出版社，2005。

④ 包智明：《关于生态移民的定义、分类及若干问题》，《中央民族大学学报》（哲学社会科学版）2006 年第 1 期；孟琳琳、包智明：《生态移民研究综述》，《中央民族大学学报》（哲学社会科学版）2004 年第 6 期。

⑤ 任国英：《内蒙古鄂托克旗生态移民的人类学思考》，《黑龙江民族丛刊》2005 年第 5 期。

牧民从世世代代的生计模式中被释放出来，却无处可去。新的社会结合往往受到传统组织和行政治理的双重影响，牧民文化传统中的价值观念、文化伦理正经受着新的改造。

实际上20世纪80年代草畜承包制度和市场机制引入后，内蒙古草原就发生了剧变，蒙古族牧民“牧业惯习”在新条件下断裂、延续和再造。一方面，传统的惯习不是一成不变的，新的制度文化型塑了他们新的惯习，改变了他们原来对于环境的感知和实践方式。另一方面，惯习也具有延续的特性，主导人们对于新制度文化的实践。外来的政策或市场制度被引入一个按传统规范管理着的草场之后，该社区内在的社会关系并不会挥之即去，对承包到户政策的抵制往往与传统放牧方式结合在一起。传统惯习在动态历史过程中与当代生活世界产生整体关联，实现一种“矛盾的栖居”。[①] 一方面，牧民出于社区共有的传统和生计习惯，如倒场轮牧习惯，保持草场的公共管理；另一方面是当今的国家政策等要求他们“明晰产权”，将草场承包到户，其结果就是使共有地的情况变得更糟糕。[②] 对这种混乱局面下牧民社会的再结合，部分学者重视地方性知识与实践的叙述与描写，强调地方知识与实践的相对自主性与能动性。[③]

生态移民政策在社区的实践本身也可以看作社会的再组织过程，牧民、狩猎民、农业人口在国家力量的挤压下进入同一空间。国家权力深入地方社区的过程，是国家权力将传统族群纳入现代化进程中的过程。国家主义下的生态移民作为话语事件，本身就蕴含了国家利益与地方利益，中央政府与地方政府、环境价值与发展利益等不同层面关系结构的张力。而它的实施过程是中央政府、地方政府、龙头企业、民族组织等多元行动主体的互动

① 张雯：《剧变的草原与牧民的栖居——一项来自内蒙古的环境人类学研究》，《开放时代》2010年第11期。

② 朱晓阳：《语言混乱与草原“共有地”》，《西北民族研究》2007年第1期。

③ 阿拉腾：《文化的变迁——一个嘎查的故事》，民族出版社，2006。

过程。[①] 少数民族的生活、生产方式一旦因各种政策发生改变，它所特有的文化精髓也将逐渐与其他文化混血，甚至消亡。在强调保护自然生态环境的同时，人类自身的原生态民族生活方式、人类文化甚至种族自身的多样性也应该加以保护，而不是盲目推崇国家主义下的生态移民。

## 三　旅游人类学

国内关于旅游的研究，始于20世纪80年代，因为随着经济的快速发展和人口流动的日益频繁，旅游业在全国以超常的速度发展起来。由于旅游发展的现实意义，学者们最早关注的是旅游作为一种发展方式的经济影响。正是基于国内人类学、民族学对于少数民族文化与汉族传统历史文化的积累，有学者呼吁应该调整视角，让文化人类学介入旅游资源的开发。[②] 学术界广泛注意到旅游发展对当地经济的推动作用，并将其看作民族地区走出贫困的有效途径。[③] 与此同时，国外旅游人类学的发展陆续被介绍到国内，国内的相关研究也逐渐形成了相对集中的旨趣。1999年在昆明举办了“人类学与中国社会”国际学术讨论会，与会者对“旅游与中国社会”“民族旅游与旅游民族”“旅游与身份认同”“民族文化的保存”等旅游人类学所关注的热点问题进行了较为系统的探讨，并出版了《旅游、人类学与中国社会》一书。[④]

丰厚的旅游资源和历史文化积淀往往成为拉动一方经济的重要

---

① 荀丽丽、包智明：《政府动员型环境政策及其地方实践——关于内蒙古S旗生态移民的社会学分析》，《中国社会科学》2007年第5期。

② 黄惠焜：《调整视角——让文化人类学积极介入云南旅游资源的开发》，《云南民族学院学报》（哲学社会科学版）1995年第3期。

③ 杨鹤书：《试论粤北民族旅游网络的兴建与第三产业的未来》，《民族研究》1994年第6期。

④ 杨慧、陈志明、张展鸿：《旅游、人类学与中国社会》，云南大学出版社，2001。

资源，对于一些不发达的边远地区，旅游业就是一种发展手段。旅游业的发展被放到地区经济发展的重要位置，一些名不见经传的地方也开始发掘可以利用的旅游资源，以促进地区发展。于是，大小地方提出“文化搭台、经济唱戏”的口号，开展旅游文化活动的背后就是经济目的。以旅游产品研究为例子，民族特色的工艺品因其风格独特往往备受游客欢迎，特别是一些传统的手工艺品，像编织、刺绣、蜡染、剪纸等，因其地方文化内涵和独特的制作工艺而成为民族旅游产品的重要部分。[①] 在这种背景下，民族文化旅游的研究主要以旅游资源开发方面的研究最为集中，如生态旅游开发[②]、民族文化资源开发[③]、文化的产业化[④]等。这方面，彭兆荣将理论和实践结合，全面介绍了旅游人类学的知识谱系，出版了由大陆人类学者撰写的第一部旅游人类学学术专著。[⑤]

今天，在云南、海南等地，旅游业已成为重要的支柱产业之一，在独具特色的地方自然资源和文化资源基础上，开发和创造旅游文化资源成为地方旅游发展的主要策略。然而，旅游业的高速发展，一窝蜂地发展必然有其盲目性，也必然带来一系列负面影响。比如，地方文化，尤其是少数民族文化的商品化，带来了地方经济的增长，也产生了很多不可回避的问题。为了迎合游客的文化包装和展演必定会使当地的民族文化发生变迁，如民族文化的弱化、民俗的庸俗化、传统的民族文化价值观的改变。而许多地方传统的节庆活动、歌舞、礼俗商品化，也改变了当地淳朴的民风。

对于旅游与民族文化的关系研究，周星以黔东南的苗族民俗村

① 张晓萍：《从旅游人类学的视角透视云南旅游工艺品的开发》，《云南民族学院学报》（哲学社会科学版）2001 年第 5 期。

② 崔延虎：《生态决策与新疆大开发》，《民族研究》2001 年第 1 期。

③ 赵世林：《发掘澜沧江——湄公河流域的民族文化资源》，《思想战线》2001 年第 4 期。

④ 马翀炜：《民族文化的资本化运用》，《民族研究》2001 年第 1 期；马翀炜、陈庆德：《民族文化资本化》，人民出版社，2004。

⑤ 彭兆荣：《旅游人类学》，民族出版社，2004。

为个案，通过实地调查，对民族旅游文化展示的逻辑进行了讨论，即他所讲的“看什么和给看什么”，指出文化展示在主客互动过程中，其内容是一种多重力量制衡的结果。此外，他以个案为基础指出，民族文化一定程度的仪式化、表演化、世俗化和符号化主要是文化展示带来的，文化展示使得节庆及民间娱乐活动逐渐脱离、失去或淡化了原本的意义，成为游客观赏、消费的文化产品。[①] 作为商品的文化必然受到“国家”“市场”以及“地方社会”的多重影响，旅游和文化展示之间的复杂关系就表现为民族文化面临的变迁、再生、重构和适应。民族文化在旅游过程中的生产是充满机动性和富于变化的，因旅游开发而引发的民族文化变迁过程受多种因素影响，变迁过程也是极其复杂的。[②] 在这一过程中，建构是不同的文化进行交往以及不同的利益主体进行资源博弈的结果。[③] 旅游过程本质上是民族文化与主流文化和全球化文化的遭遇，以及由此而激发的文化涵化过程。这里主流文化，或者说以“国家”“市场”或“游客”为代表的市场标准形成复杂的权力关系，并与民族认同、传统文化以及社会变迁联系起来。

毋庸置疑，旅游在给当地带来经济效益的同时，也带来了很多问题，如对目的地居民价值观的影响，对传统文化的影响，对当地自然环境的影响。部分人类学者担心，旅游开发会使本土文化商业化，而后失真，甚至在“全球化”和“现代化”中消失。民族文化的“真实性”与“商品性”的讨论，主要关注旅游所导致的民族特征的改变和再创造、民族艺术的转变、主客互动交往中形成的民族刻板印象等问题。有学者以传统民族志在“实践理性”和

① 周星：《旅游产业与少数民族的文化展示》，载横山广子编《中国各民族文化的动态和有关国家的人类学研究》，日本国立民族学博物馆，2001。

② 徐赣丽：《民俗旅游与民族文化变迁——桂北壮瑶三村考察》，民族出版社，2006。

③ 马翀炜：《文化符号的建构与解读——关于哈尼族民俗旅游开发的人类学考察》，《民族研究》2006 年第 5 期。

“文化理性”原则之下对“真实性”的理解为基础，从方法上讨论“真实性”叙事的建构，从而指出当代“全球化”社会里旅游民族志认识和反映“真实性”所面临的情形与困境。[①] 把文化置于旅游体系中时，文化的生产、消费和文化策略已成为一个整体，人们主动或被动地利用原有的文化资源和新的文化创造来展示各自的文化特征，形成一种“文化 + 文化”的现象。在这个意义上，旅游地区的民族文化在生产和消费过程中，对于该民族群众、游客和政府而言可能有不同的“真实性”，因为他们在旅游市场上占据不同的位置。

随着旅游人类学的发展，旅游开发与社区建设的联系和互动，旅游的可持续发展问题等都进入学者们的视野。这种可持续发展应该包含两方面，一方面是民族文化和文化遗产的保护与发展，即如何加强传统民族文化的延续能力，使传统文明真正融入现代生活之中并得到积极传承。另一方面是旅游社区的可持续发展，即所在地社区如何参与旅游决策、规划和发展的各个阶段，进而推动旅游成为培育社区内发型发展的有效机制。[②]

笔者在 20 世纪 90 年代进入武陵山区的村寨进行调查时，还可以看到各个年龄段的少数民族人口，以及丰富完整的民族生活。但随着旅游开发的深入，民族文化逐步缩减成少数有形的工艺品和建筑，以及可表演的民族艺术或节日庆典。而且由于打工经济的盛行，许多村寨的青年人常年不在家乡，传统的社区生活大大萎缩了。这些因素综合在一起，导致大众关于少数民族的认识形成个别地区、个别民族、个别村寨和个别事项的刻板印象。对旅游点社区而言，传统的文化秩序所建构出来的仪式，反过来又维护和塑造着这一社会的文化和社会秩序。仪式的这种转换，使得传统自然地融

① 彭兆荣：《民族志视野中“真实性”的多种样态》，《中国社会科学》2006 年第 2 期。

② 孙九霞：《旅游人类学的社区旅游与社区参与》，商务印书馆，2009。

入了现代之中，成为地方社会动态的社会变迁的象征之一。传统与当下的交锋在这一动态变迁过程中表现为传统与现代交错并行的文化场景，人类学传统中争论的“共时”和“历时”被纳入一个具体的时空中，也就是文化传统与社会现实在摩擦中形成新共识的过程。人、文化、资本和游客的流动背后隐含着深刻的社会变革，旅游不仅仅作为一个新兴的经济产业，同时也是一个现代性作用下的复杂社会现象。现在旅游已经成为国民经济中举足轻重的一个产业，并导致了“黄金周”这样新的社会文化现象，它在很大程度上改变了人们的生活、休闲、迁移乃至就业，并促使产生了民族歌舞职业表演者、导游中介、民族手工艺生产者和驴友等各种新的社会群体。

## 四　医学人类学

人类学经典理论的出发点和研究命题往往来自对“自然与文化”或者说“生物属性与社会属性”的思考，人的生物属性与文化属性作为二元对立的概念，受到19世纪开始形成的人文社会科学二元框架的影响。而以身体为研究对象则在某种程度上展现了这两者的统一，身体通过仪式从自然属性向文化属性转化的过程，是人、自然与社会文化相整合的途径。比如，很多文化都以种、骨、血等来做社会性别、亲属关系、文化象征等方面的隐喻，这里中国以阴阳互补为代表的传统思想是突破二元僵局的可能出路。阴阳推动了整个宇宙，展现了平衡和共鸣，与西方那种绝对二分、不可调和的身体观大不相同。在中医看来，个体的健康取决于自然世界的平衡，而每个器官的健康状况则取决于它和其他器官之间的关系。从这个意义上讲，身体的疾病不是一个孤立的生物现象，它展示了个体的心、身与社会、文化和政治对于健康和病痛交流。所以身体以及相关的疾病、医疗和公共卫生的研究在中国是人类学文化研究传统与社会研究传统的重要结合点，同时也是国家与社会研究框架的连接点之一。

人类学在这一领域的应用主要集中在医学人类学，学者们在介绍国外研究的过程中结合中国不断变化的社会现实和多民族背景，使得这方面的研究具有丰富的多样性。20 世纪 80 年代中期，中国人类学学会编辑了《医学人类学论文集》，这一领域的研究正式进入了学界的视野。[①] 美国人类学家凯博文（Arthur Kleinman）曾就神经症研究同杨德森展开讨论，[②] 引起国内外学者的广泛关注，推动了学术界开始反思“疾患”与“疾病”之间的关系，以及从医学人类学独特的研究视角中获得关于社会文化的诸多启发。20 世纪 90 年代后，相关学者开始在田野调查基础上进行本土化的实证研究，特别是针对传统民族医学和公共卫生问题开展了田野调查。

疾病和身体的体验是人们通过自身的文化产生的知识，人们对病因的解释以及对此作出的反应因文化而异，每一种世界观都会衍生出一套观念，并产生相应的治疗方法。对于中医和民族医学的研究正是从医学与文化的视角出发，将一个文化系统的信仰、价值与习俗视之为疾病与治疗的基本因素，从而从文化的角度向西来的生化医疗模式提出挑战和进行补充。这种文化多样性的体现，一方面集中在对藏医、蒙医、傣医等民族医学的收集和整理；另一方面表现为学者们对信仰与治疗仪式的研究，如对萨满和安代仪式功能的分析，[③] 对彝族毕摩和苏尼参与医疗实践的调查等。[④] 这种多元性不仅与复杂的民族文化格局有关，也受到当代社会变革

---

① 中国人类学学会编《医学人类学论文集》，重庆出版社，1986。

② 杨德森、肖水源：《神经症研究中的几个理论问题》，《上海精神医学》1994 年第 3 期，第 173 ~ 179 页；凯博文：《对“神经症研究中几个理论问题”的评论》，《上海精神医学》1994 年第 3 期，第 179 ~ 181 页。

③ 乌仁其其格：《蒙古族萨满医疗的医学人类学阐释》，内蒙古人民出版社，2009。

④ 刘小幸：《彝族医疗保健——一个观察巫术与科学的窗口》，云南人民出版社，2007。

的深刻影响。[①] 在地方民族医疗体系中，人们往往都会有两种以上的治疗选择，而决定治疗行为的过程又和国家医疗体系、地方民间信仰、文化传统乃至民族交流联系在一起。

伴随着中国社会的快速转型，人口流动成为突出的社会现象，进而带来重大传染性疾病，诸如艾滋病、非典型肺炎、禽流感等相继在全国范围的爆发流行，促使人类学界加入对疾病问题的研究，探讨疾病背后的社会、文化因素。医学人类学通过独特的研究视角和方法在调查研究传染性疾病问题上取得了丰富的研究成果，一些研究成果对防治疾病的流行和目标人群的高风险行为起到了积极作用，也有学者根据这些研究展开实际的参与介入。由于中国社会对于艾滋病传播的关注日益提高，也是因为政府和基金会投入了大量资源，对艾滋病问题的应用研究可谓首屈一指。景军的研究集中于艾滋病在流动人口中的传播、血液买卖和青少年吸毒问题。他利用泰坦尼克沉船事件说明社会等级、风险差异与伤害程度之间有着密切的关联，也就是说，社会地位越低的人在客观意义上受伤害的风险越大。他称之为“泰坦尼克定律”，并用这个框架来分析艾滋病在中国流行的风险，指出中国艾滋病流行的实际风险和风险认知都带有深深的社会阶层烙印。[②] 翁乃群的调查范围涉及云南以及河南、新疆等艾滋病传播较为严重的村落，指出艾滋病的蔓延暗示着社会的不平等以及社会变迁与社会文化制度不相协调的问题。他在实地研究的基础上提出，艾滋病或性病在中国的传播表现为时空上的不平衡，往往是与海洛因、性、血液及其制品的流动以及一系列特定的政治经济与社会文化制度交织在一起的。[③] 此外，还有邵京

① 麻国庆：《狩猎民族的定居与自立——中国东北鄂伦春族的“进步”与“文明”》，载东京都立大学人文学部《人文学报》2003 年 3 月（社会学 37 号）。

② 景军：《泰坦尼克定律：中国艾滋病风险分析》，《社会学研究》2006 年第 5 期。

③ 翁乃群、杜娟、金黎燕、侯红蕊：《海洛因、性、血液及其制品的流动与艾滋病、性病的传播》，《民族研究》2004 年第 6 期，第 40 ~ 49 页。

等学者致力于探讨导致艾滋病传播的经济文化背景。公共卫生问题的日益突出是与社会组织方式的快速变迁联系在一起的，人们为了追求经济机会而大规模地流动，这就导致传统的社会结合关系，以及建立在这种关系基础上的道德、规范和行为模式发生了巨大变化。这种变化导致脱离传统规范约束的社会行为成为突出的社会风险和问题，而个体也失去了旧有的屏障，直接暴露在这些风险之下。

相应地，有学者就思考如何以传统的或者说原来的社会关系及规范作为资源，以此来推动现代社会的再组织，从而对艾滋病传播等公共卫生问题进行介入和干预。庄孔韶及其团队拍摄了影视人类学作品《虎日》，关注小凉山彝族地区的民间仪式戒毒，发现用习惯法、家族组织、道德力量和信仰等民间文化的力量，可以有效地控制生物性疾病。也正是因为他们指出社会、文化和现代医疗诸种合力才有可能有效地解决问题，该片被卫生部评为艾滋病防治最佳实践片。他所提出的“虎日模式”，也被认为是目前亚洲地区最成功的戒毒实践之一。人类学方法在此的特殊价值就在于，积极探索地方文化的特殊性，摸索如何利用地方文化资源在具有不同社会文化背景的高危社区建立艾滋病控制的有效机制。此外，有学者通过分析浙江海宁地区应对禽流感的行动策略，讨论地方社会在抵抗瘟疫传播过程中如何将当地传统的“调适性智慧”与现代防疫知识结合起来。[①]

在上边这两大领域之外，也有学者就一些新出现的社会现象展开了讨论。例如：从社会制度、文化传统、全球化与地方化的演变过程与特性中探讨转基因技术的本土反应和消费者的处境；[②] 有学

---

① 潘天舒、张乐天：《流行病瘟疫与集体生存意识：关于海宁地区应对禽流感威胁的文化人类学考察》，《社会》2007 年第 4 期，第 34～47 页。

② 郭于华：《透视转基因：一项社会人类学视角的探索》，《中国社会科学》2004 年第 5 期，第 141～150 页；郭于华：《天使还是魔鬼——转基因大豆在中国的社会文化考察》，《社会学研究》2005 年第 1 期，第 84～112 页。

者关注中国农村日益增长的自杀现象，根据对华北农村妇女和老人自杀现象的调查，阐释了自杀现象背后深刻的文化、社会背景，对理解当下中国农村社会文化有重要现实意义；[①] 也有研究涉及了中国器官移植的困境及出路，以及季节性血荒和采血机构应对血荒的决策和行动。[②]

## 五 结语

虽然上文将这些研究分置于应用人类学不同的领域，但可以看出学界从不同的角度关注了同一个重要问题，也就是社会转型过程中的流动问题。这里的流动不仅仅是城市化导致的人口流动，还包括由此而引发的生态、文化、社会乃至公共卫生的问题，流动本身成为中国当前的主要社会特征。在这一趋势的作用下，人们被从传统的社会结合方式中释放出来，或者说至少是松动了传统的纽带，而传统的文化作为一种惯性仍然影响着当前的社会生活，但面临着巨大的变迁压力。在这一背景下，不同的群体在交往过程中不断型塑新的结合纽带，这些尝试同文化传统的适应和不适应，导致了当前的各种社会问题。复杂的流动现象将生态、心态和人文态都搅动起来，生活于这个重构的时代，人们面临一系列的矛盾、挫折和不知所措而无以寄托。社会和文化秩序的重构带来巨大的风险，不仅仅有生态危机、SARS、禽流感或者艾滋病，还有一些以谣言、流言、恐慌、族群冲突等重大突发性事件表现出来。比如，2011 年日本福岛核电站发生核泄漏事故，随后中国大陆多地出现囤盐抢盐事件，甚至还因抢盐引发踩踏事件，自然生态、人文生态和心态在这里相互影响、相互作用已经表现得很明显。

---

① 吴飞：《浮生取义——对华北某县自杀现象的文化解读》，中国人民大学出版社，2009；吴飞：《自杀作为中国问题》，三联书店，2007。

② 余成普：《作为组织问题的“血荒”：一项社会学的探究》，《开放时代》2010 年第 1 期，第 111 ~ 128 页。

这里的问题不单是社会失范的问题，还有文化传统的再造，因而就必须从社会和文化两方面来进行研究。1980 年时任美国应用人类学学会会长的辛格尔顿就指出，他之所以将马林诺夫斯基奖授予费孝通，是因为费孝通通过应用人类学和应用社会科学的研究，发展了一种新的研究模式，就是如何把社区中的经济关系和整个社会联系在一起研究。[①] 这种把社区中的经济关系和整个社会联系在一起的研究模式，其内涵就是要清晰地把握社会的构成和结构特征，强调文化传统的内在作用。[②]

“社会”和“文化”是西方人类学研究中的两大传统，在西方人类学有分离的倾向，然而费孝通先生和林耀华先生比较早就做到了两大传统的结合，这一点成为中国人类学的一大特色，也应是当前推动人类学研究的重要指引。对于传统中国社会，阶序式家的多层性和社会关系的差序格局是中国传统社会结合的基本特质，而作为文化传统的“礼”则通过整个社会历史在维持乡土社会的秩序。[③] 而对于今天的中国社会，我们又要形成怎样的认识？在这个快速变迁的时代，社会结合的松动和文化传统的失效结合在一起，成为许多社会问题的根本原因，也是研究者认识这个时代的重要依据。

---

① 辛格尔顿著《应用人类学》，蒋琦译，湖北人民出版社，1984，第 1 页。

② 麻国庆：《社会结合和文化传统——费孝通社会人类学思想述评》，《广西民族学院学报》（哲学社会科学版）2005 年第 3 期。

③ 费孝通：《乡土中国》，三联书店，1985，第 53 页。

# 谁在判断正规与非正规：多元文化中的内发型发展的思考*

面对全球化的今天，作为全球体系中的地方或族群，常常在文化上表现出双重特点，即同质性与异质性的二元特点。某种意义上全球化也带来了一种边缘性，边缘层还会不断从自己的角度进一步强化自身的认同和地方性。这一地方性甚至是族群性的认同，常常又和社会转型、经济文化的生产和再造联系在一起，即在全球化过程中，生产、消费和文化策略已相互纽结为一个整体。这一思考与后现代人类学的研究有机地结合在一起。人类学家面对这一瞬息万变的多元文化社会，开始思考“讲文化的权利到底是谁”。面对今天我们讨论的主题，自然涉及谁来确定正规和非正规，也就是说，我们讨论任何正规和非正规问题的时候，它的社会文化基础是什么？我们今天的社会存在多种社会类型。我想讨论的问题是，本身源自自身一套社会文化模式，如狩猎、游牧、农耕等，在国家政策导向与社会文化变迁的过程中，上述传统的社会类型都在发生结构性的转型，如从狩猎社会转变为农业社会，从农业社会进入工业社

* 本文最初发表在《开放时代》2011年第2期，有删改。

会。在原有社会类型中认为正规的经济方式转变成他们自身认为并非其文化传承的新的生产方式，他们自身认为是非正规，然而在国家或地方的话语里面，又认为这一转变是一种“进步”的经济方式，是正规经济的组成部分。这就促使我们去重新思考正规和非正规背后的文化逻辑，要分析不同社会类型的现状和定位。同时，要注重其内在的发展，即内发型的发展。

## 一 多种社会文化类型并存与内发型发展

多样性社会类型的存在让我联想到2000年我陪《东京新闻》记者采访费孝通先生，当记者问到费先生的经历和20世纪中国社会的基本现状时，费先生说，他这一生经历了20世纪我国社会发生深刻变化的各个时期，可以概括为两个变化和三个阶段，他称之为“三级两跳”。这段历史里，他先后经历了三种社会类型，就是农业社会、工业社会及信息社会。这里边包含着两个大的跳跃，就是从农业社会跳跃到工业社会，再从工业社会跳跃到信息社会。第一个变化是我国从传统的乡土社会开始变为一个引进机器生产的工业化社会。从这一时期开始，一直到现在，到接近他一生的最后时期，他说有幸碰到了又一个时代的新变化，即信息时代的到来，这是他所说的第二个变化，即我国从工业化走向信息化的时期。费先生的社会分类是从他个人的体验来分的，不用说这三种社会类型在今天的中国社会都是并存的。而人类学目前对于社会的分类主要为游牧、农耕、工业和信息文明。

费先生的“三级两跳”概念，其实也是要说明社会多样性和复杂性的问题。上述各种文明类型在中国都存在，我们需要关注的是，如游牧文明和农耕文明中的少数民族社会以及移居城市的少数民族或从农村进入城市的汉族，在文明的对话以及全球化的过程中，他们的政治权利、社会和文化以及生产如何？所面临的问题以何种具体方式表现出来？未来的发展方向如何？这些问题应该成为全球化时代文明对话中一个具体的研究领域，同时在讨论正规经济与非正规经济时要把这些内容纳入思考，特别是要把外发型和内发型作为参照系来考虑。

针对上述较为传统的社会类型分析，如果粗略分类的话，所谓外发型的非正规经济主要为农民在国家与资本的牵引下产生的非正规经济；而内发型的非正规经济较为突出的特点是“传统”与“地域”中的内循环经济——从自然攫取的经济、基于互惠关系的经济、基于伦理与文化的经济，当国家大刀阔斧地想将这些经济纳入视野中时，便成了“非正规经济”。我们先来讨论内发型发展的概念及内容，然后结合我的田野调查来说明不同类型社会的特点。

20 世纪 70 年代末，日本著名发展社会学家鹤见和子反思西方现代性时提出了“内发型发展论”，她在很多著作和论文中明确指出，“内发型发展论”的原型来源有两个：一个是中国的社会学家、人类学家费孝通，另一个是日本的思想家、民俗学家柳田国男。费孝通的小城镇研究、城乡发展模式、少数民族的发展与地方文化传统以及晚年的文化自觉等理论和方法中，很清楚地透射出重视“地域”“文化传统”等的理念，正是鹤见和子内发型发展论所强调的重要概念，而且费孝通开创的小城镇和城乡协调发展研究也是她构筑内发型发展论的实践事例。1989 年，鹤见和子在执教 20 年的上智大学进行了最后一次讲演，题为《内发型发展的三个事例》，她把内发型发展的特点表述为：内发型的发展是“适应于不同地域的生态体系，植根于文化遗产，按照历史的条件，参照外来的知识、技术、制度等，进行自律性的创造”。[①] 同时，她进一步分层论述，认为内发型发展、文化遗产以及广泛意义上传统的不断再造过程是非常重要的。所谓传统，主要指在某些地域或集团中，经过代代相传被继承的结构或类型。特别要强调的是，“为特定的集团的传统中体现出来的集团的智慧的累积”。传统有不同的层

① 鹤见和子著《内发的发展论的展开》，筑摩书房，1996，第 9 页。

面，第一，是意识结构的类型，主要表现为代代继承下来的思考方式、信仰体系、价值观等；第二，是代代继承下来的社会关系类型，如家族、村落、都市、城乡之间的关系结构等类型；第三，是提供像衣、食、住等所有必需物品的技术类型。[①] 可见，鹤见和子是一种由内而外而非由外而内的观点。

展开我们现在所讨论的问题，在两种发展模式下的非正规经济，一个是内在的，一个是外在的，在外发型的非正规经济中，他们在国家资本的牵引下，原有的内生型经济发展方式常被看作非正规的。而内在发展方式对于当地社会来说又是一种正规的经济发展方式。我想基于上述分类和思考来举几个不同类型社会的个案来简单说明。

## 二　狩猎、游牧与农耕

先看我所调查的原来作为典型狩猎社会的鄂伦春族。采集狩猎民社会对于一般处于所谓“工业文明”社会的人来说，是一个“与自然共生”“与地球和谐相处”，令人向往、富有想象空间的原初的社会。与农耕社会的“男耕女织”相对应，在狩猎采集社会中男女的分工以年龄、性别为基础，主要为“男猎女采”，即男子打猎，女子采集。食物的分配也相对平均。或许经济学者对于这类社会的生活感到非常苦涩，而人类学通过民族志的研究，感受到了狩猎采集社会那种牧歌式的浪漫。萨林斯就把狩猎采集民称为“原始的富裕社会”（original affluent society）。[②] 这一观点主要强调狩猎采集民并不希求食物以外的东西，而且，在那里如果有食物，他们就拥有了所希望有的一切。而这种“原始的富裕社会”在近代以来由于受国家机器的影响，故有的牧歌式的浪漫已经被来自外

① 鹤见和子著《内发的发展论的展开》，筑摩书房，1996，第29页。

② Marshall Sahlins, *Stone Age Economics* , London: Tavistock, 1974.

力的政策等所打破。而我们在第三世界所看到的狩猎民，在相当大的程度上，是受到国家政策导向的直接影响，[①] 即在国家政策的影响下，狩猎社会目前具体的生活和技术变迁，已和我们的想象相去甚远。特别是在最近几十年间，全球范围内的采集狩猎社会几乎都面临着一些共同的问题：①一些国家和地区从法律上禁止采集狩猎活动；②在一些温暖地带由于开发农田和耕地，当地的森林等资源环境受到严重破坏，猎民们失去了狩猎的家园；③有关国家和地方政府在不同时期所采取的定居化政策以及社会福利政策等，使狩猎民处于相对集中的居住区内，受到了各种政策的保护，让他们远离狩猎的地方。

鄂伦春族曾经是大兴安岭中典型的狩猎民族。在将近一个世纪的时间里，鄂伦春经济方式发生了很大的变化，特别是在 1949 年以后。如果翻开鄂伦春自治旗的有关文件和宣传稿件，我们会看到如下的表述：中华人民共和国成立后，出现了三次大的飞跃：①从以狩猎为主的原始社会向社会主义社会直接过渡；②1958 年全旗内的鄂伦春族全部实现定居，结束了游猎的生活，在定居的基础上实施有计划的狩猎和其他辅助性的经济方式（如采集、农业、牧业等）；③1996 年 1 月全旗禁猎，实行“禁猎转产”，狩猎经济从鄂伦春族的生活中彻底消失了，转变为以农牧业生产为主、结合多种经营的经济类型。鄂伦春民族也进入一个新的历史时期。这种生产方式的改变在当地看来是一次革命，是历史的“进步”。在这一进步的过程中，通过我的研究发现，他们的生态、生计问题在政策导引下发生了前所未有的变化。在这里，姑且不论狩猎采集社会的历史过程，有一点应该承认的是，这一文化常常是边缘地带的一种文化。在相当多的研究中，一直把狩猎采集民的经济生活方式置于比农耕要低的社会阶段进行分析，同时在相应的政策层面

① Senri Ethnological Monograph 4, Kazunobu Ikeya, Hunter - Gatherers and the State: Historical Ethnography of Subsistence among the Kalahari San, 2002, Japan.

也就出现了“进步”的农耕技术和“落后”的“狩猎”技术的价值判断。当他们变成农民后，又不会种地，所以后来很多汉族进来，承包他们的土地，他们自身又没有自立起来。在这个过程中出现了经济和文化上的不适应，出现了一些社会问题、文化消失等问题。在这个变化的过程中，如果不尊重地方内部的文化系统，把他们的文化系统破坏，带来的社会问题也是非常复杂的。出现了精神家园的消失，带来一种社会焦虑，原来狩猎社会的浪漫色彩，变成了没有精神寄托的社会。这里面可以看到，一种国家政策可能是非常好的，但是如果不尊重当地的理念，也会导致社会文化的不适应。

第二个是游牧社会的个案。游牧与农耕是两种不同的生产方式，它们所依据的生态体系亦不同，前者具有非常精巧的平衡（a delicate equilibrium），而后者则为一种稳定的平衡（a stable equilibrium）。具体来说，游牧是人们以文化的力量来支持并整合于被人类所改变的自然平衡生态体系结构。这是对自然环境的一种单纯适应，而农耕则以生产力的稳定与地力的持久为其特色。它能自给自足，而游牧若变成农耕其后果不堪设想，这两种生态体系在性质上有所差异。在中国的草原生态区，这一互为依托的生态体系常常被来自民族的、政治的、军事的、文化的等因素所打破，这一点在北方的沙漠草原区尤为突出，具体表现在游牧民族和农耕民族在历史上的冲突。在中国历史上，自匈奴政权与汉王朝相对峙开始，在中国北方一直有相对独立的游牧民族政权与农耕的中原王朝相对立，并在对立中发生冲突。不过，民间的往来并未受到政权的控制，大规模的汉族农耕民向游牧区域移动却是在 19 世纪末期以后。这些从事农耕的汉族农民向草原社会不断渗透，特别是在农耕结合部，导致了两种生产方式和文化的冲突。汉族在这一冲突中立住脚后，以其自身的农耕方式，在草原生态区开垦草原，迫使一部分从事游牧的蒙古族北迁或就地转化为汉族式的农民。这种大量的移民浪潮对草原社会形成了巨大的冲击。

经过数代的开垦，甚多的草原被开垦为农田，其固有的生态体系受到严重的破坏，这种以经营农业的思想来经营草原的方式一直持续到20世纪80年代。例如，笔者调查的内蒙古锡林郭勒盟白音锡勒牧场从20世纪50年代到80年代末，仅明显退化的草场就达20%以上。[①] 可见，从历史上的“移民实边”开垦草原到新中国成立后的“四滥”（滥砍、滥收、滥垦、滥采）等都对草原生态产生了巨大的影响。

看来当靠天放牧和粗放农业碰在一起是对牧场的一种重大威胁。这样的农业在这个过程中确是破坏牧业的消极因素。从事农耕的汉族移民的大量迁入，其动机一般是想通过迁移行为来改变固有的生活窘境。一系列迁移行为组成的迁移链，把迁出地与迁入地连接起来，形成一个完整的迁移系统。

这种粗放型的农业向牧区的扩张，破坏了游牧民生存的空间——草原。这一系列破坏生态平衡的因素，形成了恶性循环，引起了一般所说的“农牧矛盾”，在民族杂居地区又表现为民族矛盾。这一后果的形成，一个很重要的原因就是没有把开发与当地的社会结构和文化传统结合在一起。蒙古民族对生态适应的民间环境知识，当然不是环境问题的全部，但对这些民间的知识体系，在具体的社会经济发展过程中，要考虑其合理的内涵。事实上，在可持续发展中，人们已意识到当地民众对他们的环境问题的观点，强烈地影响着他们管理环境的方式，只有在环境计划反映当地的信念、价值和意识形态时，社区才给予支持。那种认为环境的传统知识是简单的、静止不变的观点，正在迅速发生变化，越来越多的发展项目正在利用当地的环境知识管理环境。当然，我们也不能固守在传

---

① Maguoqing, On the Social and Culture Factors Affecting the Deterioration of Grassland—The Research on Baiyinxile Pasture Farm in Xilinguole League, the Inner Mongolia Autonomous Region, Grassland Ecosystem of the Mongolia Steps: A Research Conference, November 4 - 7, 1993, The Johnson Foundation Racine, Wisconsin, USA.

统的氛围中，我们所寻求的是传统知识体系与现代科学的最佳结合点。不过，纯粹依靠知识与技能来保护环境还远远不够，还需要人们树立一定的环境伦理观和道德观。

在内蒙古生态草原变化过程中，我们还看到，当地没有实行草原家庭承包责任制以前，游牧自由，现在承包了，铁丝网圈起来，家庭内部草场又不断分隔，由于利益导致家庭内部的紧张感全部出现，草原生态遭到破坏，因为游牧不能穿越铁丝网，这些问题也和政策导引有直接的关系。所以在游牧社会出现的问题，也和我们把农区的承包理念纳入牧区有很大的关系。

在这个背景下的内在发展，针对不同地域的人所组成的集团，应该尊重他们固有的自然环境、文化遗产、男女成员的创造性，同时要关注通过与其他地域的合作实现创新，所以地域文化活动和生态应该成为关注的一个重要方面。今天生活在周边的所谓边缘群体，他们自身的自主性和发展到底在什么方面？我想举我做过的另外一个调查案例，像岭南民族走廊瑶族山地生态里面，也面临一个地域重新发展的问题，因为在这种社会里基本上没有市场，因为它比较偏僻。但是有一点，内部消费的酒每家可以制造几百公斤，养猪不会卖，因为卖猪只会得到猪腿，成本高。这种社会状况不是发展的概念，是基本的维持和原有的生存状态。你会看到，传统的类似费孝通的乡土社会的各种关系在今天表现得非常清楚，生产的互助形式普遍存在，如建房过程中，我建房你帮我，你建房我帮你，每家出多少钱，邻居怎么帮，你会看到社会交换理念是一个良性的过程。

这种个案很多，至少我们可以说，在中国边缘社会中，相对乡土性质比较稳定的社会是这样，但是这样的社会要发展，当地政府也在帮助他们发展，世界银行也进去，这个过程中，他们的发展和整体地方的关系，超越一个民族如何进入地方的整体发展理念，这是个需要考虑的问题。其发展的过程就蕴含着正规与非正规的问题。

## 三　流动的群体与社会

谈完狩猎、游牧、乡村，我们看一下城乡之间。内发型发展论把费孝通先生的城乡发展作为原点之一进行讨论，其核心是小城镇的问题。小城镇是我国城市与乡村的结合处，是事关城乡协调与统筹发展的关键点。著名社会学家费孝通先生早在1980年初即已开始倡导小城镇建设，并将之概括为“小城镇，大问题”。当时胡耀邦总书记还为他的书写了序。费先生认为，所谓的城镇化其实是一个过程，这个过程的第一步是从农业化的社会过渡到工业化的社会，就是从传统的乡土经济过渡到现代化的工业经济过程。在这个思路下，结合当时的社会现实，费先生重点将小城镇建设关注点放到了乡镇企业上。这种在集镇发展手工业和工业的路子，因为农民不需要转移到大城市而能参与到工业化过程当中，被称为“离土不离乡”。由于农民在空间上没有大规模、远距离的移动，工业化、城镇化带来的经济与社会效益能直接惠及农村。它能够有效实现城乡之间的连接，一方面在一定程度上打破了传统城乡二元结构对农民的束缚，另一方面也促进了农村经济与社会的快速发展。小城镇是城乡协调发展的蓄水池。

随着经济的快速发展，社会环境进一步宽松，尤其是市场经济逐步建立完善后，农民外出务工变得日益便捷。再加上珠江三角洲、长江三角洲等沿海地区以及大中型城市基础设施相对较好，工业、服务业发展较快，尤其是劳动密集型产业的发展，对劳动力的需求急剧上升。因此，在我国形成了一个数量庞大的农民工群体，他们当中的绝大部分人“离土”又“离乡”，使20世纪80年代形成的小城镇发展模式在一定程度上受到了挑战。在农民工流出地的广大农村，集镇的发展面临着资金、劳动力和技术缺乏的局面。再加上原有的乡镇企业在经历了快速发展过程之后，普遍进入技术革新甚至产业升级换代阶段，它们对农民工的需求下降，而对技术性人才的需求上升。正面临着“离土”又“离乡”的农民工群体，也遇上了少数民族变迁过程中的社会文化适应问题。原有的文化上正规的农业经济转变为全新的工业化社会经济，国家及全球资本和农民直接发生了对接。这是传统的乡民社会从来没有遇到的挑战。

刚才是在传统的社会类型和城乡之间展开讨论，如果应用在城市里面的话，什么是非正规经济？在广州的城中村，多元民族文化经济也是非常大的一块，特别是穆斯林经济体。这种经济体，相当于青海一个县，在广州的兰州拉面馆据说有3000多家，如果一家有三个人，这个比例就比较高了。对于这类经济体，广州市政府认为它们卫生方面不达标，会产生很多冲突，最后广州市政府建议统一化，帮助它们把这套经营方式纳入市政府体系。这虽然是一个非正式的经济规划，但政府把它们纳入城市统一管理的框架，需要一个对接的过程。

穆斯林的经济也涉及海外阿拉伯人，非洲人在广州据说有20万，包括西北来的穆斯林群体。他们在广州这个地方，经济生活之外，他们的精神生活、宗教信仰如何表达？他们的精神社区如何形成？这都面临着很大的问题。但是有一点，不同的穆斯林群体，跨越国家和民族的边界，他们可以在同一个城市里完成宗教信仰的形式。当然，这里还有其他一些研究，也会讨论广东的少数民族流动人口，如彝族可能有十几万人在东莞，他们的业余生活靠什么纽结在一起，彝族本身的生活方式如何和原来的生活方式发生连接？包括地缘关系等等。

在这个意义上，民族流动是一个非正式的过程，但是实际上，他们到了移居地之后，仍然保持着文化的传承和原有社会交往的模式。在民族的框架里面，如何重新思考国家政策和民族的发展问题？如何讨论流动过程中少数民族在大城市的精神世界和他们的经济生活之间的关系？

所以在这个意义上，所谓的正规和非正规，可能要发生很多变化，就是如何把他们的文化概念植入进去，让人感觉依托一种正规和非正规的社会基础并超越现有社会环境，进入一种新的社会环境，是如何表达出来的？移居到新的城市里面，他们固有的生活方式发生什么样的变化？非正规经济如何从文化上解释也需要我们关注。我这个想法不一定很充分，还望指正！

# 环境研究的社会文化观*

实现持续与平等的发展是人类面临的最严峻的挑战，而环境问题是发展中重要的一环。在进入20世纪70年代后，人类同环境的关系问题颇为舆论所注意，然而在学术研究中，它几乎成为自然科学的专利，社会科学研究者常常被拒之门外，甚至有些“硬科学”学者对于他们眼中的“软科学”家采取一种居高临下的态度。1977年，人与生物圈委员会觉察到自然科学在该计划内居主导地位，而社会科学则处于较弱位置这种不平衡的状况。委员会强调指出，“人文科学和社会科学在人与生物圈计划中不是孤立的成分，而是这个整体的有机组成部分”，旨在把社会科学和自然科学结合起来，研究人与环境的关系。1988年，国际高等研究机构联合会（IFIAS）、国际社会科学协会理事会（ISSC）和联合国大学（UNU）共同制定、组织、协调“全球变化中的人类因素”（HDGCP）。这是一项社会科学研究计划，旨在在1990～2000年这10年内，力求更好地了解导致全球环境变化的人类原因，并为创

---

* 本文原载于《社会学研究》1993年第5期、《国际社会科学杂志》1984年第4期。

造一个美好的未来制定适当的政策。1992年的里约热内卢会议，把全球环境问题推向了高峰。而社会学和人类学在这一研究中，显示了其特有的技能和思想。

社会学、人类学与生物学等有关自然环境的学科之间有一种相辅相成的历史关系。一方面，社会学、人类学不断借鉴生物学、生态学有关有机体发展、进化和适应的概念及方法；另一方面，其理论又是在同各种以生物学概念解释人类社会的还原主义（特别是社会达尔文主义及生态环境决定论）的不断斗争中成长起来的。从人的本质来看，一方面人类是生物性的生命之网的一个组成部分，另一方面又是独特的、典型的具有社会性的“环境”创造者；此外，人类对自然的观念实际上是每个人的具体环境——自然环境与社会环境的产物，且人与人之间存在甚大差异。基于此，在人类系统和环境系统的相互作用中，单纯的生物学、生态学等自然科学的研究，已不能完整地把握其间的关系。社会学和人类学的目的就是要通过宏观和微观的研究，对人类取得生活资料的方式，以及社会、文化及其赖以生存的资源之间的相互关系提出许多问题，并予以解决，从而纠正生态学研究者对人类所积累的社会与文化知识不闻不问的倾向。

## 一　社会结构与环境

最广义的社会结构是由社会系统所有相对稳定的特征构成的，一个行动单位要对其他单位的互动作出合理决策，就应当重视这些特征。

社会学古典理论家卡尔·马克思、涂尔干及韦伯的学术思想对自然环境的不同方面都给予了相当的重视。例如，帕森斯所出版的《马克思与恩格斯论生态学》① 把马克思与恩格斯的著作放在19世

① Parsons, H. L. (ed.), *Marx and Engels on Ecology*, Westport, Conn., Greenwood Press, 1977.

纪中叶的社会学思想和生物学思想背景下来考察，说明了自然资源问题在马克思政治经济学发展中所起的作用。涂尔干在《社会分工》及其他著作中对“社会形态学”的论述，一般认为是芝加哥学派后来发展的“人类生态学”的古典渊源。韦伯把环境因素看成是复杂的因果模式中相互作用的成分，强调环境因素并非普遍的决定性因素，只是在特定社会的某个关键历史时期可能成为重要的动因。[①] 现代的环境社会学家如卡顿、邓拉普、施奈伯格不管承认与否，其思想多少受到古典派的影响，他们的共同思想为人类中心说。施奈伯格通过提出诸如“社会—环境辩证关系”和“生产的传动机制”之类的概念，为社会学环境研究的具体化提供了重要的理论依据。[②]

生态问题与生态学问题并非一回事，生态问题是特殊的社会问题，须把其置于社会结构中予以把握。虽然生态系统中无生命的和人类之外的成分占绝对多数，然而生态系统的特点取决于作用与反作用的关系，而这种关系在很大程度上和人类有关。正如马世俊教授所言，当代若干重大社会问题，都直接或间接关系到社会体制、经济发展状况以及人类赖以生存的自然环境，进而形成社会—经济—自然复合生态系统。[③] 在这一系统中，社会组织对环境的作用是不言而喻的。

社会学和人类学对社会组织的研究积累了很多理论知识。广义上它包括人与人相互作用的各种形式，如家庭、公司、自愿团体、宗教集团、政府、教育机构、大众传播媒介、国际组织等。这种不同的组织方式对环境的影响也大不相同。

譬如，作为社会细胞的家庭，在人类学的比较研究里它有四种

---

① West, P. C., Max Weber, Human Ecology of Historical Societies, Unpublished Manuscript, School of Natural Resources, University of Michigan, 1978.

② Schnaiberg, A., *The Environment: From Surplus to Scarcity*, New York, Oxford University Press, 1980.

③ 马世俊等：《社会—经济—自然复合生态系统》，《生态学报》1984 年第 1 期。

功能：①生育子女并给予社会化；②承担经济合作的功能；③给予个人社会地位与社会角色；④提供个人亲密的人际关系。[①] 基于此，家庭在环境研究中具有一种先验的重要性。通过繁衍后代及教育子女的功能，家庭在生态学方面起着至为关键的作用。家庭社会学家传统上对文化及社会化问题的重视，加之对生态学的敏感，特别是女性对生态环境的关心，必将催生一个把环境纳入家庭社会学的新视角，诸如家庭体制的物质方面与文化方面的相互作用，家庭的经济利益与本地环境的冲突，生育观念带来的人口增长对资源的压力等。在中国传统社会，众多的家庭又组成家族或宗族，这一组织之下形成了固定的生产协作团体，对于组织群体进行水利建设、集体耕种、植树造林、防范乱垦等保护利用环境的措施甚为有效。这里也不能排除由于资源的有限性在家族之间及地域宗族之间为获取资源所发生的械斗，又在一定程度上破坏了对环境资源的整体利用。又如，社区对资源的管理，长期以来一直以集体形式进行，其方式基本上是行之有效的。一旦这种管理模式瓦解，这些地区就会发生严重的掠夺资源现象，如在中国农牧区承包后的环境退化现象日趋严重。其他诸如政府决定政策时的利弊，公司实体对利润的追求所形成的短期行为对环境的影响，以及教育、传媒等充当的角色在培养人们的环境意识方面都有举足轻重的影响。

几个世纪以来，人类成立的各种团体所拥有的实力与日俱增，而大多数组织在其存在的年代里，关切的主要是眼前的利益。在相当多的人把环境视为“公共财产”的今天，缺少为减缓环境变化而改变当前行为的动力。因此，要促成符合环境保护的集体行为并持续下去，同时要注意对个体行为进行研究并予以控制。在此基础上，我们还要考虑某一地区的资源利用、生产活动以及贸易关系等决定该地区环境变化的重要因素，以及人们对自身系统与环境系统相互作用的理想状态的主观判定的价值观研究，哪些

---

① 蔡文辉：《家庭社会学》，五南图书出版公司，1987，第12页。

价值观对环境研究的影响最大，进而树立当家意识和履行应尽的义务。

忽略贫穷问题，就很难理解环境与人的行为的关系。对于农民来说，传统的生产方式往往以生态平衡为长期稳定的特征，而农民一旦卷入市场经济，就不再关心环境保护。特别是为了维持生计，他们不得不日复一日地过度开发资源，进而促使环境也贫困化，其结果又使他们更加贫困，形成恶性循环。因此，在一定程度上贫困既是环境退化的原因，又是环境退化的结果。这类问题从人口增长、移民、资源的不合理利用、市场经济等方面去研究，定将丰富环境学的内涵。当然，我们并非认为研究具体的自然科学已经过时，恰恰相反，若没有自然科学者的科学积累，没有他们的配合，社会科学的研究也只能是蜻蜓点水而已。这里我们所强调的是要树立一种环境问题的整体观。

## 二　文化传统——民间环境知识

学者们在描述环境变化时，常常无视文化因素，我们的着重点并不在于认识文化上的差异如何影响环境，而在于怎样把对文化因素作用的考虑同环境变化相联系。在复杂多元的社会中，不同的群体孕育了各自的环境观，且留下包括全部生物因素以及与自然环境有关的社会表现、态度、构成、行为模式等环境遗产。本部分拟从文化生态的角度，对具有代表性的游牧民、山地民、农耕民三种不同生计方式的群体予以分析。

### （一）游牧民

游牧民主要生活在占世界陆地面积47%的草原，整个世界牧场养活着3000万～4000万游牧人口。在非洲南撒哈拉的牧场管理及牲畜发展中，各机构的投资、援助大多以失败而告终，人们深切地感到开发过程中需要当地人民参与，需要和当地的社会结构、文化传统相结合。[①]

在传统游牧社会，畜牧业的生产技术是生活方式的组成部分，具有其自身的质量标准。它是世世代代连续发展的产物，没有明确的体制，技术和社会文化是紧密联系在一起的。

在一般人看来，游牧民族在上苍赐予的广袤无垠的草原中生活，不存在土地意识。其实不然，游牧民对放牧草地的利用和保护甚为关心。随季节而移动，本质上就是出于对草地利用的经济选择，牧人对放牧地的选择与自然的变化紧密联系在一起，他们对于所生活的草原的草地形状、性质、草的长势、水利等具有敏锐的观察力。有经验的老人，即使在夜间骑马，用鼻子就能嗅到附近的草的种类和土质。对于外地人来说，茫茫的草原千篇一律，而牧民却认为草原上千差万别，并能清楚地区别各自的特征。内蒙古锡林郭勒草原在20世纪50年代前的较长一段时间内，牧民每年于阴历三月间，选好无风雨的日子，先在较远距离的放牧地放火，以迎接春雨期的到来，使牧草得以良好生长（50年代后，不分具体地域自身特点，取缔此种所谓的破坏草地的落后方式）。五月初，牧草开始逐渐生长发芽。此时搬回蒙古包放牧，如马500匹为一群，编成数组，30里放牧地，只够马群15日就食，然后转移他处，过30日或15日又回到原来的地方，即轮牧。一直到九月下旬十月初，水草枯竭，放牧者开始带马群回家，此时不能远牧，至十一月后赴冬营盘。其他牲畜的牧法有所不同，但季节性移动却是相同的。[②]其营盘因地势视草场来设，每处3～5户，相距数华里，一家一户以游牧为主，很少定居。“夏天到山坡，冬天到暖窝。”

此种格局及轮牧方式，有利于对草场的保护。至今牧区当地蒙古族人的放牧方式仍较多考虑草场问题。例如，笔者在锡林郭勒盟

① 《世界资源报告》（1988～1989），中国环境科学出版社，1990，第112、116页。

② 贺杨灵：《察绥蒙民经济的解剖》第二章，商务印书馆，1935。

白音锡勒牧场调查了解到，蒙古族放牧速度甚慢，700 多只羊吃一片草场（约 100 亩），3～4 小时后就赶到另一地方，而汉人常放一条直线，蒙古人称为兔子羊，后者易破坏草场。不过我们也不能否认，我国在大跃进、“文化大革命”期间在牧区常套用农区的做法，搞集中建设，有的还仿农村的样式，建立“牧民新村”，以定居多少作为衡量牧区发展的一个重要指标，这种政策由于未考虑合理安排定居点和草场的关系，其布局在多数地方不甚合理，居民点附近的草场因过牧和牲畜往来践踏过早地退化、沙化，远一点又不能利用，畜草矛盾突出。有的大面积草场退化，如在笔者调查的白音锡勒牧场，其十分场、十二分场“文化大革命”时建造了非常集中的汉区房子，周围草场也由原来的草高一米多变为现在不到一尺，很多地方沙土已露出地表。从游牧半径看，距水源和定居点越近其草场退化越严重。这是在决策过程中忽视民族文化传统又不能找到现代科学方法所致。

又如非洲的马萨依人，其唯一的收入来源是牲畜，凭借其文化制度可以保持贫瘠或半贫瘠地区的土地不受损害，其做法是在旱季将一部分土地弃置不用，使放牧地区的土地处于良好状态。[①] 在蒙藏游牧文化中，喇嘛教所呈现的因果法则、慈悲心怀，对整体性的把握、调和的原则，自然地孕育了一套人、畜、草关系的生态哲学，此种哲学又在一定程度上促使人们维持与自然的平衡。

我们也不能否认，在游牧民的文化体系中也孕育了一些不利于草原平衡的文化习惯。传统社会的蒙古族，把牲畜的数量多少视为财富、地位的象征（现在牧区出栏率低这一文化特点也是一个原因），这在一定程度上助长了超载放牧。又如，在东非，那里的游牧部落努力繁殖畜群，认为数目越多越好。在他们看来，牲口不仅供应食物，同时也是资本。牲畜成为各种社会关系活生

① 《1992 年世界发展报告》，中国财政经济出版社，1992，第 94 页。

生的象征——婚姻、友谊等各种社交活动都包括象征地交换牲畜这项内容。拥有牲畜是财富唯一的表现形式,[①] 由此加大了对环境的承载压力。

### (二) 山地民

直接依赖自然资源生存的人，最懂得环境保护。中国西南山地民的刀耕火种就是很好的例子。西南山地民据其不同的生境特点，有不同的游耕周期，不同年份周期的前提是为了保证每一个周期之后火烧地上的林木再生。例如，云南西盟佤族的火烧轮歇地周期为5年至10年不等，勐海县曼散寨布朗族旱稻火烧地明确划分出15块，每年烧一块，每块种一年便休耕。云南基诺族在游耕实践中，不同寨有不同的游耕周期，有的寨还以习惯法的形式规定下来。显然，恪守不容违反的烧荒周期习惯法，是山地民求得山林生态系统动态平衡的适应性措施，这种方式是不断调适人地关系、摆脱生态危机的有效手段。在云南山地民族中，大部分山地民族对于村寨的环境资源都是实行规划的，其规划非常注意神林、坟山、风景林、水源林、护道林、轮歇地等的合理利用。据尹绍亭先生多年的研究，云南山地民族的刀耕火种是热带、亚热带生境条件和山地民族社会经济文化发展水平的综合反映。它成为山地森林自然环境可供人类利用的比较便利和有效的生计形态，是其自身环境意识的体现。[②]

又如，费孝通教授和王同惠女士对广西瑶族的调查表明，当地每对夫妇只生两个孩子，不论男女，凡是有了两个孩子，继续受孕的胎儿就要被堕，即使没有被堕弃而出生了的婴孩，若没有别家认领，也不易逃避被溺死的命运。其限制人口的原因，在很大程度上

① 《国际社会科学杂志》（中文版）1984年第4期，第33页。
② 尹绍亭：《一个充满争议的文化生态体系——云南刀耕火种研究》，云南人民出版社，1991。

是在可耕地有限的山谷里，资源的限制是明显的。[1] 在这一文化中，严格把人口限制在一定的范围内，注意人口与环境的问题，避免了环境的破坏和沦入贫困境地。

### （三）农耕民

像汉族这种以农业为主的民族，在世界大陆上所占比例相当高。他们创造了自身的农业文化和较为丰富的生活哲学及生存逻辑。农业是直接依赖土地的，作为直接靠农业来谋生的人是黏着在土地上的。即使是从农业老家迁移到周围边地上的子弟，也总是很忠实地守着直接向土里讨生活的传统。在中国哲学中，长期探讨的三个命题即“天人合一”“知行合一”“情景合一”，其中“天人合一”是中心，就是要求解决人与整个宇宙的关系。由此产生一个共同的核心：自然界的一切都是神圣的，不可被人不适当地加以利用，人不是自然界的中心，人是自然的一部分，人必须与自然融为一体并对自然负责，就像动物、树木和河流一样，设法与环境和谐相处。汉族中盛行的择吉日出行、选风水地建房营葬，在一定程度上表现了对生态环境的认识。尽管中国农民不得不在十分恶劣的环境中耕作生息，但他们在许多地区，特别是在长江以南建立了一种与土地特点极相适应的农业制度，几千年来，农业产量一直保持相对稳定的水平。

在印度，农村妇女认识到土壤肥力与维持生活资源之间的相互依存关系，竭力阻止在一些地区开采矾土、灰石、铀等。在尼泊尔，农民和妇女把环境视为社交场所、宗教价值与公共福利三者的均衡。他们认为，生态健康的基础包含在水源周围、村庄公地和道路旁栽种榕树、菩提树和斯瓦米树这样一种建造乔帕里斯的神圣行为中。在非洲，由于耕作区正在扩大，有可能使这些地区的森林完全消灭。然而传统的非洲已为森林与农业环境相结合提供了一些实

① 费孝通：《生育制度》第十四章，天津人民出版社，1982年重印版。

例，如塞内加尔第奥族人和肯尼亚加族人的农业—森林系统。又如，布瓦族人开垦土地时把乌阿科树即木棉树保留下来，因为它是“神灵寄居之处”。直至今天，中卡萨曼斯村庄里的居民虽然基本上已是穆斯林，却无人敢于砍伐这种树，因为人们认为这种树是神灵择居之处。[①] 可见，在非洲宗教中，人与树的关系居于重要地位。

游牧民、山地民和农耕民与自然资源的社会—文化联系，并不等于环境问题的全部内容，但它给我们提供了一个视角来弄清社会及其生态系统所保持的深刻而复杂的关系。《1992 年世界发展报告》已明确指出，群众对他们的环境问题的观点，强烈地影响他们管理环境的方式，只有在环境计划中反映当地的信念、价值和意识形态时，社区才给予支持。那种认为关于环境的传统知识是简单的、静止不变的观点正在迅速变化，越来越多的发展项目正在利用当地的知识管理环境。当然，我们也不能固守在传统的氛围中，我们所寻求的是传统知识与现代科学的最佳结合点，当然在过渡时期纯粹依靠知识与技能来保护环境还远远不够，还需要人们树立一定的环境伦理观和道德观。

## 三　伦理观与环境

作为伦理的原则有两方面的含义：其一，人类对于动物、植物、其他自然资源以及其自身价值和权利的认识；其二，对于生态环境的义务，说到底是以人类共同体为基础，强调人类自身的道德因素。

我们现在当然也包括历史上不同时期的人类活动，对土地的利用，对森林、草原的开垦，说到底是基于功利主义的原则。在人类

① 参见《从西方生态危机到非洲能源危机》，《国际社会科学杂志》1991 年第 8 卷第 2 期。

变得“文明”以前，其环境在很长的时期内能比较稳定均衡地自行维持。由于人类常以对环境资源的掠夺性行为来换取暂时的舒适，这相当于在吞下自己的肝脏而庆幸得到一顿佳肴。因此，“大地伦理学”创始人莱奥波尔德主张，必须“抛弃那种认为合理的大地利用只是经济利用的传统思路，而要从伦理学和美学角度考虑什么是正当的问题，也从经济方面考虑什么是有利的问题。当一切事情趋向于维护生态群落的完整、稳定和美感时，它就是合理的，反之就是不合理的”①。

伦理的概念自身也在逐渐扩大。最初，伦理主要限定个人和个人的关系，之后突出人和社会的关系，到现代，伦理必须强调人类和土地的关系，这也是环境问题愈演愈烈的必然结果。这使伦理学扩展到人与自然关系的领域。我们应该承认，人与自然关系具有伦理道德的意义，应有一定的道德规范和行为准则约束人对自然的活动。否则，我们只能给后人留下满目疮痍的世界。站在伦理道德的角度，我们必须放弃任何“只顾今天”的哲学。我们不能否认，人类正在为昨天的愚蠢付出代价，同时也在为明天做好准备。关键问题是要知道，并且从内心感到环境的重要性，重新调整我们与环境的关系，通过多种渠道为我们的文明重新获得生态自由；反之，如果我们不根据有限的资源重新调整生活方式，超越或忽视伦理观与道德观，那人类所吞下的苦果将代代相传，最终必将使人类创造的高度文明退化和消失。

① 〔美〕莱奥波尔德：《大地伦理学概貌》，《自然信息》1990 年第 3 期，第 46 ~ 47 页。

# ·四·

# 全球化与地方社会

# 费孝通先生的第三篇文章：全球化与地方社会*

还是在1991年9月20日左右，我来到北京大学师从费先生攻读博士学位才一周多的时间，先生就带我和邱泽奇学兄赴湖南、湖北、四川三省交界处的武陵山区做苗族和土家族的调查。一上火车，费先生就对我们俩说，今天先给你们上第一节课。先生用了一个多小时的时间，给我们讲他对中国社会研究的两篇文章（少数民族和汉族的研究）的基本思路以及此次赴武陵山区的计划和思路。最后他把我们的思路引向苏联和东欧的解体以及美国的种族主义问题，他提到这种民族和宗教的冲突，将会成为20世纪末以及21世纪相当长一段时间内国际政治的焦点之一。面对这种国际背景，中国又是多元一体的多民族国家，先生特别强调人类学将发挥更加重大的作用（非常巧合的是，就在两年以后的1993年，亨廷顿发表了著名的《文明的冲突》）。这一对于全球范围内文明之间的冲突以及关系的思考，其实是费先生的第三篇文章。这第三篇文章，在思考全球范围内民族、宗教等文化因素的同时，在很大程度

* 本文原载于《开放时代》2005年第4期。

上又把他原来一直强调的两篇文章，进一步置于全球背景的框架下即全球化的范畴中予以把握。这第三篇文章，我把它归纳为全球化与地方社会。

1999 年 8 月，费先生在中华炎黄文化研究会大连学术座谈会上提出：在经济全球化背景下，多元性的文化世界怎么持续发展下去？费先生指出，这一多元性的文化世界持续下去的基础，就是要端正对异文化的态度，但同时要认清自己的文化，提倡文化自觉。这些问题也是在全球化讨论中人们所关心的焦点。

人类学家已经认识到全球化是在很多领域如文化、经济、政治、环境保护等同时出现的复杂的、多样的过程。[①] 全球化对于社会科学来说，是近年来不同领域讨论的话题。不过对于全球化这一非常复杂同时又具有魅力的历史过程，寻找同一性的定义是不可能的。与同质化、一体化甚至一元化相比，人类学更加强调的是地方化、本土化以及异质化的过程。这种认识是基于对全球范围内多样性文化的研究和积累。

那么，从文化的视角如何来看全球化呢？作为文化批评代表性的研究者、人们所熟知的霍尔（S. Hall），把全球化定义为："地球上相对分离的诸地域在单一的想象上的'空间'中，相互进行交流的过程。"[②] 全球化是以不断进行的相互交流为基础，以人们的想象力创造出"被单一化的想象空间"的文化过程为前提。这一"想象的空间"，是由全球范围内不同社会文化中不同的群体，根据所处的历史与社会背景而建构出来的一个多元的世界。以这一"想象空间"为前提的全球化与地方化以及文化认同之间的关系，是人类学所关心的热门话题。

作为对全球化回应的动态的文化相对论的把握，萨林斯提出，

---

① Jonathan Xavier Inda and Renato Rosaldo, *The Anthropology of Globalization*, Blackwell Publishers, 2002, p. 10.

② Hall, "New Cultures for Old", D. Massey and P. Jess, eds., *A Place in the World*, Oxford University Press, 1955, p. 190.

我们正在目睹一种大规模的结构转型进程：形成各种文化的世界文化体系、一种多元文化的文化，因为从亚马孙河热带雨林到马来西亚诸岛的人们，在加强与外部世界接触的同时，都在自觉地、认真地展示各自的文化特征。① 这一具体的事实就是本土的或地方的文化认同、地方共同体主义以及多元民族社会的民族主义在世界不同国家和地区，出现了复苏、复兴和重构的势头。

在现实中，全球化也带来了一种边缘性，边缘层还会不断从自己的角度进一步强化自身的认同和地方性。这一地方性甚至是族群性的认同，常常与文化的生产和再造联系在一起。

在全球化过程中，生产、消费和文化策略已相互纽结为一个整体。作为全球体系中的地域族群，常常在文化上表现出双重的特点，即同质性与异质性的二元特点。在地方社会与全球化的呼应中，特别是在信息社会，在全球体系中出现了信息消费的非均衡现象，以及信息的贫困者。不同的文化和社会如何面对信息社会，这成为人类所关心的问题。在全球化过程中，不同的文明如何共生，特别是作为世界体系的中心和边缘以及边缘中的中心与边缘的对话，越来越成为人类学所关注的领域。而“文明间对话”的基础，是要建立人类共生的“心态秩序”以及“和而不同”“美美与共”的理念。对于上述问题的关心和认识，应该是费先生人类学思想中又一个重要的领域。

## 一　技性、人性与“三级跳”

在全球化过程中，有关技术与文化之间的关系，特别是技术进步与文化合理性的讨论成为信息网络社会中经常会面对的问题。正如研究后现代文化的一些学者所指出的：“只有当文化建立在广泛

① Sahlins M.，“Goodbye to Tristes Tropes：Ethnography in the Context of Modern World History”，*The Journal of Modern History*，Vol. 1993，pp. 1－25.

规范的共同相关性、责任整体性基础上，即建立在可分的又是共同的生活意义及基本理念基础上时，文化才可能永远有生命力。文化的统一必须是‘自由的统一，是轻松而丰富的’，而不是一种强制……如果文化的统一只是通过技术和技术应用的共同性建立起来，那么，它是没有基点的统一。”①

2000年夏，日本《东京新闻》设立了专栏，采访20世纪在学术领域对世界有突出贡献的亚洲学者。费先生是作为社会学人类学的代表，接受了记者的采访。当时我陪同《东京新闻》的记者一起去拜访费先生并做翻译。当记者问到费先生的经历和现代中国社会的基本现状时，费先生提到：“我这一生经历了20世纪中国社会发生深刻变化的各个时期。可以概括为两个大变化和三个阶段，我把它称作三级跳。第一个变化是中国从一个传统性质的乡土社会开始进入一个引进西方机器生产的工业化时期。一般人所说的现代化就是指这个时期。这是我一生中最重要的一个时期，也是我从事学术工作最主要的时期，即中国的现代化过程。在这一时期我的工作是了解中国如何进入工业革命。从这一时期开始一直到现在也可以说一直到快接近我一生的最后时期，在离开这世界之前我有幸碰到了又一个时代的新变化，即信息时代的出现。这是第二个变化，即中国从工业化或现代化走向信息化的时期。就我个人而言，具体地说，我是生在传统的经济社会里面，一直是生活在走向现代化的过程中，当引进机器的工业化道路还没有完全完成时，却又进入了一个新的阶段即信息时代，以电子作为媒介来沟通信息的世界的开始。这是全世界都在开始的一大变化，现在我们还看不清楚这些变化的进程。由于技术、信息等变化太快，中国也碰到了一些问题，第一跳有的地方还没有完成，而第二跳还在进行中时，现在又在开始第三跳了。中国社会的这种深刻变化，我很高兴我在这一生里都

① 〔德〕彼得·科斯洛夫斯基：《后现代文化——技术发展的社会文化后果》，中央编译出版社，1999，第187、192页。

碰到了，但因为变化太大，我要做的认识这世界的事业也不一定能做好。因为变化很快，我的力量也有限，我只能开个头，让后来的人接下去做。这是我的一个背景。要理解我作为学者的一生，不能离开这个三级跳。”

“三级跳”虽然是费先生对自己作为学者的人生概括，但同时他又给处于现代信息社会的中国社会作了定位，并折射出应该关注这种技术进步与社会文化结构的关系。

关于这一方面的问题，其实早在20世纪40年代，费先生就对当时现代西方工业文明对中国传统手工业以及社会结构的影响等进行了非常深入的探讨。1946年，费先生在《人性和机器——中国手工业的前途》[①] 一文中提出，“如何在现代工业中恢复人和机器以及利用机器时人和人的正确关系”，强调机器和人性的协调统一，即技术和文化之间的相互关联性和和谐性问题。在当时“技术下乡”所引发的关于“人性与技性”讨论的基础上，对于技术的发展和文化的关系特别是与中国文化的关系进行了探讨。费先生在这里已经潜移默化地向我们展示出了技术的文化属性问题，即作为文化的技术和作为技术的文化之间的内在统一性问题。而人类学的理论和工具，有助于我们理解技术传播过程以及技术所导致的直接后果对不同文化群体的认知和符号意义。这种讨论上升到哲学、社会学意义上，就成为技术理性与人性之间问题的讨论。

马克斯·韦伯曾把现代理性划分为工具理性（技术理性）与价值理性（人文理性）的区别，并把人们的行动相应地分为工具合理性行动和价值合理性行动。哈贝马斯认为，科技进步使人对人的统治“合理化”、技术机制化，而工具理性所造成的极权统治现象，正是认知理性和社会领域之间病态的和非理性的关系，它只能通过对社会领域和认知旨趣的合理整合，才得以治愈。他强调人的

① 费孝通：《人性和机器——中国手工业的前途》，《费孝通选集》第3卷，群言出版社，1999。

交往行动与社会的合理性问题，认为通过交往理性可以抵制系统对生活世界的非理性的殖民。与此相关联，马尔库塞提出将理性与自由合一的自由理性概念①，特别关注人的潜能的发挥，关注人的幸福生存、权利和自由，从某种意义上可以说这一观念是在科技理性发展的基础上走向健全理性的必要环节。上述社会思想家在理论层面上对于理性的讨论，试图给我们解决技性和人性之间的矛盾问题。

在人类进入信息（资讯）社会、高科技时代的今天，“技术和文化”或“技术与人性”之间的互动关系，仍然是科技与人文的主题之一，甚至在某种程度上高科技时代会有明显的人文文化的复兴潮流。特别是在东方社会，东方文化的人文特质一定会超越技性对于人性的束缚，使得技术、文化和心性达到有机的统一。

最后，我们也不能否认，在信息时代也出现了一些非均等性的现象。以美国为例，他们拥有先进的计算机和媒体设备，通过国际竞争和联合，创造出新的具有潜力的产业。加之，英语作为一种通用的语言，是一种无形的张力，使得美国化的生活方式和消费文化首先得以在全球范围内传播。同时在现实生活中，网络的世界仅限于一部分人。而对于很多人来说，这样的世界似乎与他们无缘。他们处于边缘的地位，因此，他们不仅是网络社会的信息贫困者，而且有时也是全球化过程中的贫困者。

## 二　人类文化共生的心态观

1990 年 12 月，在日本东京以庆祝费孝通先生八十寿辰的名义召开的“东亚社会研究国际讨论会”上，费先生以《人的研究在中国》为题，发表了重要的演讲。

① 〔德〕马尔库塞著《现代文明与人的困境——马尔库塞文集》，李小兵等译，三联书店，1989，第 175 ~ 176 页。

在演讲的最后，费先生提出了一个建立人类心态秩序的问题。“在这个各种文化中塑造出来具有不同人生态度和价值观念的人们，带着思想上一直到行为上多种多样的生活样式进入了共同生活，怎样能和平共处确是已成为一个必须重视的大问题了。”[①] 他强调人类迫切需要一个共同认可和理解的价值体系，才能继续共同生存下去。1992 年 9 月在香港中文大学举办的首届“潘光旦纪念讲座”上发表的《中国城乡发展的道路——我一生的研究课题》中，他认为人类“必须建立的新秩序不仅需要一个能保证人类继续生存下去的公正的生态格局，而且还需要一个所有人类均能遂生乐业，发扬人生价值的心态秩序”[②]，以此来强调人类文化的不同价值取向在剧变的社会中如何共生的问题。费先生常常提到的“各美其美，美人之美，美美与共，天下大同”不正是建立人类生态秩序的体验吗？

1993 年，费先生在香港中文大学新亚书院座谈会上的“略谈中国社会学”发言中，又进一步强调心态的重要性。他认为人的社会有三层秩序，第一层是经济的秩序，第二层是政治上的共同契约，有共同遵守的法律，第三层是大众认同的意识。这第三层秩序就是道义的秩序，是要形成这样的一种局面：人同人相处，能彼此安心、安全、遂生、乐业，大家对自己的一生感到满意，对于别人也能乐于相处，即要有一套想法、一套观念、一套意识，费先生称它为心态。因此，“如果人们能有一个共同的心态，这种心态能够容纳各种不同的看法，那就会形成我所说的多元一体，一个认同的秩序”，“能否在整个世界也出现这样一种认同呢？……过去我们祖先所说的天下大同不过包括亚洲大陆的一部分，现在全人类五大洲能不能一起进入大同世界呢？这是社会学与人类学在 21 世纪共

① 费孝通：《中国城乡发展的道路》，北京大学社会学人类学研究所编《东亚社会研究》，北京大学出版社，1993，第 218 页。

② 费孝通：《中国城乡发展的道路》，北京大学社会学人类学研究所编《东亚社会研究》，北京大学出版社，1993，第 218 页。

同要解决的大问题”。

关于心态的研究，费先生在20世纪三四十年代的论著中已有体现。1946年，费孝通以《中国社会变迁中的文化症结》为题在伦敦大学政治经济学院对文化价值观发表了如下重要的观点：“一个团体的生活方式是这个团体对它处境的位育（在孔庙的大成殿前有一个匾上写着‘中和位育’。潘光旦先生就把这儒家中心思想的‘位育’两个字翻译为英文的adaptation，意思是指人和自然的相互迁就，以达到生活的目的）。位育是手段，生活是目的，文化是位育的设备和工具。文化中的价值体系也应当作这样看法。当然在任何文化中有些价值观念是出于人类集体生活的基础上，只要人类社会存在一日，这些价值观念的效用也存在一日。但是在任何文化中也必然有一些机制观念是用来位育暂时性的处境。处境有变，这些价值观念也会失去效用。”①

“中和位育”几个字代表了儒家的精髓。费先生提出的心态秩序的问题，又进一步强调“位育论”的问题。用费先生的解释就是“位就是安其所，育就是随其生。这不仅是个生态秩序而且是个心态秩序”②。

看来在伦敦的演讲中，费先生已经开始强调人类文化中价值观念的共同性和特殊性的问题。费先生所提出的心态层次的问题，更进一步认识到不同文化价值观念的背后隐藏着一种能够在不同文化之间互相调节、认可接收的价值体系。费先生提出的心态论，就是要在不同的价值取向中找出共同的、相互认同的文化价值取向，建立共同的心态秩序。

作为一个社会人类学家，费先生的研究并没有停留在静态的文化差异上，特别是面对站在世纪之末舞台上人类匆匆构筑能够通用

① 北京大学社会学人类学研究所编《东亚社会研究》，北京大学出版社，1993，第95页。

② 北京大学社会学人类学研究所编《东亚社会研究》，北京大学出版社，1993，207页。

的理念和价值的实态，提出了心态秩序的问题。在我看来，“心态秩序”含有两个层面的问题：第一，寻求不同的文化价值取向背后人类文化和心理的一致性；第二，在不同的文化之间寻求理解、互补、共生的逻辑。在此多元的基础上寻求文化的一体，以此来求得心态秩序的建立。

## 三　全球化中一国之内的周边民族

在全球化过程中，不同的文明如何共生，特别是作为世界体系中的中心和边缘以及边缘中的中心与边缘（如相对于世界体系西方中心的观点，中国等非西方社会处于边缘的位置。而在中国，从历史上就存在“华夷秩序”，形成了超越现代国家意义上的“中心”和“边缘”）的对话，周边民族如何才能不成为“永远的边缘民族”的话题，越来越成为人类学所关注的领域。

20 世纪可以说是文化自觉地被传承、被发现、被创造的世纪。这一文化也是近代以来民族—国家认同的一个重要源泉。在中国这样一个多民族社会中，不同文化的共生显得非常重要。事实上，在我们的理念中，又存在一种有形无形超越单一民族认同的家观念——中华民族大家庭，这个家又成为民族之间和睦相处的一种文化认同。

中国是一个统一的多民族国家，已被识别的少数民族有 55 个，少数民族的人口总数已超过 1 亿大关。中国少数民族的分布非常广泛，现有民族自治地方行政区划的面积约占全国陆地面积的 64%。由于受历史上民族间的交流、互动的影响，中国境内各民族在地理分布上形成大杂居、小聚居与散居的格局。当然，这一居住格局不是静态的结果，而是动态的历史过程，至今仍处于动态的分布和再分布过程中。

由于分布在不同地区的民族集团之间的交往和相互依存，在中国境内形成了一定的历史文化民族区，如东北和内蒙古区、西南区、西北区、中东南地区，但从生态和文化的关系上又可分为草原生态区、森林生态民族区和山地农耕生态民族区等。这些历史民族区和生态民族区之间的联系，通过民族走廊把相对独立的民族区互相沟通起来。中国著名的民族走廊主要有河西走廊、丝绸之路、长城与草原之路、半月形文化传播带、岭南走廊、藏彝民族走廊、茶马古道和南方丝绸之路等。就在这些不同民族的交错地带，从历史上就建立了经济和文化联系，久而久之，形成了具有地区特色的文化区域。人们在这些区域中，你来我往，互惠互利，形成了多元文化共生的格局。由于各民族历史上的迁移、融合、分化，在中国境内的民族形成了你中有我、我中有你的多元一体格局。

1988 年，费孝通先生在香港中文大学发表了著名的演讲《中华民族多元一体格局》，从中华民族整体出发来研究民族的形成和发展的历史及其规律，提出了“多元一体”这一重要概念。费孝通在这次讲演中指出，“中华民族”这个词是指在中国疆域里具有民族认同的 11 亿人民它所包括的 50 多个民族单位是多元，中华民族是一体，他们虽则都称民族但层次不同。他进一步指出，“中华民族作为一个自觉的民族实体，是近百年来中国和西方列强对抗中出现的，但作为一个自在的民族实体则是在几千年的历史过程中形成的。中华民族的主流是许许多多分散独立的民族单位，经过接触、混杂、联接和融合，同时也有分裂和消亡，形成一个你来我去，我来你去，我中有你，你中有我，而又各具个性的多元统一体”。我认为，多元一体理论并非单纯是关于中华民族形成和发展的理论，也非单纯是费先生关于民族研究的理论总结，而是他对中国社会研究的集大成。正如他所说：“我想利用这个机会，把一生中的一些学术成果提到国际上去讨论。这时又想到中华民族形成的问题。我自思年近 80，来日无几，如果错失时机，不能把这个课题向国际学术界提出来，对人对己都将造成不可补偿的遗憾。”因此，费先生事实上是从作为民族的社会这个角度来探讨与国家整体的关系，是其社会和国家观的新的发展。中华民族的概念本身就是国家民族的概念，而56个民族及其所属的集团是社会构成的基本单位。从另一个方面勾画出多元社会的结合和国家整合的关系，即多元和一体的关系。在多元一体格局中，汉族是各民族凝聚的核心。

中华民族是20世纪初才出现的称谓，目前中华民族既是中国各民族的总称，又是中国各民族整体认同的一种体现。翻开中国的历史，可以说是一部中国各民族的交流史。在中国历史上涌现过众多的少数民族，这些民族和汉族共同创造了中华民族的历史。早在秦汉之际，中国便已成为一个幅员辽阔的多民族国家，而汉民族也是在不同的历史时期，从点到线、从线到面，像滚雪球一样融合了许多民族成分，形成一个兼容并包的民族。当然，汉民族的这一雪球，通过文化的积累与认同，在历史的长河中，表现出特有的文化底蕴，形成了我们今天这一具有非常强的凝聚力的汉族。这一多民族的统一体，已存在了两千多年。不管是中原的汉族还是周边的少数民族政权入主中原，建立王朝，都自认为自己是中国的正统。这些朝代也都是多民族构成的国家，也都不同程度地面临着民族问题、民族政策和天下统一的问题。在中国这一沃野上，先后生息和居住过许多民族，有的民族消失了，另一些民族又成长起来。在这一历史过程中，虽然曾经出现暂时分裂割据或几个政权同时并存的局面，但都是短暂的，统一的多民族国家是中国历史发展的主流。与此同时，伴随着中国历史上各民族的多元起源与发展，不同的民族都不断发展着自己的民族传统，中国历史上民族之间固然也冲突、对抗乃至发生战争，但各民族之间的经济文化交流、借鉴、吸收和互补，促成了中国历史上各民族的共同进步和发展。民族之间的文化交流也是民族文化再创造的动力和资源，如“茶马互市”“盐茶互市”“丝绸之路”“和亲”“赵武灵王胡服骑射”“蒙古的藏传佛教”等。在这一多民族共生关系的历史进程中，形成和进一步密切了多元一体的关系，即在汉族与各周边少数民族的互动过程中，少数民族和汉族形成双向的文化交流，最终整合出今天的中华文化。这一中华文化的基础，就是中国各民族对中华民族这一共同体的认同。1840 年以后以及 20 世纪前半叶，中国这一多民族国家在抵御帝国主义的过程中，进一步强化了中华民族的凝聚意识和认同感。这一特有的凝聚意识和凝聚力也是中国多民族社会存在的基础，最终促成了中华民族的多元一体格局。

分布在中国境内各民族的经济生活一方面是各民族自身的选择结果，另一方面是各民族间互相交流的历史产物。“你中有我，我中有你”，“少数民族离不开汉族，汉族离不开少数民族”，等等，形象地反映了中国民族关系的特点，这也是多元一体格局的现实体现。这一历史文化传统正是今天民族地区共同繁荣的现实基础。

费孝通先生特别注重沿海和边远地区的发展，特别是边远地区少数民族共同繁荣的问题。他倡议并身体力行，对黄河中上游西北多民族地区、西南六江流域民族地区、南岭走廊民族地区、武陵山区山居民族地区、内蒙古农牧区等区域进行综合性研究。他始终强调，西部和东部的差距包含着民族的差距。西部的发展战略要考虑民族因素，而民族特点是一个民族在历史过程中形成的，适应其具体的物质和社会条件。因此，费先生提出了依托历史文化区域推进经济协作的发展思路，如“黄河上游多民族开发区”“开发大西南”的设想就是基于地区文化传统而提出的。“以河西走廊为主的黄河上游一千多里的流域，在历史上就属于一个经济地带。善于经商的回族长期生活在这里。现在我们把这一千多里黄河流域连起来看，构成一个协作区。”这个经济区的意义就是重开向西的“丝绸之路”，通过现在已建成的欧亚大陆桥，打开西部国际市场。此外，民族地区的经济发展和现代化，另一个重要渠道就是地区之间的互补与互助，进一步缩小东西部之间的差距，促进民族地区经济的发展和繁荣。目前，几乎所有的民族自治地方都与内地和相邻的汉族地区建立了包括对口支援、横向经济联合等多种形式在内的经济技术协作与文化交流关系，这也是一种新型的民族关系的现实体现。

由于对中国民族格局的睿智把握，费先生在1999年后，在与北京大学社会学人类学研究所的有关老师谈话时，特别提出要关注一国之内人口较少的少数民族的调查和研究，提出“小民族、大课题”“小民族、大政策”，并建议国家民委组织有关单位进行调查和研究。国家民委很快接受了费先生的建议，委托北京大学、国家民委民族问题研究中心、中央民族大学等机构的研究人员进行调查。从2000年初开始，组成了“中国十万人口以下少数民族调研团”，分为新疆组、甘肃青海组、云南组、东北内蒙古组四个组，分别在2000年、2001年对十万人口以下的22个少数民族进行了调查。我当时作为东北内蒙古调研组的组长，负责赫哲族、鄂温克族、鄂伦春族的调查协调工作。2000年秋，当我从大兴安岭鄂伦春地区回到北京去看望费先生时，费先生非常认真地听完了我关于这一地区的调查汇报，并不断鼓励我要做好关于小民族的课题。

2001年7月，在北京大学社会学人类学研究所和西北民族学院共同主办的第六届社会学人类学高级研讨班上，费先生特别针对小民族的问题作了《民族生存与发展》的讲演，他提到：“这几年我常常在心里发愁的是，在1998年第三次高级研讨班上一位鄂伦春族的女同志向我率直地提出的一个问题：‘人重要还是文化重要’，她的意思是她看到了自己民族的文化正受到重大的冲击，而且日渐消亡，先要把人保住，才提得到文化的重建。她提出的问题很深刻也很及时，因为在这全球化的浪潮之中，一些根蒂不深、人数又少的民族，免不了要出现这个听来很触目惊心的现象。我一直把这个问题放在心上。同时又记起我在大学里念书时读到的一本英国人类学者（Peter Rivers）写的书，书名叫 *Clash of Cultures*（《文化的冲撞》）。他写的是澳大利亚土著居民怎样被消灭的故事，他说在一个文化被冲撞而消灭时，土著人也就失去了继续活下去的意志。我在英国留学期间（1936~1938年），曾在报上读到澳大利亚南端 Tasmania 岛的土人最后死亡的消息，对我震动很大，因之一直在心头烦恼着我。”

“我在 1987 年考察呼伦贝尔盟和大兴安岭时，看到了鄂伦春族的问题。我们的政府的确也尽力在扶持这个民族。他们吃住都没有问题，孩子上学也不要钱，但本身还没有形成一个有生机的社区，不是自力更生的状态。”

“所以我脑子里一直有一个问题，在我国万人以下的小小民族有 7 个，他们今后如何生存下去？在社会的大变动中如何长期生存下去？实际上在全球一体化后，中华文化怎么办也是一个类似的问题，虽然并不那么急迫，而小小民族在现实生活里已有了保生存和保文化相矛盾的问题了。”

“跨入信息社会后，文化变得那么快，小民族就发生了自身文化如何保存下去的问题。在这种形势下，不采取办法来改变原有的生产和生活方式是不可能的了，问题是如何改变。”

在全球文化发展和交触的时代，在一个大变化的时代里如何生存和发展，怎样才能在多元文化并存的时代里，真正做到“和而不同”？人类共处的问题要好好解决，这是要付出代价的，甚至生命的代价。保文化就是保命，保住人也才会有文化，因为文化是人创造的，它是保命的工具。所以一切要以人为本，才能得到繁荣和发展。

费先生的讲演，事实上道出了中国 55 个少数民族中人口较少的民族在现代化过程中出现的新的问题，即“保文化”和“保人”的问题。之所以提出这些问题，与这些人口较少民族在地理上大多处于所谓的边缘的位置，甚至可以说它们是周边中的周边民族有关。这些民族的发展和出路，是在全球化过程中必须重视的课题。类似中国的小民族所出现的问题，在其他国家和地区也都存在。

作为采集狩猎民的鄂伦春族遇到的问题，在世界其他的采集狩猎社会也有类似的现象。采集狩猎民（hunter－gatherer）也称为狩猎采集民（gatherer - hunter），在人类学上是非常古老的用语。这一研究构成了人类学早期“社会理论”建构的基础。正如人类学家所指出的：“狩猎采集社会的研究，相对于社会人类学其他的分支，有其独自发展的特点。所以，她不仅仅是和一般的社会人类学相联系，而且在某种程度上可以称为人类学这门学问的中枢。对于像人类的本质这类问题，没有比采集狩猎社会更能准确地回答的领域。”①

采集狩猎民大多处于一国之内或一个文化区域中非常边缘的位置。在多民族多文化的一国中，它们往往还处于这些周边民族的边缘，可以说是周边中的边缘民族。清水昭俊教授把“周边民族”的形成放在近代世界历史的脉络中进行了梳理。他指出，历史上，很多的先住民族在与其他民族保持统治被统治和同盟关系的同时，形成了地方的网络，这一网络是由政治经济的力学面向周边所建立的秩序。在这一过程中，人们已经自觉认识到自己的周边位置，由于“中心”的存在，形成了周边的民族。② 这些民族在近代以来，以西欧各社会为中心所形成的世界网络以及周边中的中心和边缘的网络中，亲身体验到了各种各样的变化。可以说很多狩猎民族就是在近代以来作为周边民族的一部分而形成的。中国的小民族如鄂伦春族也不例外。

众所周知，翻开我们人类的历史，目前的考古学资料有近 450 万年的历史，但在这一历史的长河中，人类有 449 万年的历史是以采集、狩猎、捕鱼为基础生活的。即使是今天，在世界各地仍然有很多的采集狩猎社会。在全球范围内现存的狩猎采集民，人类学领域非常熟悉的为南非的布须曼人（Kung Bushman）和 Mbuti Pygmyr

① Barnard and Woodbum, “Property, Power and Ideology in Hunter - Gathering Societies: An Introduction,” in Tim Ingold et al., *Hunter - Gatherers*, Oxford: Berg, 1988, pp. 4 - 31.

② 清水昭俊：《永远的未开文化和周边民族》，《国立民族学博物馆研究报告》1992 年第 3 期，第 417 ~ 488 页。

人，澳大利亚的原住民 Yolngu 族，北极圈的因纽特人，以及东北亚地域通古斯族系分布在俄罗斯的埃文克人和中国内蒙古东北兴安岭深处的鄂伦春人以及部分鄂温克族等。采集狩猎民社会对于一般处于所谓“工业文明”社会的人来说，是一个“与自然共生”“与地球和谐相处”令人向往、富有想象空间的原初的社会。

与农耕社会的“男耕女织”相对应，在狩猎采集社会中男女的分工以年龄、性别为基础，主要为“男猎女采”，即男子打猎、女子采集。食物的分配也相对平均。或许经济学者认为这类社会的生活非常苦涩，而人类学通过民族志的研究，感受到狩猎采集社会那种牧歌式的浪漫。萨林斯就把狩猎采集民称为“原始的富裕社会”（original affluent society）。这一观点主要强调狩猎采集民并不希求食物以外的东西，而且，在那里如果有食物，他们就拥有了所希望有的一切。

当然，他们目前具体的生活和技术的变迁，已和我们的想象相去甚远。特别是在最近几十年间，全球范围内的采集狩猎社会几乎都面临着一些共同的问题：①一些国家和地区从法律上禁止采集狩猎活动；②在一些温暖地带，由于开发农田和耕地，当地的森林等资源环境受到严重的破坏，他们失去了狩猎的家园；③有关国家和地方政府在不同时期所采取的定居化政策以及社会福利政策等，使狩猎民处于相对集中的居住区内，受到了各种政策的保护，让他们远离狩猎的地方等。

可见，费先生所提出的“小民族、大课题”研究，不仅在具体的政策层面能为当地人、当地经济文化的发展提出科学的报告，而且通过对中国小民族的人类学研究，对于世界人类学和民族学的理论建设，也能提供重要的理论和实践佐证。甚至在某种程度上，中国多元民族社会共生的文化理念，也会为全球范围内文化之间的理解、文明之间的对话提供重要的经验。当然，文明之间的对话，无疑也是缩小固有的“中心”与“边缘”之间的政治、文化、经济、心理等距离的重要渠道。

## 四 “文明间的对话”与“和而不同”的全球社会

与亨廷顿的“文明间的冲突”相对立，1998年联合国提出了“文明间的对话”的概念。强调不同文化及价值、不同民族、不同宗教的人们，通过深入的交流和对话，达到文明之间共生的理念，并把2001年确定为“文明间的对话年”。冷战结束后，在全球范围内原有的一直隐匿起来的民族、宗教等文化冲突愈演愈烈，学术界对于不同民族社会的比较研究，越来越成为人们关注的焦点之一。据统计，自1988年以来，全世界爆发的武装冲突，除伊拉克入侵科威特的战争，都是由内部民族问题引起的。有的研究者曾作过统计，从1949年到90年代初，因民族冲突而造成的伤亡大约为169万，数倍于在国家间战争中死亡的人数。诸如苏联解体后一些民族的主权与独立问题，非洲的索马里和苏丹，亚洲的缅甸和斯里兰卡，南斯拉夫的克罗地亚、塞尔维亚、波黑及现在的科索沃问题等。特别是在“9·11”事件后，在“正义”的旗号下，“文明间的对话”的理念，越来越成为人类所关心的大课题。而“文明的”或“文明间的”具体所指的文明可从不同角度的定义进行分类，如亨廷顿以文化和宗教为基础把冷战以后的世界划分成“八个文明圈”，这种分类本身没有超越固有的传统的“西方”和“非西方”的二元对立原则。而从人类学的角度对人类文明的分类更倾向于如下四种文明的分类：游牧文明、农耕文明、工业文明、信息文明。

上述各文明之间并非简单地如早期进化论所提到的替代的问题，而是相当多的文明在同一时空中共存的问题。同时，文明间的对话，毫无异议地包括同一文明内不同文化之间的对话。例如，狩猎采集社会在文明的对话以及全球化的过程中的政治权利，社会和文化以及生产如何，所面临的问题以何种具体方式表现出来，未来的发展方向如何，都应该成为全球化与文明对话中一个具体的研究领域。这一研究对于了解人类的本质和文化与社会理论有重要的意义，并在人类学的学科历史上占有重要的位置。费先生所提出的“心态秩序”的建立以及“和而不同”的全球理念，无疑是文明间对话的基础。

2000 年 7 月，在北京召开的“国际人类学与民族学联合会（IUAES）”中期会议上，费先生的主题发言题目为《创建一个“和而不同”的全球社会》。在发言中，费先生特别强调多民族之间和平共处，继续发展。如果不能和平共处，就会出现很多问题，甚至出现纷争。实际上，这个问题已经发生过了。

他指出，过去占主要地位的西方文明即欧美文明没有解决好的问题，在这几年逐步凸显出来了。事实上也发生了很多地方性的战争。就在人类文化寻求取得共识的同时，大量的核武器、人口爆炸、粮食短缺、资源匮乏、民族纷争、地区冲突等一系列问题威胁着人类的生存。特别是冷战结束后，原有的一直隐蔽起来的来自民族、宗教等文化的冲突愈演愈烈。

从这个意义上说，人类社会正面临着一场社会的“危机”、文明的“危机”。这类全球性问题所隐含的潜在危机，引起了人们的警觉。这个问题，看来是已有的西方学术思想还不能解决的。而中国的传统经验以及当代的民族政策，都符合和平共处的逻辑。

费先生在发言中进一步指出，不同的国家、民族、宗教、文化的人们，如何才能和平相处，共创人类的未来，这是摆在我们面前的课题。对于中国人来说，追求“天人合一”为一种理想的境界，而在“天人”之间的社会规范就是“和”。这一“和”的观念成为中国社会内部结构各种社会关系的基本出发点。在与异民族相处时，把这种“和”的理念置于具体的民族关系之中，出现了“和而不同”的理念。这一点与西方的民族观念很不相同。这是历史发展的过程不同，即历史的经验不一样。所以中国历史上所讲的“和而不同”，也是多元一体理论的另外一种说法。承认不同，但是要“和”，这是世界多元文化必走的一条道路，否则就要出现纷争。只强调“同”而不能“和”，那只能是毁灭，“和而不同”就是人类共同生存的基本条件。

费先生从人类学的视角，把“和而不同”这一来源于中国先秦思想的文化精神，理解为全球化过程中文明之间的对话和多元文化的共生，可以说这是建立全球社会的共同理念。这一“和而不同”的理念也可以成为“文明间对话”以及处理不同文化之间关系的一条原则。

上述费先生的第三篇文章主要从人类的整体观、技性与人性、文化的共生与文明的对话等视角，来讨论全球体系中中国社会内部多民族多文化的相处之道，以及中国的文化理念和思想如何成为全球化过程中重要的文化资源。这种讨论，也是全球化与地方社会对应关系经由人类学视角所进行的具体的努力和实践。简言之，中国社会和文化中所积累起来的对异文化理解的精髓与人文精神，一定会为“和而不同”与高科技的全球社会的建立，发挥积极的作用。正如《大趋势》作者约翰·奈斯比特在与他人合著的《高科技思维——科技与人性意义的追寻》[①] 中文版序中提到的：“我们相信，中国文明，作为世界上仅存的拥有悠久历史的文明之一，在高思维方面能为人类做出许多贡献，例如中国人对天、地、人的看法，灵性、伦理、哲学和人际关系的丰富知识，随着中国和大中国文化圈的重新崛起，发扬其宝贵文化传统的复兴，也将为世界提供宝贵的‘高思维’资源，从而有助于我们在高科技时代寻求人性的意义。”

① 〔美〕约翰·奈斯比特、娜娜·奈斯比特、道格拉斯·菲利普：《高科技思维——科技与人性意义的追寻》，尹萍译，新华出版社，2000。

# 全球化与文明对话中周边的边缘民族：狩猎采集民的“自立”与“苦恼”

——以定居的猎民中国鄂伦春族为例

## 一 全球化与文明之间的对话

全球化对于社会科学来说，是近年来在不同领域讨论的话题。不过对于全球化这一非常复杂同时又具有魅力的历史过程，寻找同一性的定义是不可能的。而作为以研究全球文化中的多样性而著称的人类学，已经认识到全球化是在很多领域如文化、经济、政治、环境保护等同时出现的复杂的、多样的过程。[①] 与同质化、一体化甚至一元化相比，人类学更加强调的是地方化、本土化以及异质化的过程。这种认识是基于对全球范围内多样性文化的研究和积累。

那么，从文化的视角如何来看全球化呢？作为文化批评有代表性的研究者、人们所熟知的霍尔（S. Hall），把全球化定义为：“地球上相对分离的诸地域在单一的想象上的‘空间’中，相互进行交流的过程。”[②] 全球化是以不断进行的相互交流为基础，以人们

① 本文原载于 Jonathan Xavier Inda and Renato Rosaldo, *The Anthropology of Globalization*, Blackwell Publishers, 2002, p. 10.

② Hall, “New Cultures for Old”, D. Massey and P. Jess, eds., *A Place in the World*, Oxford University Press, 1955, p. 190.

的想象力创造出“被单一化的想象空间”的文化过程为前提。这一“想象的空间”，是由全球范围内不同社会文化中不同的群体，根据所处的历史与社会背景而建构出来的一个多元的世界。以这一“想象空间”为前提的全球化与地方化以及文化认同之间的关系，是人类学所关心的热门话题。

作为对全球化回应的动态的文化相对论的把握，就是本土的或地方的文化认同、地方共同体主义以及多元民族社会的民族主义在世界不同国家和地区，出现了复苏、复兴和重构的势头。

在现实中，全球化也带来了一种边缘性，边缘层还会不断从自己的角度进一步强化自身的认同和地方性。这一地方性甚至是族群性的认同，常常和文化的生产和再造联系在一起，即在全球化过程中，生产、消费和文化策略已相互纽结为一个整体。作为全球体系中的地方或族群，常常在文化上表现出双重的特点，即同质性与异质性的二元特点。

在全球化过程中，不同的文明如何共生，特别是作为世界体系中的中心和边缘以及边缘中的中心与边缘（如相对于世界体系西方中心的观点，中国等非西方社会处于边缘的位置。而在中国从历史上就存在“华夷秩序”，形成了超越现代国家意义上的“中心”和“边缘”）的对话，周边民族如何才能不成为“永远的边缘民族”的话题，越来越成为人类学所关注的领域。而文明之间的对话，无疑也是缩小固有的“中心”与“边缘”之间的政治、文化、经济、心理等距离的重要渠道。

与亨廷顿的“文明间的冲突”相对立，1998 年联合国提出了“文明间的对话”的概念。强调不同文化及价值、不同民族、不同宗教的人们，通过深入的交流和对话，达到文明之间共生的理念，并把 2001 年确定为“文明间的对话年”。文明间的对话，事实上是中国哲学中一种“和而不同”的理念。正如费孝通教授在 1999 年国际人类学民族学中期会议上主题发言所提出的主题“创造‘和而不同’的全球社会”那样，不同的文化和民族在“美美与共”中达到“天下大同”。特别是在“9·11”事件后，在“正义”的旗号下，“文明间的对话”的理念，越来越成为人类所关心的大课题。而“文明的”或“文明间的”具体所指的文明可从不同角度的定义进行分类，如亨廷顿以文化和宗教为基础把冷战以后的世界划分成“八个文明圈”，这种分类原则本身没有超越固有的传统“西方”和“非西方”的二元对立原则。从人类学的角度，对于人类文明的分类更倾向于如下四种文明（见表1）。

**表1　文明：历史的变迁和联系**

| | 游牧文明<br>历史的黎明至今 | 农耕文明<br>公元前8000年至今 | 工业文明<br>1750年至今 | 信息文明<br>1971年至今 |
|---|---|---|---|---|
| 生产方式:经济 | 狩猎、采集、家畜 | 农业、采掘 | 制造<br>服务业 | 知识产业 |
| 正当性的方式:统治 | 血缘 | 宗教 | 政治 | 经济 |
| 秩序的方式:社会 | 父系 | 多国籍农耕<br>国家、都市国家<br>封建制度 | 民族国家<br>民族主义<br>工业国家 | 超级大国,多国籍企业,TMCs,IGOs,AGOs,NGOs,UNPOs |
| 交流的方式:技术认同 | 口头语言<br>祖先,移动<br>自然崇拜<br>巫术仪式 | 书写语言<br>宗教<br>地域<br>哲学 | 印刷<br>世俗<br>国家<br>意识形态 | 电子<br>地球<br>全球<br>环境保护 |

TMC：Transnational Media Corporation（多国籍多媒体企业）。

IGO：Intergovernmental Organization（政府间组织）。

AGO：Alternative Governmental Organization（代替政府组织）。

NGO：Non - Governmental Organization（非政府组织）。

UNPO：Unrepresented Nations and Peoples Organization（弱小国家、民族组织）。

资料来源：Majid Tehranian. *Fourth Civilization*：*Globalization of Culture and the Culture of Globalization*，2001. 参见津田幸男等编《全球社区论》，NAKANI SHIYA 出版，2002，第18页。

上述各个文明并非简单地如早期进化论所提到的替代的问题，而是相当多的文明在同一时空中共存的问题。同时，文明间的对话，毫无异议地包括同一文明内不同文化之间的对话。如表 1 所示，在游牧文明内部所包含的狩猎采集社会，在文明的对话中以及全球化的过程中他们的政治权利、社会和文化以及生产如何？所面临的问题以何种具体方式表现出来？未来的发展方向如何？这些问题应该成为全球化与文明对话中一个具体的研究领域。这一研究对于了解人类的本质和文化与社会理论有重要意义，并在人类学的学科历史上占有重要位置。如果撇开这些诸如狩猎采集民这样的边缘民族，至少可以说这种文明之间的对话，是非常不充分的。

## 二 周边中的边缘民族：采集狩猎民社会的人类学

采集狩猎民（hunter - gatherer）也称为狩猎采集民（gatherer-hunter），这在人类学上是非常古老的用语，这一研究构成了人类学早期对“社会理论”建构的基础。正如人类学家所指出的：“狩猎采集社会的研究，相对于社会人类学其他的分支，有其独自发展的特点。所以，她不仅仅是和一般的社会人类学相联系，而且在某种程度上可以说称为人类学这门学问的中枢。对于像人类的本质这类问题，它是没有比采集狩猎社会更能准确地回答的领域。”①

采集狩猎民大多处于一国之内或一个文化区域中非常边缘的位置。在多民族多文化的一国中，它们往往还处于这些周边民族的边缘，可以说是周边中的边缘民族。清水昭俊教授把“周边民族”的形成放在近代世界历史的脉络中进行了梳理。他指出，历史上很多的先住民族在与其他民族保持统治被统治和同盟关系的同时，形

① Barnard and Woodburn. “Property, Power and Ideology in Hunter - Gathering Societies : An Introduction” . In Tim Ingold et al. , *Hunter - Gatherers* (Oxford : Berg), 1988, pp. 4 - 31.

成了地方的网络，这一网络是由政治经济的力学面向周边所建立的秩序。在这一过程中，人们已经自觉认识到自己的周边位置，由于“中心”的存在，形成了周边的民族。[①] 这些民族在近代以来，以西欧各社会为中心所形成的世界网络以及周边中的中心和边缘的网络中，亲身体验到了各种各样的变化。可以说，很多狩猎民族就是近代以来作为周边民族的一部分而形成的。

在这里，我们姑且不论狩猎采集社会的历史过程，有一点我们应该承认的是，这一文化常常为边缘地带的一种文化。在相当多的研究中，一直把狩猎采集民的经济生活方式置于比农耕要低的社会阶段进行模拟分析，同时在相应的政策层面也就出现了“进步”的农耕技术和“落后”的“狩猎”技术的价值判断。中国的狩猎采集民族鄂伦春族也不例外。

众所周知，翻开我们人类的历史，目前的考古学资料有近 450 万年的历史，但在这一历史的长河中，人类有 449 万年的历史是以采集、狩猎、捕鱼为基础生活的。即使是今天，在世界各地仍然有很多的采集狩猎社会。在全球范围内现存的狩猎采集民，人类学领域非常熟悉的有南非的布须曼人（Kung Bushman）和 Mbuti Pygmyr 人，澳大利亚的原住民 Yolngu 族，北极圈的 Inuit 人和因纽特人，以及东北亚地域通古斯族系分布在俄罗斯的埃文克人和中国内蒙古东北兴安岭深处的鄂伦春人以及部分鄂温克族等。所以，我们在谈论文明的对话这一课题时，不能回避这一类型的社会。

采集狩猎民社会对于一般处于所谓“工业文明”社会的人来说，是一个“与自然共生”“与地球和谐相处”令人向往、富有想象空间的原初的社会。

与农耕社会的“男耕女织”相对应，在狩猎采集社会中男女的分工以年龄、性别为基础，主要为“男猎女采”，即男子打猎女

① 清水昭俊：《永远的未开文化和周边民族》，《国立民族学博物馆研究报告》1992 年第 3 期，第 417～488 页。

子采集。食物的分配也相对平均。或许经济学者会认为这类社会的生活非常苦涩，而人类学通过民族志的研究，感受到狩猎采集社会那种牧歌式的浪漫。萨林斯就把狩猎采集民称为“原始的富裕社会”（original affluent society）。[①] 这一观点主要强调狩猎采集民并不希求食物以外的东西，而且，在那里如果有食物，他们就拥有了所希望有的一切。

当然，他们目前具体生活和技术的变迁，已和我们的想象相去甚远。特别是在最近几十年间，全球范围内的采集狩猎社会几乎都面临着一些共同的问题：①一些国家和地区从法律上禁止采集狩猎活动；②在一些温暖地带由于开发农田和耕地，当地的森林等资源环境受到严重的破坏，他们失去了狩猎的家园；③有关国家和地方政府在不同时期所采取的定居化政策以及社会福利政策等，使狩猎民处于相对集中的居住区内，受到了各种政策的保护，让他们远离狩猎的地方等。

从人类学的角度，对于上述采集狩猎民的研究，积累了非常丰富的民族志材料。这些研究主要集中在如下领域。

### （一）民族考古学的观点：人类史的建立与文化史的复原

考古学所发掘的遗址或遗迹主要是片断的“物”的资料，而对于这些“物”的使用方法以及与此关联的当时社会生活和社会结构，单独从考古学中寻找证据，几乎是不可能的。为了解过去人们的文化、社会特征，见诸现代社会还存在并与过去人们的生活具有相似性的社会，通过民族志调查和记录（诸如民族志类比分析法等），说明和解释过去的生活习惯和社会结构，即为民族考古学。据研究，在当今世界，地球上纯粹以狩猎和采集为主要生活手段的民族和集团已经不复存在。但对现存的狩猎采集民的技术系统、社会结构以及文化传统等的研究，对于了解考古时期的人类文

① Marshall Sahlins, *Stone Age Economics* , London: Tavistock, 1974.

化，有着重要的价值。[①]

当然，在对狩猎采集民的研究中，一直存在传统主义和历史修正主义的争论。在传统主义（traditionalism，如达尔文学派的进化主义观点：Harvard school，evolutionary ecological approach）的观念中，采集狩猎社会是完全封闭的自给自足的社会，他们所用的工具是从遥远的古代流传下来的。其比较极端的表现就是，采集狩猎民的文化是旧石器时代文化在现代的体现。这也是在中国民族学界“社会活化石”研究的具体表现，希望通过对现在的狩猎采集民社会的研究，来复原“文明”以前的人类文化和社会。因为在这种社会中存在平等的分配和再分配的原则。而从 20 世纪 80 年代开始，历史修正主义（revisionists，historical particularists）对于传统主义和鲍亚士以来的文化相对理论进行了反思，认为现在的狩猎采集民社会是由于“文明”的发展而产生的一种周边社会形态，它们根本不是史前时代的残余，而是几百年前才出现的。[②]

不过，这里需要说明的是，民族考古学的研究，也并不认为现代的狩猎采集民是石器时代狩猎采集民的残余，其研究也非进化论的观点。

### （二）先住民族政治学框架中的采集狩猎民

狩猎采集民领域的研究，在一段时间里处于较为沉闷的状态。到了 1970 年以后发生了一些变化，即把采集狩猎民族置于一宏大的“先住民族”（或原住民）框架下来进行研究。不同地域的先住民族之间也在建构着全球性的网络。在联合国、非政府组织等的发言中，争取先住民族的权利和义务的发言越来越成为国际政治生活中的大事。先住民的组织和政治运动活跃在不同的领域。对狩猎采

① 参考容观琼等《民族考古学初论》，广西民族出版社，1991；〔日〕佐藤宏之：《北方狩猎民的民族考古学》，北方新书，2000。

② 可参考〔日〕本多俊和编《采集狩猎民的现在》，日本言丛社，1997。

集民等先住民族研究的领域也非人类学家的独有领域，很多诸如政治学、经济学、法学、国际关系等领域的学者已经开始介入这一领域，特别是先住民族主义的政治学研究，成为近些年来非常活跃的领域。在美国、加拿大以及澳大利亚等国的研究中，对于国家与先住民的关系非常关注。

彼得森（Peterson）在1999年发表的《近代国家中狩猎采集民》一文中，[①] 把第一世界内先住民族社会秩序的再生产分为“无国家导向的先住民社会的再生产”和“有国家导向的先住民社会秩序的再生产”。前者强调，在第一世界国家中，在不知不觉之中，进行着先住民社会秩序的再生产，这里出现了两种情况：最初实行长期的分离主义政策和否定先住民各种权利的种族歧视的特别的法律制度；另一种为“福利殖民地主义”。这是佩因（Paine）在研究加拿大北部的先住民时提出的概念，承认先住民族作为市民的社会权利，第一世界国家的先住民族，虽然接受了社会保障，但紧接着导致了社会政治的依存状态，这与先住民社会的弱势是联系在一起的。后者强调，在关系国家和先住民社会秩序再生产中的第三个方面，主要是在1970年初出现的。这就是在平等权承认后不久，政府指示对先住民族要采取积极的法制化的措施，以法律的形式出台了阿拉斯加先住民定居法，给先住民很多优惠的政策和援助，但结果并不是很理想。

像这类研究已经从对狩猎采集民文化的本质主义人类学研究转向作为“社会问题”人类学的研究。而这种社会问题的人类学研究，对于理解和认识现代社会的狩猎民所遇到的问题，有着直接的借鉴意义。

① Peterson, N. “Hunters - Gatherers in First Word National States: Bringing Anthropology Home”. 8th International Conference on Hunting and Gathering Societies - Foraging and Post - Foraging Societies, *Bulletin of the National Museum of Ethnology* 1999. 23 (4).

### （三）开发、定居化政策与生产方式的变化

由于全球范围内对狩猎民族所居住的生态环境的开发以及生产方式等的变化，狩猎采集民社会已由萨林斯所说的“原始的富裕社会”（original affluent society），正在变为“文明的贫困社会”（笔者语），甚至出现民族灭绝的征兆。在东南亚属于 Negrito（小黑人）系先住民族的开发过程中，出现了很大的悲剧。例如，帕拉湾岛上居住的巴塔库人，原来是以采集野生的山芋和蜂蜜为主过着狩猎采集的自给自足的生活，由于开发被卷入商品经济之中。在狩猎采集时代，他们能获得非常平衡的营养价值非常高的食物，但由于商品交换，更换了原有的食物结构，他们陷入了慢性营养不良的状态，其结果是出生率降低、死亡率增加。19 世纪末，他们有 800 人左右，而现在只有 300 人左右。同时，他们被编入平地民社会中，由于非常不利的社会经济条件，他们处于社会的最底层，不仅生活方式发生了变化，连语言和各种仪式也在消失。由此，民族的自豪感、个人的尊严、民族认同也被剥夺，随之而来的是非常强的心理压力和消沉的状态。加之与平地民结婚，他们的孩子没有继承巴塔库人固有的关于文化和自然环境的知识，同时也没有充分学到学校、教会以及平地民的文化，加之不能享受政治上的各种权利和各种行政服务，出现了并非文化变迁而是文化剥夺（de - cultureation）的现象。人口的减少，已经敲响了“民族灭绝途上”的警钟。

南非博茨瓦纳著名的狩猎采集民布须曼人，1970 年以后，由于政府推进边远地区的开发计划，让布须曼人在井周围定居，并给予他们选举权，同时政府特别奖励取代狩猎采集活动的放牧、农耕、民间工艺品的制作等。在定居地周围建立了学校，开设了卫生院、商店等，人们的生活方便了很多。特别是随着医疗卫生计划的推进，布须曼人的婴儿死亡率大幅降低。但对于定居化政策的情况，当地的问题也可谓堆积如山。由于定居化的实施，在居住地附

近过度放牧、大量开发农田和开发森林等，致使当地的生态环境受到严重的破坏。这些对于布须曼人的文化传统形成很大的影响。他们在享受现代文明的福利恩惠的同时，自己的文化却在发生很大的变动，一些社会问题也越来越多，如酗酒成瘾、社区暴力等。他们现在最需要探索确立的就是自律的生存基础的道路。①

由于开发对于狩猎采集社会生态环境的破坏，很多人类学家开始呼吁利用先住民族的“传统的生态学的知识”（traditional ecological knowledge）与“科学的生态学的知识”（scientific ecological knowledge），并进行有机的结合，以达到可持续发展的目的，进一步维护当地人的利益。②

## （四）文化的变迁、生产与传统的再造

对于“传统”的延续、复兴和创造以及文化生产的研究，是人类学以及相关社会科学的一个重要领域。社会人类学对于“传统”的复兴和创造这一社会文化现象进行把握，主要指与过去历史上静态的时间概念相比，更为关注的是，和过去紧密相连的动态变化过程中所创造出来的“集团的记忆”。而霍布斯鲍姆（Hobsbawm）关于“国民”文化创造过程中“我们的历史和文化”发挥的功能和扮演的角色的分析以及对于传统的复兴和创造的再评价，③ 无疑对我们的分析有直接的参考意义。在历史学对于宏大的国民认同、国家历史的宏观把握过程中，如果脱离对不同社会和地域的地方性知识体系的研究，也很难达到对社会事实真实性的认

① 参考田中二郎等编《续自然社会的人类学——变化中的非洲》，アカデミア出版会，1996。

② Hunn, Eugene, “What is Traditional Ecological Knowledge”. In Nancy Williams and Graham Baines (eds.), *Traditional Environmental Knowledge: Wisdom for Sustainable Development.* Canberra: Center for Resource and Enviromental Studies, Australian National University. pp. 13 – 15.

③ Hobsbawm, E. and T. Ranger (ed.). *The Invention of Tradition.* Cambridge: Cambridge University Press, 1983.

识，反之也一样。而人类学的研究，就是要在这一背景下，去研究地方社会的变动过程与整体社会的关系。特别是由于地域不同，其“传统”的创造方式和所表现出来的机制和功能也不一定相同。

当然，人类学对于“传统的创造”的讨论，来自不同地域的报告以原来非西方社会的殖民地社会尤为突出。“传统的民族文化”以不同的方式得以展现出来，甚至出现了文化加文化的现象。正如萨林斯所指出的，我们正在目睹一种大规模的结构转型进程，形成各种文化的世界文化体系、一种多元文化的文化，因为从亚马孙河热带雨林到马来西亚诸岛的人们，在加强与外部世界接触的同时，都在自觉地、认真地展示各自的文化特征。①

文化的变迁和文化传统的再生产，在先住民族包括狩猎采集民社会的研究中，是一重要的领域。在这一类小规模社会的人类学研究中，岸上伸启教授进行了归纳和整理。他指出，关于文化变迁的假说，人们预言由于被卷入交易的货币经济之中，小规模社会将会崩溃。这一假说由三个亚假说组成：其一，个人只要开始交易从自然中获得的东西，先住民的民族文化结构将会崩溃；其二，如果交易不断进行，最终，对于成为交易品的各种资源，要具有明确的权利主体，通过交易中心，个个家族和国家联系在一起；其三，先住民族作为国家的社会—文化体系中地方的亚文化被同化，丧失了作为民族的归属意识。② 这一假说过多侧重进入整体社会乃至全球体系的先住民社会，作为弱势的民族，随着经济体系的联系更加紧密，认为他们的文化将会丧失。这一观点可能只看到了文化的单一静态变化曲线，没有看到文化的多维动态变化过程，如民族文化的再生产、文化加文化的现象等。20 世纪可以说是文化自觉地被传承、被发现、被创造的世纪。这一文化也是近代以来民族—国家认

① Sahlins. M. “Goodbye to Tristes Tropes: Ethnography in the Context of Modern World History”. *The Journal of Modern History* Vol. 65, 1993, pp. 1 – 25.

② 岸上伸启：《加拿大北极圈社会变迁的特质》，收入〔日〕本多俊和编《采集狩猎民的现在》，日本言丛社，1997。

同的一个重要源泉。文化人类学的研究一直着眼于民族文化的研究，特别是侧重于“无意识的文化传承”的研究。而在今天，不同国家、地域和民族的文化的“无意识地传承”的传统，常常因来自国家和民间的力量，进行着“有意识地创造”，这种创造的过程，正是一种“文化的生产”与“文化的再生产”过程。这种“生产”的基础，并没有脱离固有的文化传统。同时，这一过程也从单一的民族文化领域进入地域共同体之中。现代非西方社会的一些民族文化、地方文化等一系列的文化展示，就是一个很好的写照。对于中国汉族社会与少数民族社会的一系列文化仪式而言，特别是在“文化搭台、经济唱戏”的口号下，观光业成为重要的地方经济来源的今天，文化的生产和再造是一种到处存在的现象，如云南的民族文化大省思路。但这一文化过程在不同的族群和地域所产生的地方性特点和结果不尽相同。例如，日本的阿依奴人，在旅游的生产和文化展示中，阿伊奴人的认同有意识地得以重构。从这个视角来看，阿伊奴人的整个旅游项目可以看作是文化认同的更大构成性过程并借助商品形式的一种展示，当然，它必须向他人展示。饮食节、公共化的仪式、手工艺品的程序和阿伊奴人产品，他们有意识地组织起来，在村庄中出售这些物品，从而为阿伊奴人创造了公共形象，进而在文化的展示中强化了族群认同。在印度尼西亚的巴厘岛，政府的文化政策主要开始于20世纪80年代，特别是通过对民间艺术和技能、传统习惯的振兴政策，来保护民族文化。同时，巴厘州政府的文化政策直接渗透到地域居民的日常生活之中。政府出面进行指导，如在一些艺术节上，以传统的艺术为基础，又创作了很多新的东西，在文化展示中的服装等也与原本的服装不尽相同等。可以说，在一定程度上，是把巴厘岛的民族文化置入作为印度尼西亚“国民文化”一部分的“地方文化”，即在生产、创造一种地方性的文化。此外，巴厘岛上举办的辉煌的宗教庆典，实际上得到了印度尼西亚政府的支持。在政府看来，对这种传统的庆典继续进行强制性的压制反倒会刺激岛上的分裂主义情绪，所以对这些庆典实行宽容的政策，可以起到消减这种情绪的作用。这些庆典本身是文化认同的基础所在。或许我们可以说，印度尼西亚政府在对民族文化的生产或改造过程中，潜藏着弱化民族认同的意识。但其结果，在一定程度上，又强化了民族认同。[①] 这种文化的生产和创造，可以说在不同国家的先住民族社会是正在进行中的一个过程。这一过程是狩猎采集社会人类学研究中一个非常现实的领域。

## 三　开发与中国的小规模社会（小民族）

中国有 55 个少数民族，大多居住在西部地区。藏族、维吾尔族、回族、蒙古族、壮族这些拥有几百万乃至上千万人口的民族，一直是中国民族研究和民族发展的重要领域。但除中国这些人口较多的少数民族外，还有很多人口较少、规模较小的少数民族。据 1990 年人口普查结果，中国人口规模在 10 万人以下的民族有 22 个（其中高山族主要居住在台湾）。中国政府提出的西部开发战略对于这些人口较少的民族给予了很高的关注。

著名人类学家费孝通教授特别强调要研究和解决好中国人口较少民族的问题。1999 年，费先生在与北京大学社会学人类学研究所的有关老师谈话时特别提出，要关注一国之内人口较少的少数民族的调查和研究，提出“小民族、大课题”“小民族、大政策”，并建议国家民委组织有关单位进行调查和研究。国家民委很快接受了费先生的建议，委托北京大学、国家民委民族问题研究中心、中央民族大学等机构研究人员进行调查。从 2000 年初开始，组成了“中国十万人口以下少数民族调研团”，分为新疆组、甘肃青海组、云南组、东北内蒙古组四个组，分别在 2000 年、2001 年对十万人口以下的 22 个少数民族进行了调查。

中国境内 10 万人口以下的小民族，由于地处偏僻，大多又是

① 田村克己编《文化的生产》中的有关章节，日本 DOMESU 出版，1999。

跨国境的民族，他们的经济状况、政治地位、教育、医疗等在1949年以后有了非常明显的改善，但与人口较多的民族比较，还存在很大的差距。表2、表3是关于小民族的基本分布和受教育情况。[①]

**表2　1990年中国少于10万人的人口较少民族的人口规模与地域分布（按人口排序）**

| 民族 | 人口数(人) | 主要分布地域 | 民族 | 人口数(人) | 主要分布地域 |
|---|---|---|---|---|---|
| 珞巴族 | 2322 | 西藏 | 德昂族 | 15461 | 云南 |
| 高山族 | 2877（大陆） | 台湾、福建 | 基诺族 | 18022 | 云南 |
| 赫哲族 | 4254 | 黑龙江 | 京族 | 18749 | 广西 |
| 塔塔尔族 | 5064 | 新疆 | 鄂温克族 | 26379 | 内蒙古 |
| 独龙族 | 5825 | 云南 | 怒族 | 27190 | 云南 |
| 鄂伦春族 | 7004 | 黑龙江、内蒙古 | 阿昌族 | 27718 | 云南 |
| 门巴族 | 7498 | 西藏 | 普米族 | 29721 | 云南 |
| 保安族 | 11683 | 甘肃 | 塔吉克族 | 33223 | 新疆 |
| 裕固族 | 12293 | 甘肃 | 毛南族 | 72370 | 广西 |
| 俄罗斯族 | 13500 | 新疆、黑龙江 | 布朗族 | 82398 | 云南 |
| 乌孜别克族 | 14763 | 新疆 | 撒拉族 | 87546 | 青海 |

**表3　中国人口少于10万人的民族的文盲率（15岁及以上）（按文盲率排序）（1990年）**

| 民族 | 文盲率（%） | 分布地域 | 有无文字 | 民族 | 文盲率（%） | 分布地域 | 有无文字 |
|---|---|---|---|---|---|---|---|
| 门巴族 | 77.75 | 西藏 | 无 | 塔吉克族 | 33.45 | 新疆 | 无 |
| 珞巴族 | 72.71 | 西藏 | 无 | 裕固族 | 29.68 | 甘肃 | 无 |
| 保安族 | 68.81 | 甘肃 | 无 | 京族 | 19.23 | 广西 | 无 |
| 撒拉族 | 68.69 | 青海 | 无 | 毛南族 | 17.59 | 广西 | 无 |

① 参见《中国人口较少民族发展研究丛书》编委会编《中国人口较少民族经济和社会发展调查报告》，民族出版社，2007。

续表

| 民族 | 文盲率（%） | 分布地域 | 有无文字 | 民族 | 文盲率（%） | 分布地域 | 有无文字 |
|---|---|---|---|---|---|---|---|
| 德昂族 | 61.68 | 云南 | 无 | 鄂温克族 | 9.84 | 内蒙古 | 无 |
| 布朗族 | 59.79 | 云南 | 无 | 高山族 | 9.39 | 台湾 | 无 |
| 怒族 | 55.20 | 云南 | 无 | 赫哲族 | 8.54 | 黑龙江 | 无 |
| 独龙族 | 53.64 | 云南 | 无 | 乌孜别克族 | 8.32 | 新疆 | 有 |
| 普米族 | 51.26 | 云南 | 无 | 鄂伦春族 | 7.81 | 黑龙江、内蒙古 | 无 |
| 阿昌族 | 45.26 | 云南 | 无 | 俄罗斯族 | 7.42 | 新疆、黑龙江 | 有 |
| 基诺族 | 35.37 | 云南 | 无 | 塔塔尔族 | 4.86 | 新疆 | 有，但少用 |

在这些小民族中不同程度地存在开发和生态环境问题、生态适应问题、定居化或移动过程中的社会适应和文化适应问题，以及部分民族在经济结构调整后出现经济上的不适应问题，等等。这些问题在很大程度上是在开发甚至是被动开发过程中，原有的民族文化、经济、生态体系出现了偏差，而新的适应体系又没有建立起来。这些民族原有的文化价值对于新的技术体系或经济体系在多大程度上能够适应，能够在新的结构中实现自身的发展，确实是摆在我们面前的课题。在我们的调查中，不时听到来自小民族的知识分子的看法：我们的生活水平是提高了，但我们的文化却逐渐地在消失；如果不发展，我们的文化能够维持下来，但我们的生存又是一个大问题。这些问题归结起来，其实就是技术、发展、进步与文化之间的互动关系问题。

## 四　作为小规模社会的狩猎采集民族鄂伦春族的事例

翻开中国汉语词典，与“进步”相关的词有诸如“进化”“演进”“腾飞”“跃进”“飞跃”“跳跃式发展”等等，特别是在少数民族社会经济转型和定居化过程中，这些概念、用语不绝于耳。在中国这样一个多民族、多文化的社会中，存在不同经济文化类型的民族，主要的类型有采集渔猎社会、游牧社会、半农半牧社会、农耕社会等等。本部分主要讨论采集狩猎社会鄂伦春族的现状。

鄂伦春族曾经是大兴安岭中典型的狩猎民族。在将近一个世纪的时间里，鄂伦春族的经济方式发生了很大的变化。如果翻开有关当地政府的文件和宣传稿件，我们会看到如下的表述，中华人民共和国成立后，出现了三次大的飞跃：①从以狩猎为主的原始社会向社会主义社会直接过渡；②1958 年全旗内的鄂伦春族全部实现定居，结束了游猎的生活，在定居的基础上进行有计划的狩猎和其他辅助性的经济活动（如采集、农业、牧业等）；③1996 年 1 月全旗禁猎，实行“禁猎转产”，狩猎经济从鄂伦春族的生活中彻底消失，转变为以农牧业生产为主、结合多种经营的经济类型。鄂伦春民族也进入一个新的历史时期。这种生产方式的改变在当地看来是一次革命，是历史的“进步”。在这一进步的过程中，鄂伦春社会的具体状况如何？所面临的问题和发展过程中的主要症结在何处？笔者结合自己的田野调查资料，进一步进行讨论。

### （一）猎民的基本情况

由于历史的原因，目前鄂伦春旗的鄂伦春族主要分布在托扎敏乡、乌鲁布铁镇、古里乡、诺敏镇四个乡镇的 7 个猎民村中（乌鲁布铁镇的猎民村名义上为三个，但实际上如以村级政权为准，有两个为村级政权，故表 4 按一个村来统计）。这四个乡镇由于所处环境、经济生活、发展状态完全不同，其特点也不尽相同（见表 4）。

猎民的收入很大一部分和政府的补助等政策有直接关系，如果除去财政补助、猎民免税费以及极个别的猎民富裕大户（因鄂伦春人口基数少，每个村有几个大户，就把鄂伦春族的整体收入提高了很多）等因素，全旗猎民从事生产经营性人均收入从 1997 年到 1999 年仅为 214 元、－189 元和 362 元（与此同时，统计资料显示，1997~1999年鄂伦春猎民人均收入分别为2128元、2116元和2401元）。

**表4　猎区四乡镇猎民的基本情况**

| 乡镇 | 户数(户) | 人口(人) | 人均收入(元) | 猎民耕地(亩) | 经营方式 |
| --- | --- | --- | --- | --- | --- |
| 托扎敏乡 | 58 | 174 | 2150 | 618 | 种木耳、采集 |
| 乌鲁布铁 | 106 | 252 | 2174 | 16155 | 农牧业 |
| 古里乡 | 73 | 241 | 2851 | 26070 | 农业 |
| 诺敏镇 | 24 | 98 | 2675 | 1600 | 农牧业 |

为了把鄂伦春族组织起来，达到生产自救、自立的目的，在政府有关部门的扶持下，20世纪90年代以来特别是“禁猎”之后，上述四个猎民乡镇组织猎民搞集体农牧场和家庭农场，进行多种经营。这一思路在有的地方或者有的家庭搞得比较成功，但很多地方和家庭受各种因素如自然灾害、猎民的传统生产方式和生活方式等的影响，猎民的生产和生活还存在很大的问题。

在我们调查的猎民家庭中，有地的猎民完全自种的从1999年后已不占主流，很多家庭出租土地，这部分家庭经济状况一般较好，但收入不理想。无地猎民中一部分靠各种补贴、补助生活，较困难，只图温饱不思将来；无地的猎民还有一部分有劳动能力且比较勤劳者依靠打工或其他收入补贴家用，但对目前生活状况很不满意，有的想改变却又缺乏自立的能力和必要的经济条件。现在猎民对土地已有了深刻的认识。大部分人认为有了土地就有了生活的保障，可以获得固定收入。种地的猎民大多也开始考虑如何通过多种经营增加收入；而出租土地的猎民面对租金越来越低的状况，已渐渐认识到只有自种才能增加收入，但自己由于不擅长种地、更缺乏有关农业经营的知识，再加上近年的自然灾害，很多人也就望而却步（当然，有的开始要求政府能给予资金帮助，解决种地资金不足的困难，以便能自己种地），那些无地的猎民要求分得土地的呼声也越来越高。然而，面对林区生态环境的恶化，有限的土地还能开发吗？极少部分老弱病残不能自立生活，只能靠政府养活（四个猎民乡镇政府都为这些猎民建了养老院）。

此外，在生活上，猎民的住房也有了很大的改善。例如，政府为古里乡 28 户无房猎民解决住房问题，建住宅小区，要求当年施工，当年交房，在 2000 年底完成住宅小区建设，建新房 14 栋，解决无房户的住房问题。2001 年要完成住宅小区的硬化、绿化及室外附属设施建设；争取自来水管道工程能动工兴建，使猎民用上方便卫生的自来水；猎民村北侧的防洪堤坝能动工兴建；拓宽和平整村中现有街道，做好绿化美化工作；创建优美的生活环境。乌鲁布铁三个猎民村（两个定居点）现有住房 37 栋、74 户；其他非定居点以外猎民有 19 户，土木结构住房；现无住房户还有 13 户。而木奎村的 24 户猎民都住进新的住宅。在猎民社区的建设中，诺敏镇的新社区是对猎区进行社区化管理的尝试。社区占地 6 万平方米，总建筑面积 4000 平方米，总投资 300 万元。整体完全按照社区化管理要求设计，分为住宅、仓库、车库、村委会、物业管理办、室外运动场、中心广场、蔬菜种植区、温室、圈舍以及远期规划余留地等。此社区为非常现代化的社区，我们调查时居住部分已快竣工（2001 年 9 月，猎民已经搬迁进去），究竟是否能代表猎民的发展方向，还有待时间和实践的检验。

### （二）“禁猎转产”与生计方式的变化

“禁猎转产”是近年来当地政府的重大举措。当然，不能忽略的一个主要问题就是，由于大兴安岭林区人口增多，森林过量采伐造成水土流失，植被减少，野生动物生存条件恶化，加之一些违法的乱砍滥伐、乱捕滥猎，动物种群在急剧减少。继续维持狩猎的生产方式已经非常困难。同时考虑到猎民的具体情况，当地政府采取“扶上马，送一程”的做法。在具体操作上政府主要做了几个方面的工作。①根据《野生动物保护法》第 14 条的规定，政府发放猎业损失补偿费70元/人（原有各种待遇不变）；②依法设立“猎民生产生活发展基金”，以补助、贴息和借贷的形式来保证猎民在生产生活转变中的资金需求；③政府拔出资金为猎民垦荒熟地，种租两便，使猎民成为新时期的农场主，并积极鼓励猎民兴办集体或家庭农场、乡镇企业等。

上述有关政策中的问题与笔者在前文提到的全球范围内狩猎民所遇到的问题基本上不谋而合，同时也代表了当地干部对于“进步”的理解和态度。但这种突如其来的新政策，猎民在多大程度上能够适应呢？

我们在调查中发现，由于生产方式的转变速度太快，猎民缺乏必要的心理上和技术上的准备，加上从1997年到1999年三年的自然灾害，从事种植的部分猎民不但没有收入，反而使国家和个人的投入直接受到损失，出现了“反贫现象”，经济收入降低，存在经济上的有限适应问题。从近年的情况看，经营农业存在很多难以克服的问题，如开垦荒地对于生态也产生很大的影响，同时在土地的分配和使用上也有很大的问题。例如，有的乡猎民除极少数户有土地外，很多猎民没有土地；而一些有土地的猎民由于不擅于经营农业，收入也受到影响，对从事农业失去了信心；甚至更多的猎民为得到稳定的收入，土地的承租、包租、转租现象严重，不利于猎民的生产自立。

**个案1**：乌鲁布铁镇是以鄂伦春族为主体的猎民乡镇，三个猎民队都已定居，其中乌鲁布铁、讷尔克气两个猎民村定居乌鲁布铁，现聚居于镇区南部，朝阳猎民队定居朝阳村。现有鄂伦春族猎民人口300人，占全镇总人口的2.02%，全镇三个猎民村共计106户，户平均人口3人，占全镇总户数的33.1%。乌鲁布铁镇现有耕地面积309091.2亩，其中猎民占有耕地16155亩，占全镇耕地总面积的25%。其中集体所有土地4600.5亩，个人占有耕地

150045 亩。猎民内淑梅的情况很能说明有关问题。

内淑梅，女，57 岁，鄂伦春族（旗教育局阿芳之母）。现住房建于 1987 年。1956 年定居之前在奎里河，住在山上，离现居住地有 100 多里。小时候是寄养在别人家里生活。在小二沟（现诺敏镇）读的小学，初中在阿里河镇，是阿里河民族中学的第一批学生。之后在村里任妇女主任，1968 年出任会计。“文化大革命”前本地已开始种小麦，在距离本村 10 多里地的地方集体耕种，当时已有很多机械。19 岁时结婚，丈夫是鄂温克族，是从莫旗迁来的。开始是以打猎为主，兼顾种地，打猎比较方便，孩子都是吃肉长大的。1979 年集体生产时猎物要交给队里进行分配，当时以打猎为主业，种地为副业，收成也不错。禁猎后靠集体农场，自己开地，也能吃饱。现在家里没什么收入，大儿子死了（笔者注：其长子本是一名好猎手，后因喝酒过多，开枪自杀，当时还不到 30 岁。大儿媳妇是汉族，后改嫁），二儿子有结核，给三儿子盖了新房（公家盖的）。1990 年之后靠集体农场时还可以，后来把集体农场交给个人经营，1995 年时还能维持，但之后受黄豆价格、自然灾害和管理因素影响，境况日益窘迫。1996 年禁猎之后，生活开始紧张。除了补贴之外，没有其他收入，种地要靠贷款。现在两个孩子在家种 45 亩地，都种黄豆。前年挣了 5000 元后还清了当年贷款种地的 5000 元。去年也把贷款还清了，房钱 5000 元也还了。今年贷款 3000 元。孩子们成家的也已经分家。三儿媳妇是满族，从扎兰屯来此，来后租汉人的地，好地每亩租金一年为 130 元，次地几元不等。

**个案 2**：古里乡，始建于 1984 年，距旗政府所在地阿里河 122 公里，全乡辖区面积 5800 平方公里，总人口 7515 人，其中鄂伦春族猎民 73 户 241 人，其中男 122 人，女 119 人。另有蒙、汉、回、鄂温克等 10 个民族在此繁衍生息。汉族 47 人，达斡尔族 6 人，蒙古族 4 人，鄂温克族 4 人，鄂伦春族 180 人。古里乡现有耕地 40

万亩。1994年猎民村引进人才、机械，联合耕种土地1.1万亩。猎民人均纯收入900元；1995年的猎民人均纯收入为1491元，乡里为猎民开地4000亩，兴建猎民农牧场15个，猎民集体农场1个。古里乡是我们所调查的四个乡镇中，解决猎民的生产和生活问题较好的一个乡。还是回到我们户访调查的个案中。

吴富贵（鄂伦春族，57岁，第一人称表述）。我兄妹四人1961年从黑龙江乌日嘎（也是猎民村）来到古里，当时我只有17岁。我的父母早已去世，这里有我大姨。我姑舅哥（朝阳的莫金贵）让俄国人抓走到西伯利亚有十年之久，在我九岁的时候他才回来。古里从中部迁来的鄂伦春人很多。我17岁来到古里后一直打猎到1996年。原先种点队里的地，第一次种庄稼是学大寨的时候，学大寨时开了2000亩草地种小麦、麃子、糜子，都是人工撒种，小麦亩产300斤左右，试验黄豆没有成功，种萝卜白菜还可以。后来撂荒不少年，学大寨也没有成功。学大寨时猎民有28户，全部参加学大寨，计工分，年底算收入，一年下来也没有什么钱。打狍子、野猪，这是冬天的副业，其收入要比种地多。肉由会计交给队里，队里统一进行分配，人口多的分到的也多，皮子归个人做衣服。此项工分高，顶两个劳力。“文化大革命”期间种了一段时间地，后期约1972年的时候撂荒，此后便一直打猎。当时旗里各局都派人帮忙秋收，有旗专派的接收员。1980年实行联产承包责任制后分组打猎，不定指针，在小组内部进行分配，与乡里没有关系，不用给乡里上税，乡里负责子弹和枪支。1996年禁猎后，开了不到500亩地，种了两年黄豆没有成功，头一年旱，缺苗，后期又涝。再加上农业技术差，打农药、种植比例方面经验都很欠缺。去年一亩地40斤黄豆，共三十多元钱，今年一亩地还是40斤黄豆，估计一斤黄豆为八角。一年固定收入一万多元，各项开支后一年约剩2000元。以前打猎时也存一点钱。开销最大的是买家具和设备，还有几个孩子上学的费用。现在园子里的土豆、苞米是自己吃，老伴负责喂几头猪，一年杀三头猪，都是自己吃，有时也卖上一头猪，能卖700元左右。平时采蕨菜和榛子也有些收入。对于以后如何发展农业经营，心里没有底。相当多的猎民把土地租给汉族耕种。

事实上我们在调查中也发现，作为猎民发展的路子之一，多民族互助、优势互补，是非常可行的。一些农业经营比较好的猎户与自己的受教育程度和原来的经历有直接的关系，如托扎敏乡的安德家就是一例。

**个案3**：托扎敏乡，猎民迁居前，猎民的住居陈旧。夏季漏雨，冬季进风，受洪涝灾害影响严重，交通不便，没有电。生活基本依靠政府解决，无法自立，相当贫困。

近年迁居新的居住点后，猎民的生活有了明显的改观，每户猎民都住进了比较规范的住宅新区，每户住宅配备了彩电和一套家具，有的猎民在集体农场参加劳动，也有的搞起了家庭农场，与此同时，本乡猎民的庭院经济、养殖木耳以及采集等也成为非常重要的收入补充。不过，本乡猎民的生产和生活在四个猎民乡中是最差的，很多猎民到今天都不能自立，完全靠政府的补贴生活。本乡也是唯一一个没有通电话的猎民乡镇。在我们的户访调查中发现，家庭农场经营好的也有几户，是和经营者的经历、教育水平、对于信息的掌握等有着直接的关系。原乡人大常委会主任白安德家就是一个例子。

白安德家，男，56岁，鄂伦春族；妻，全村保，鄂伦春族，54岁（小学退休教师。女主人六岁开始上小学，在小学时学汉语。小学毕业后继续到鄂伦春中学读初中，之后从大杨树镇师资训练班毕业。曾先后在乌鲁布铁、朝阳、托河的小学任教，于1973年调入托扎敏乡教学），有四个儿子。安德生于1945年，从小学（1955年）开始学汉语，当时在小二沟小学读书。毕业后去旗民族中学上初中，1964年初中毕业。1965年从思木克搬到希日特奇，进入猎民队开始打猎。1965年之前有25～26户，全部狩猎。1965

年前没有团结户（鄂伦春族与外民族通婚户），全部为鄂伦春族家庭。农业学大寨时种些地（1971 年开始），一直种到 1976 年，当时有两千多亩地，一般亩产 150 斤，个别达到 200 斤，最低也有 80 斤。一亩地种子有 35 ~ 38 斤，没撂荒。现在也用当初的一部分地。安德 19 岁入团，在村团支部当委员，当时有一个书记，两个委员。1972 年去阿里河农机培训班学习两个月，之后回到村里开拖拉机，当时农业学大寨已经开始。1973 年当副村长，1975 年任猎民队队长（有 20 多户猎民），1977 年在乡农机站负责各村的农机管理，1980 年到乡政府民政科任一般干部。1983 年任副乡长，主管农牧业、狩猎和防火。1986 年任乡党委副书记。1988 年到阿里河，任旗防火办副主任。1991 年调回乡里当人大副主席，之后于 1993 年退休。1994 ~ 1995 年开始开地、种地。当时主要是为两个小儿子找出路（他们还收养了两个孤儿，姐弟两人，鄂伦春族。年龄分别为 19 岁和 14 岁，有遗属补助。姐姐是安德三儿子的未来媳妇），再加上不能打猎，所以种地较早。旗里也扶持猎民开地，并给予优先考虑。当时他贷款 25000 元，开了 180 亩地，农机只有几台。1996 年开始种，先种土豆，用乡里的拖拉机拓地，现在轮流种麦子和黄豆，产粮较多，亩产四百来斤，财政补贴卖约六角钱一斤，去年卖了两万元以上，但卖得比较便宜，纯剩余不多，要还贷款，要开支，年年还要买农机，所以感觉钱很紧张。到了第三年基本账平，今年开始纯挣，一年纯收入 15000 元到 18000 元。农场机械化程度较高，有两个小四轮，还有播种机和收割机以及一辆吉普车。在农场里还有几个鄂伦春族雇工，劳动时间并不固定。雇工们一天三顿饭，每顿饭每人约二两酒，喝的是散装酒，一罐八到十斤，价格为 16 元。雇工们两三天抽一包烟。今年又从俄罗斯引进一种新的品种，进行种植。

当然，这一个案在鄂伦春族中确实较为少见，但它确实反映了一个道理，一定的“技术”只有和具体接受这些技术的人相匹配时，这一技术才能得到发展。当然，我们在讨论鄂伦春人和“进步”有关的因素时，我们也看到“进步”所带来的一个很大的问题，即文化的消失。

## （三）鄂伦春文化消失的问题

鄂伦春文化现在消失的速度非常惊人。有形的文化大多只能在博物馆中看到，而无形的民族文化如歌曲、音乐、语言等丧失得也很快。以语言和制作民族工艺品为例，很能说明问题。在调查中，我们深深感到，近年来由于对外交往的增多、婚姻圈的扩大，特别是年轻人与外族的通婚成为普遍现象之后，鄂伦春语丧失得特别快。目前在诺敏镇的鄂伦春族完全讲达斡尔语和汉语，其他乡镇30岁以上能讲的还有一定的比例，但20岁以下能讲的就很少。

其中鄂伦春语言使用集中的主要是乌鲁布铁镇的三个猎民村、古里乡的一个猎民村、托扎敏乡的两个猎民村、诺敏镇的一个猎民村。调查中发现，会说鄂伦春语的老年人也不愿意说了，他们说现在年轻人特别是小孩子们都听不懂鄂伦春语。如果再这样发展下去，鄂伦春语将在不长的时间里迅速消亡，与此同时，鄂伦春族的民俗和民族传统也将会受到极大的冲击、削弱，甚至消失。经调查，会唱传统民歌者仅三人，年龄在55周岁以上；而其他传统的信仰如萨满信仰以及有关本民族的一些文化仪式也很难看到影子了。

能做桦树皮工艺和皮制品工艺的更是寥寥数人，四个乡镇加起来也没有10人，会刺绣传统图案的有6人。但据我们掌握的情况，托扎敏乡希日特奇村有2位50岁以上妇女能用传统工艺做桦树皮工艺品，乌鲁布铁也有2位，古里乡有几位。而皮毛用品很少有人制作，衣物由于有气味，不好保存（爱生虫），年轻人已不再穿用，加上禁猎后没有皮子来源，更没人缝制。目前有桦树皮皮毛工艺品的制作，但没有形成规模。

### （四）鄂伦春族社会与社会问题

鄂伦春族世代生活在黑龙江上游，贝加尔湖以东，直至库页岛的广大外兴安岭地区，繁衍发展，明末清初为人口最兴旺时期。在17世纪末期，鄂伦春族人口尚有两三万人。17世纪中叶，鄂伦春人民被迫进行大迁徙，移居黑龙江南岸的大小兴安岭地区。从此，鄂伦春人口出现急剧下降的趋势。人口下降幅度十分明显的是下述三个时期。17世纪末期至19世纪末期，为鄂伦春族人口第一个大幅度下降时期。从1895年清朝政府所编户口册以及当时人们的旅行报告推算，鄂伦春族总人口约18000人。20世纪初期，为鄂伦春族人口第二次大幅度下降时期。根据俄国人史禄国1915～1917年的调查和估算，共计963户、4111人，与二三十年前相比，鄂伦春人口又减少了一半以上。日伪时期是鄂伦春族人口第三次大幅度下降时期。1934年，据伪满齐齐哈尔松宝考良对鄂伦春人口的调查估算，有3700人，1945年时，鄂伦春族人口已不足2000人。[①] 鄂伦春自治旗境内的鄂伦春族，民国初期尚有1380人，到1945年只剩700人左右。从清初到抗日战争胜利的300多年间，鄂伦春族人口从两三万人锐减到不足2000人。1949年后鄂伦春人口出现增长的趋势。从1945年不足2000人到1990年增加到6965人，45年间增长2.5倍以上，这和医疗水平的改善、经济水平的提高、民族间的通婚以及政府的民族政策有很大的关系。而在鄂伦春人口变化的过程中，有利于鄂伦春人身体素质提高的民族通婚和不利于鄂伦春社会经济发展的非正常死亡率，已经或即将对鄂伦春社会的变迁产生重大的影响。

据记载，早在清代末年，为了解决鄂伦春族内部通婚圈出现男女婚配失调问题，偶尔会出现族际通婚的现象，但总体不多。

---

① 参考都永浩《鄂伦春族：游猎、定居、发展》，中央民族大学出版社，1993，第127～128页。

1949 年后，随着鄂伦春族实现定居并与其他民族杂居，与其他民族通婚并建立结合家庭的趋势日益发展。1951 年鄂伦春自治旗建立时，全旗 778 人，鄂伦春族 774 人。当时鄂伦春族保持着民族内通婚。1955 年达斡尔族激增到 393 人，汉族已迁入 261 人。到 1965 年全旗人口达到 10 万人，其中鄂伦春族 1015 人，占全旗总人口的近 1%。20 世纪 50 年代末 60 年代初，在城镇出现了鄂伦春族与达斡尔族、汉族、蒙古族、鄂温克族等民族通婚的现象，并逐步发展。随着其他民族人口的大量迁入，随着新婚姻法的深入贯彻，青年男女行使择偶的自由权利，特别是改革开放后，民族间交往的增多，再加上教育文化水平的提高，鄂伦春人越来越多地认识到近亲结婚的害处，希望通过族际通婚提高民族身体素质。特别是在鄂伦春族由单一狩猎经济向多种经营转化过程中，建立民族结合家庭有助于安排生活，发展生产。因此，20 世纪 70 年代末特别是 80 年代以后鄂伦春族与其他民族通婚，建立民族结合家庭的数量大幅度上升，占鄂伦春自治旗鄂伦春族家庭总数的 41.55%，到 1986 年 6 月增长到 46.7%。在鄂伦春族地区，鄂伦春与其他民族通婚建立的民族结合家庭称为“团结户”，把鄂伦春族姑娘嫁给其他民族的家庭称为“姑爷户”。鄂伦春族与其他民族通婚，子女一般都报鄂伦春族籍。1989 年 6 月，根据鄂伦春自治旗妇联编的“鄂伦春族妇女卡”统计，在 251 户鄂伦春族家庭中，有 186 户为“团结户”。值得指出的是，鄂伦春族与其他民族通婚比例，城镇高于农村。鄂伦春猎区古里乡、托扎敏乡、甘奎乡和诺镇鄂伦春 141 户中，有“团结户”89 户，占 63.12%，而阿里河镇、甘阿镇、吉文镇和大杨树镇 108 户鄂伦春，有“团结户”82 户，占 75.93%。而我们在对鄂伦春旗四个猎民乡镇的调查中发现，有的乡和其他民族通婚较早，如诺敏镇，而有的乡主要是在 20 世纪 80 年代末期特别是进入 90 年代以后才出现。例如，托扎敏乡猎民村的家庭人口增长比较稳定，每户家庭平均人口为 4 人，下山定居后，鄂伦春族青年猎民与外民族组织家庭较多。根据 2000 年初的统计数字，适龄青年结婚率达到90%，对配偶的民族成分调查表明，猎民村58户家庭中与汉族结婚的占50%左右，与蒙古族、达斡尔族、鄂温克族结婚的占30%左右，其余20%为本民族通婚。截至1999年底，乌鲁布铁镇猎民婚育人口208人，共106户，占育龄人口的95%，其中“团结户”39户，婚姻状况比较稳定。

在民族通婚的同时，一个令鄂伦春族发展受到重大影响的问题摆在我们的面前，这就是酗酒和非正常死亡率。

在鄂伦春族中，没有节制的酗酒习惯严重损害了当地的人口素质和经济生产能力。在一些鄂伦春族家庭中，由于丈夫酗酒、不务正业造成的意外死亡及经济拮据、生活困难现象时有发生。尤其是男性酗酒造成早亡和非正常死亡状况使鄂伦春族妇女丧偶率高。这表明，鄂伦春族妇女除了受巨大的心理压力外，还得独自承担起照料家庭的重担。更有害的是，一部分妇女由于自身素质低，也加入了酗酒的行列，甚至在怀孕、哺乳期酗酒，使胎儿和婴幼儿受到伤害，导致个别孩子出生后就变成痴呆儿或生理缺陷儿，一些青少年由于母亲天天酗酒，没有良好的家庭环境而悲观失望。因此，饮酒恶习也严重制约了妇女的发展。酒害是造成非正常死亡的直接原因，猎民村的非正常死亡，绝大多数是由于酗酒后枪杀、服毒、误伤、车祸、冷冻造成的。可见，因酗酒而造成非正常死亡，是影响鄂伦春人口发展一个至关重要的因素。

鄂伦春族非正常死亡之多，引发了一系列社会现实问题，如人口发展问题、家庭问题、子女教育问题、民族发展问题等。

## 五　结语

前文笔者以全球化为背景，以狩猎采集社会的人类学研究为出发点，对于作为周边民族的狩猎采集民族鄂伦春族经济上的适应与非适应、文化逐渐消失的问题、社会基本情况以及社会问题，进行了初步的整理和分析。从中看到鄂伦春社会在新的经济转型、社会变迁特别是生活自立过程中，出现的心理焦虑和文化消失的问题，这已经成为鄂伦春族经济社会文化发展直接面对的问题。在各种“进步”“文明”“飞跃”的口号下，他们在住房、交通、医疗、教育等方面得以前所未有的提高和“进步”，但他们的内心世界、他们表现在脸上的那种苦闷和焦虑，一直深深地印在我的脑海里。在中国汉族和少数民族的很多地方，我做过很多田野调查，从来没有碰到像鄂伦春族田野调查后那种心理上的矛盾，尽管他们的居住条件和享受的各种政府福利远远超过我原来所调查过的其他少数民族，但那种无名的惆怅不时地刺激着我。作为一个专业的人类学者，我们的使命和责任不是为论文或研究报告数量的增加而去从事这一研究，而是发自内心地为当地人的整体发展，贡献自己的力量，这才是费孝通先生所说的“迈向人民的人类学”的真谛。

正当我在鄂伦春研究中出现学术上和心理上的苦闷徘徊时，我把调查的鄂伦春族状况向我的恩师费孝通先生进行了汇报，先生非常认真地听完后感慨地说，这是一个“民族生存和发展”的问题，具体地说是“保人和保文化”的问题。

2001 年 7 月，由北京大学社会学人类学研究所和西北民族学院共同主办的第六届社会学人类学高级研讨班上，费先生特别针对小民族的问题作了《民族生存与发展》的讲演，“这几年我常常在心里发愁的是，在 1998 年第三次高级研讨班上一位鄂伦春族女同志向我率直地提出的一个问题：‘人重要还是文化重要’，她的意思是她看到了自己民族的文化正受到重大冲击，而且日渐消亡，先要把人保住，才提得上文化的重建。她提出的问题很深刻也很及时，因为在这全球化的浪潮之中，一些根蒂不深、人数又少的民族，免不了要出现这个听来很触目惊心的问题。我一直把这个问题放在心上。同时又记起我在大学里念书时读到的一本英国人类学者（Peter Rivers）写的书，书名叫 *Clash of Cultures*（文化的冲撞）。他写的是澳大利亚土著居民怎样被消灭的故事，他说在一个文化被冲撞而消灭时，土著人也就失去了继续活下去的意志。我在英国留学期间（1936～1938年），曾在报上读到澳大利亚南端Tasmenia岛的土人最后死亡的消息，对我震动很大，因之一直在心头烦恼着我。”

“我在1987年考察呼伦贝尔盟和大兴安岭时，看到了鄂伦春族的问题。我们的政府的确也尽力在扶持这个民族。他们吃住都没有问题，孩子上学也不要钱，但本身还没有形成为一个有生机的社区，不是自力更生的状态。”

“所以我脑子里一直有一个问题，在我国万人以下的小小民族有7个，他们今后如何生存下去？在社会的大变动中如何长期生存下去？实际上在全球一体化后，中华文化怎么办也是一个类似的问题，虽然并不那么急迫，而小小民族在现实生活里已有了保生存和保文化相矛盾的问题了。”

“跨入信息社会后，文化变得那么快，小民族就发生了自身文化如何保存下去的问题。在这种形势下，不采取办法来改变原有的生产和生活方式是不可能的了，问题是如何改变。”

在全球文化发展和交融的时代，在一个大变化的时代里如何生存和发展，怎样才能在多元文化并存的时代里，真正做到“和而不同”？人类共处的问题要好好解决，这是要付出代价的，甚至生命的代价。保文化就是保命，保住人也才会有文化，因为文化是人创造的，它是保命的工具。所以一切要以人为本，才能得到繁荣和发展。

费先生的讲演，事实上道出了中国55个少数民族中人口较少的民族在现代化过程中出现的新的问题，即“保文化”和“保人”的问题。之所以提出这些问题，与这些人口较少民族在地理上大多处于所谓的边缘的位置，甚至可以说它们是周边中的边缘民族有着很大的关系。关于这些民族的发展和出路，是在全球化过程中必须重视的课题。类似中国的小民族所出现的问题，在其他国家和地区也都存在。

因此，一味突出一元化的“进步”价值判断，漠视文化的多元价值判断，一定会导致文明和文化的冲突。正如研究后现代文化的一些学者所指出的："只有当文化建立在广泛规范的共同相关性、责任整体性基础上，即建立在可分的又是共同的生活意义及基本理念基础上时，文化才可能永远有生命力。文化的统一必须是'自由的统一，是轻松而丰富的'，而不是一种强制……如果文化的统一只是通过技术和技术应用的共同性建立起来，那么，它是没有基点的统一。"①

同时，包括中国一些人口较少的民族在内，全球范围内出现的对先住民族地域的开发过程，其合理性特别是文化的合理性在何处？所谓的"富裕的生活""文明和进步"真正的"合理性"又在何方？萨利斯所提到的狩猎采集民是"原始的富裕社会"，不仅仅是一种物质上的富裕，其实也应该包括精神和心理上的"富裕"。只有这样，类似于鄂伦春族这样全球范围内的狩猎采集社会，才会真正由"原始的富裕社会"变为"文明的富裕社会"。这也是在全球化过程中，文明之间、不同文化之间对话的前提。

---

① 〔德〕彼得·科斯洛夫斯基：《后现代文化——技术发展的社会文化后果》，中央编译出版社，1999，第187、192页。

# 跨界的人类学与文化田野*

总结费孝通先生一生的学问，我认为可以简单概括为“三篇文章”：汉民族社会、少数民族社会、全球化与地方化。从费先生的学术历程看，以江村为起点一直到全球社会，都围绕着流动性、开放性和全球性展开讨论，如江村的蚕丝通过上海经过加工进入资本主义体系及其晚年倡导的“和而不同”的全球社会理论。可见，费先生一直关注着中国社会文化人类学研究的流动性与跨界性。当今世界跨界流动的现象越发频繁，为延续费先生的学术脉络，我们有必要重新审视“跨界的人类学”中丰富的意涵。我想，可以从如下几个方面，展开对“跨界的人类学”与文化田野的理解和认识。

## 一　“跨界的人类学”将成为人类学学术的重要方向

今天，人类学家在关注文化、历史、结构、过程以及研究对象

* 本文为“跨界与文化田野”丛书总序，原载于《广西民族大学学报》2015 年第 4 期。

的行动时，经常要穿越村社、地方、区域乃至国家的边界。近年来，从大量的民族志作品看，仅仅试图赋予某个“个案”独立的意义已难成功，甚至当以类型学的手段进行个案分析时，我们也难以概括不同个案“你中有我，我中有你”的整体性内涵。此外，虽然“跨国主义”“跨境研究”等系列概念也在试图回应全世界普遍发生的“流动”状态，但仍然是不够的。因为，人类学的研究单位是立体的、多层次的，对任何一种社区单位层次的简单概括都不足以分析当代世界体系复杂的交叉性特征。即使是东方、非洲与南美洲等发展中区域，世界体系也早已将它们深深卷入其中。

“跨界”这一概念，要比“跨国”“跨体系”“跨境”“跨社区”等具体概念更具有理论意义。跨界本身不是否认边界，而是试图重新认识“边界”。在一定程度上，我们区分村社、区域、国家的边界时，实际上也是在强调它们之间的联系纽带。比如，两个社区最为紧密的联系区域恰恰最可能产生在所谓的“边界”之中。因此，当人类学以跨界的视野去认识研究对象、研究区域时，所秉持的方法论，就不能仅仅是内部性的扩展个案研究，同时更是要内外兼顾的扩展个案研究。

今日，各种人口、商品和信息的洪流搅和在一起，造成边界的重置与并存，跨界本身成了一种社会事实。其中尤以人口跨国流动为甚，在这个过程中社会与文化的重重界限被流动人口的活动所打破。跨国生活过程将不同社会的多种边界并置于一个空间，我们在不同社会研究中所提出的概念和知识被连接起来，形成了一种“模棱两可”的场域，即一个地点两套（甚至多套）知识体系互动的局面。一方面，传统意义上的跨国流动关注政治界限的跨越和协商，但这只是多面体的一面。实际上，在这个环境中，多个社会的民族、阶级、政治参与到同一个边界运作过程中来，形成了一个由政治、经济与文化多重边界所构成的多面体。另一方面，这不仅是一个从多方面重新划界的过程，也是一个协商与抵抗的过程，是政府、社会、企业与个人参与其中的互动机制。因而，全球化或者说跨国流动所带来的这种衔接部位并不存在固定的方向，这是一个各种力量相互摩擦的互动地带。

在我看来，中国人类学与世界的重要对接点之一，可能就在于“跨界”的人类学。流动的概念已经变成全球人类学的核心。比如，广州的外国人流动现象反映了全球体系在中国如何表述的问题，如广州的非洲人作为非洲离散群体（African diaspora）的一部分，以移民的身份进入中国这个新的移民目标国，在全球化的背景下重新型塑了人们之间的行为边界及行为内容，成为跨界流动中的“过客”。又如，中国的技术移民—工程师群体，当他们移居到如新加坡等国后，他们的家乡认同、国家认同以及对新国家的重新认同，都反映了流动、迁居所带来的多重身份认同。与这相关的研究是日本京都大学东南亚研究中心的研究团队，在20世纪90年代初就提出了“世界单位”概念。所谓世界单位，就是跨越国家、跨越民族、跨越地域所形成的新的共同的认识体系。比如，来自非洲、阿拉伯、东南亚和广州的伊斯兰信徒在广州如何进行他们的宗教活动？不同民族、不同语言、不同国家的人在广州如何形成新的共同体和精神社区？在全球化背景下跨界（跨越国家边界、跨越民族边界和跨越文化边界）的群体，当他们相遇的时候，在哪些方面有了认同？这些人的结合其实就是个世界单位。这些研究成果与学术传统促使我一直思考华南在全球社会的地位，以及与东南亚社会的联动性问题。萧凤霞认为，“华南”作为一个有利视角可以用来说明“历史性全球”（historical global）的多层次进程。[①] 从当代全球人类学的研究视域而言，华南研究提供了“从中心看周边”和“从周边来看中心”的双重视角，对重新审视华南汉人社会结构、华南各族群互动及东南亚华人社会都具有重要的方法论意义。[②] 灵活地转换

① 萧凤霞：《跨越时空：二十一世纪的历史人类学》，《中国社会科学报》2010年第130期。

② 麻国庆：《作为方法的华南：中心和周边的时空转换》，《思想战线》2006年第4期，第1～8页。

“中心”和“周边”的概念，不仅是要跳出民族国家的限制，从区域的角度来重新审视“华南”，更是提倡突破传统的大陆视角，转而从“海域意识”出发来思考华南到东南亚这片区域的整体性与多样性。流动、移民、过客和世界单位，这几个概念将会构成中国人类学走向世界的重要基础。这些年我一直在思考，到底中国人类学有什么东西可以脱颖而出？我们虽然已经有许多中国研究的作品，也尝试着提出自己的理论，但像弗里德曼那样的研究还无法构成人类学的普适理论。我觉得，新理论有可能出自中国与周边国家和地区的跨界地带，如东南亚、南亚、东北亚、中亚等过渡地带。在这些区域，如果以超越民族国家的理念，把研究提升到地缘政治和区域研究的视角，进行思考和讨论，应该会产生经典的人类学民族志作品。同时，不同民族的结合部，在中国国内也会成为人类学、民族学研究出新思想的地方。其实，费孝通先生所倡导的民族走廊研究，很早就注意到多民族结合部的问题，我们今天一般用民族边界来讨论，但结合部，在中国如蒙汉结合部、汉藏结合部等，还有其特殊的历史文化内涵。

不管是着眼于国内的流动还是跨国的流动，一个全新的领域——跨界的人类学将成为21世纪全球人类学的核心。人类学研究也必须与世界背景联系在一起，才能回答世界是什么的问题，才能回答世界的多样性格局在什么地方的问题。

现在，海外中国研究对于中国的民族研究有两种取向。一种偏文化取向，如对西南民族的文化类型进行讨论；而另一种偏政治取向，将藏族等大的民族放到作为问题域的民族中来讨论。不论什么取向，我们首先要强调：任何民族研究都应当在民族的历史认同基础上来讨论，不能先入为主地认为某个民族是政治的民族，而要回到它的文化本位。相当多的研究者在讨论中国的民族时，强调了民族自身的特殊性与独立性，却忽视了民族之间的有机联系及互动性和共生性。也就是说，将每个民族作为单体来研究，而忘记了民族之间形成的关系体，忘记了所有民族皆处于互动的共生关系中。这恰恰就是“中华民族多元一体格局”概念之所以重要的原因。多元不是强调分离，多元只是表述现象，其核心是强调多元中的有机联系体，是有机联系中的多元，是一种共生中的多元，而不是分离中的多元。我以为，“多元一体”概念的核心，事实上是同时强调民族文化的多元和共有的公民意识，这应当是多民族中国社会的主题。

关于海外中国研究，有几点是值得注意的。第一，海外研究本身应该被放到中国对世界的理解体系中来看待，它是通过对世界现实的关心和第一手资料的占有来认识世界的一种方式。第二，强调中国与世界整体的直接关系。比如，如何回应西方因中国企业大量进驻非洲而提出的中国在非洲的“新殖民主义”问题？人类学如何发出自己的声音？第三，在异国与异文化的认识方面，如何从中国人的角度来认识世界？近代以来聪明的中国人已经积累了一套对世界的看法，如何把这套对海外的认知体系与我们今天人类学的海外社会研究对接起来？也就是说，中国人固有的对海外的认知体系如何转化成人类学的学术话语体系？第四，海外研究还要强调与中国的有机联系，如杜维明提出过“文化中国”的概念，人类学如何来应答？有5000多万华人在海外，华人世界的儒家传统落地生根之后的本地化过程以及与有根社会的联系，应该说这恰恰构成了中国经济腾飞的重要基础。我们可以设问，如果没有文化中国，中国经济能有今天吗？

另外，海外研究还要重视跨界民族。这一部分研究的价值在于与中国的互动性形成对接。此外，还有一个很大的问题，就是中国人在海外不同国家中的新移民问题。不同阶层的新海外移民在当地的生活状况值得关注，如新加坡的技术移民生活过程可以视为一种自由与限制、体面与难堪之间挣扎的过程等。同时，不同国家的人在中国的状况其实也是海外民族志研究的一部分。我觉得海外民族志应当是双向的。国内的朝鲜人、越南人、非洲人，还有在中国不具有公民身份的难民，也都应该构成海外民族志的一部分。这方面的研究一方面是海外的，另一方面又是国内的。海外民族志研究不应局限于国家，要有多样性。

## 二　关于文化田野

自从人类学家告别古典时代“安乐椅”式的工作方式，开始远足万里之外的异域和真正的“他者”打交道后，人类学这门学科才算真正找到了自己的位置。马林诺夫斯基在南太平洋小岛无奈的调查，开启了人类学的新时代，他以建构“文化科学”为理念，给学科的方法论起了个“科学”名称——“田野工作”（fieldwork）。由此开始，人类学的田野被赋予了文化的主轴。

马林诺夫斯基文化科学的方法，是指研究者自身在原住民中生活，以直接的观察、详细充分的验证资料为基础，参照专业的规范来确立法则，进而论证这一民族生活的实态和规律。时至今日，田野工作对于专业的人类学研究者来说，较为理想的状态是研究者在所调查的地方至少住一年，以特定的社区为中心，集中、细致地调查这一社会。以田野工作的方式获取资料，在田野工作的基础上讨论问题，成了人类学专业的行规。

田野工作中出现的问题有几个趋向。一是田野工作的伦理价值判断问题。如果田野工作讨论实践、讨论行动的问题，那么田野工作的学理意义会受到质疑。二是很多田野工作没有观照社会学调查，只是一个社会调查而已，忽略了田野调查对象中人们的思想和宇宙观。田野工作本身是作为思想的人类学而非资料的人类学得以成立的。许烺光很早就在《宗族·种姓·俱乐部》里提出，社区研究是发现社区人们的思想，不是简单的生活状态，因为之所以产生这种生活状态，背后一定有一套思想体系作支撑。三是接受后现代人类学，忽略了人类学传统的田野经验，把田野工作的资料过度抽象化，抽象到田野工作已经不是田野工作本身，而是研究者的一套说理体系。但如果把当地人的观念简单抽象化，这种田野工作是还原不回去的。

在一定意义上，人类学传统的社区研究如何进入区域是一个方法论的扩展，用费先生的话来说就是扩展社会学。人类学到了一定程度如何来扩展研究视角，如何进入区域，是一个重要的问题。这也涉及跨文化研究的方法论问题。“进得去，还得出得来”，拓展多点民族志的比较研究。

与方法论相关的另一个问题是，民俗的概念如何转化成学术概念。20 世纪 80 年代，杨国枢和乔健先生就讨论过中国人类学、心理学、行为科学的本土化问题。本土化命题在今天还有意义。当时只是讨论到“关系、面子、人情”等概念，但是，中国社会还有很多人们离不开的民间概念需要研究。又如，日本社会强调“义理”，义理与我们的人情、关系、情面一样重要，但它体现了纵式社会的特点，本尼迪克特在她的书中也提到了这一点。这如何转换成学术概念？民俗概念和当地社会的概念完全可以上升为学理概念。

田野工作，从一开始，就跨越了人类学家为其界定的概念边界。田野工作的本质，跨越了获取资料的技术手段，成为对异文化的思想关怀。田野工作的目标，跨越了对某些事项的描写，成为人类学家超越时空进行思想交锋的平台。田野工作的意义，在“写文化”之后被赋予了更为丰富的内涵。随着极端后现代主义思潮的逐渐退去，经过深度反思的人类学已经不再迷信单一的理论范式，更放弃了科学主义的表述方式，然而学科共识却变得模糊了，人类学分支学科大发展的背后，是问题域的碎片化。面对困惑，人类学家还是纷纷回到田野工作寻找答案。

此时的田野工作中，只有解答人类多元文化时迸发的五彩缤纷的思想火花，而早已不见了单线、苍白的刻板界限。非洲的人类学家，从随着部落民一起进入城市开始，问题意识也从找寻宗族的平衡机制转向贫民窟和艾滋病的治理方式；在拉美的人类学家，走出了原始森林荫庇下的大小聚落，将目光转向民粹主义领袖的政治宣传策略；在东亚和欧美的一些人类学家，纷纷回到自己的家乡展开田野工作，不无惊异地发现自己对“本文化”的解读可以如此深入和多元。

当然，我们这种内外兼修的“跨界”人类学方法，仍然应以关注文化为核心的民族志田野工作来完成。当我们发现文化模式的共生与冲突、社区网络的连接与重组、习俗规范的形成与解构、行动意义的理解与实践等议题时，实际上就是在讨论“跨界”问题，而这个问题的核心议题仍是“文化”，人类学的看家本领——田野工作与民族志是理解跨界与文化的基础。我们的田野工作是文化的田野工作，它既不是沉浸于过去的历史回顾，也不是走马观花的现状调查。对历史、数据、哲学、政策等等时髦议题的关注，是在文化田野之中的，而不能替代文化田野本身。正如费孝通先生曾在生前希望出一套“文化田野丛书”，但丛书未果，后来我看其寄语感慨万千，也为此次丛书加上“文化田野”的表述，以纪念先生对于人类学的巨大学术贡献。费先生在寄语写道：“文化来自生活，来自社会实践，通过田野考察来反映新时代的文化变迁和文化发展的轨迹。以发展的观点结合过去同现在的条件和要求，向未来的文化展开一个新的起点，这是很有必要的。同时也应该是‘文化田野丛书’出版的意义。”本套丛书在学理上也秉承费先生的这一寄语。

文化在田野中，才能获得最为鲜活的解读。文化田野，早已越过了社区的界限、族群的界限、区域的界限、国家的界限。如冲破传统上城乡二元的限制，进入城市的农村人口，他们跨越城乡，融合了“乡土性”与“都市性”，是城乡一体化的典型例证，他们因跨界、因流动而形成的文化风格甚至成为现代都市生活中有生机活力的创造性成分。他们在城乡之间消费自己的劳动、憧憬着家庭的未来，这是中国社会内部流动性的一大特点。除了内地汉族社会的流动性之外，民族地区的流动性与跨界性也是一大特点。

## 三 跨界研究与“一路一带”的内与外

目前，中国政府的大战略是“一带一路”。“一带”指传统陆上的丝绸之路，“一路”，指21世纪海上丝绸之路。其实，早在20世纪80年代初，费孝通先生就特别强调区域发展中的内与外的问题。他所提出要对河西走廊、藏彝走廊、南岭民族走廊这中国三大民族走廊进行研究，强调这三大民族走廊最大的特点就是跨界性与流动性。例如，费先生提出了依托历史文化区域推进经济协作的发展思路。以河西走廊为主的黄河上游一千多里的流域，在历史上就属于一个经济地带，善于经商的回族长期生活在这里，现在我们把这一千多里黄河流域连起来看，构成一个协作区。[①] 因此，这个经济区的意义正如费先生所说：“就是重开向西的‘丝绸之路’，通过现在已建成的欧亚大陆桥，打开西部国际市场。”[②]

对于南方丝绸之路，费老在1991年曾在《瞭望》杂志上发表《凉山行》，其中就提到关于藏彝走廊特别是这一区域内和外的发展问题。由四川凉山彝族自治州与攀枝花市合作建立攀西开发区，以此为中心，重建由四川成都经攀西及云南保山在德宏出境，西通缅、印、孟的“南方丝绸之路”，为大西南的工业化、现代化奠定基础。

在1981年的中央民族研究所座谈会上，费先生把“南岭走廊”放在全国一盘棋的宏观视野下进行论述与思考，之后又强调把苗瑶语族和壮傣语族这两大集团的关系搞出来。[③] 这个论断，其

① 北京大学社会学人类学研究所编《东亚社会研究》，北京大学出版社，1993，第218页。

② 北京大学社会学人类学研究所编《东亚社会研究》，北京大学出版社，1993，第218页。

③ 费孝通：《深入进行民族调查》，载费孝通《费孝通民族研究文集新编》，中央民族大学出版社，2006，第473～474页。

实暗含了类型比较的研究思路。例如，南岭走廊研究对于我们认识南部中国的海疆与陆疆边界与文化互动有着重要的现实意义，它是在长期的历史过程中逐渐形成的，并且与南中国海以及周边省份、国家逐渐发展成为一个有内在联系的区域。从历史与现实看，与东南亚毗邻的南部边疆与南中国海及周边陆上区域，不但在自然地理空间上有相邻与重合，而且在文化空间上形成了超越地理意义的文化网络和社会网络。中国南部陆疆和海疆区域与东南亚之间的经济联系历史悠久，明清时期发展成为具有一定全球性影响的经济区域，到今天，中国—东盟自由贸易区也是世界三大区域经济合作区之一。在这一背景下，这一对话和联系的基础离不开对这一区域的文化生态与社会网络的人类学思考，如山地、流域、海洋等文明体系和区域文化的研究。

费老当年所强调的丝绸之路理念，对我们今天的“一带一路”战略，有重要的参考价值。

面对这一大的战略转移，人类学、民族学对于跨国社会研究的经验和基础，会扮演非常重要的角色。重新认识和理解“一带一路”的社会文化基础和全球意识是人类学民族志研究的新趋势。我们的研究重点将会突出通过海路和陆地所形成的亚、非、欧交通、贸易、文化交流之路。这种跨境的文化交融现象在现代化和全球化背景下将会越来越多，原本由国家和民族所设定或隐喻的各种有形和无形的、社会和文化的“界线”，不断被越来越频繁的人员、物资和信息流通所“跨越”，形成了复杂多元的社会网络体系。今日的世界日益被各种人口、商品和信息的洪流搅和在一起，出现边界的重置与并存，因而跨界本身成为一种社会事实。

在全球化的今天，随着“冷战”的结束，全球体系越来越向多极化方向发展，区域问题、地缘政治与发展等问题，不断在超越传统的民族国家界限，全球化所带来的全球文化的同质性、一体化的理想模式，受到了来自地方和区域的挑战。因此，要从区域的角度来探索全球性的问题和现象。

国际合作背后重要的因素是文化，文化的核心是交流、沟通与理解。只有理解他国、他民族、他文化，才能够包容接受、彼此尊重，才能保持世界文化的多样性、价值观的多样性，才能建立人类文化共生的心态观，创造“和而不同”的全球社会。

本丛书的著作力图把社会、文化、民族与国家、全球置于相互联系、互为因果、部分与整体的方法论框架中进行研究，超越西方人类学固有的学科分类，扩展人类学的学术视野，形成自己的人类学方法论。同时本丛书也会出版海外民族志的研究，特别是以流动性为主题的人类学作品。中国人类学进入海外研究，这是与中国的崛起和经济发展紧密相连的。

本丛书也会遵守学理性和应用性的统一。我记得在 1999 年，日本《东京新闻》采访 20 世纪对世界贡献最大的社会科学家时，在中国采访的是费先生，当时我做翻译。我印象很深的是这位记者问费先生：“您既是官员又是学者，这在国外是很难想象的，您一直强调学以致用，它会不会影响学术的本真性?”费先生没正面回答他，他说作为人类学和社会学学科，它的知识来自民间，作为学者就是要把来自于民间的知识体系经过消化后造福当地，反馈当地，服务于人民，而中国本身的学术也有学以致用的传统。费先生所追求的核心问题就是“从实求知”和“致富于民”。本丛书在学理和实践层面会以此为指导，使本丛书真正成为“迈向人民的人类学”的重要园地。

在文化田野中，我们可以看到的“跨界”实在太多，本套丛书也希望成为一个开放式的平台，特别强调高水平的人类学跨区域研究以及民族志作品，使之成为一个品牌并发挥长期效应。

# 全球社会与21世纪海上丝绸之路

20世纪不只是传统上以西方特别是以美国为中心的世纪，它也是非西方社会如亚非拉地区摆脱殖民化的过程，是民族独立和文化自觉的世纪。而在全球化的今天，随着“冷战”的结束，全球体系越来越向多极化方向发展，区域问题、地缘政治与发展等问题，不断在超越传统的民族国家界限，传统认为全球化所带来的全球文化的同质性、一体化的理想模式，受到了来自地方和区域的挑战。因此，从区域的角度来探索全球性的问题和现象，是认识“和而不同”的全球社会的出发点。

## 一 费孝通先生的全球社会理念与“一带一路”战略

1991年9月，我随费孝通先生到武陵山区考察，在北京上火车后，他花了一个多小时给我们讲人类学的发展面向问题。联系到东欧苏联的解体、动荡的阿拉伯世界特别是阿以问题，以及巴尔干半岛问题、美国洛杉矶发生的种族冲突事件等，他当时就讲到20

世纪末21世纪初，在相当长的时期内，民族和宗教纷争将会成为国际焦点问题之一。而人类学的研究传统和对象又与民族和宗教有着直接的联系，因此，从国际政治的角度看，人类学将会在动荡的世界格局中发挥它解决民族宗教纷争及地域间冲突的应有作用。

2000年夏，国际人类学与民族学联合会中期会议在北京召开。当时会议安排费先生作主题发言，他在开会前几个月把我叫去，由他口述，我来录音记录，他讲了近两个小时，我回去整理后发现，费老的思路非常清晰，需要改动的地方非常少。我把整理稿交给先生，先生又亲自作了修改，最后形成著名的演讲题目——《创造“和而不同”的全球社会》。在大会发言中，先生由于身体原因，讲了开场后，委托我代读主题发言。其中特别强调，在全球化背景下不同民族、不同文化如何和平相处的问题。其实对于全球化和地方社会的关心是费老晚年研究的“第三篇文章”。费老在本次大会所提出的“全球社会”理念，对于中国如何融入世界，特别是以一种开放的心态来对待世界，具有重要意义。费先生的全球社会理念强调，在全球化过程中，不同的文明之间如何共生，特别是作为世界体系中的中心和边缘以及边缘中的中心与边缘的对话，越来越成为人类学所关注的领域。而“文明间对话”的基础，需要建立人类共生的“心态秩序”以及“和而不同”的“美美与共”理念。

实际上，费孝通先生的全球社会理念在20世纪30～40年代就有所体现。比如，费先生非常关注西方与非西方的问题。1947年1月在伦敦政治经济学院的学术演讲中，他提到拉德克利夫－布朗（Radcliffe-Brown）在中国的一次旅行中，发现荀子的著作里有不少和他相同的见解。在演讲的最后，费孝通先生指出，“中国社会变迁，是世界的文化问题”，“让我们东西两大文化共同来擘画一个完整的世界社会”①。显然，费先生在这里很明确地提出了“世

① 费孝通：《费孝通文集》第4卷，群言出版社，1999，第312～313页。

界社会”概念。

丝绸之路是全球社会理念的重要例证。历史上，丝绸之路是沟通全球不同社会的桥梁和通道。现在，我国又希望重新强调与打造丝绸之路，其目的依然在于全球不同文化、区域与社会的沟通与交流。事实上，在全球社会理念下，费孝通早在20世纪80年代就提出重开“丝绸之路”的构想。在讨论河西走廊时，费先生强调依托历史文化区域推进经济协作的发展思路。“以河西走廊为主的黄河上游一千多里的流域，在历史上就属于一个经济地带。善于经商的回族长期生活在这里。现在我们把这一千多里黄河流域连起来看，构成一个协作区。”[①] 因此，这个经济区的意义正如费先生所说：“就是重开向西的‘丝绸之路’，通过现在已建成的欧亚大陆桥，打开西部国际市场。”[②]

借助南方丝绸之路，实现区域经济发展，是费孝通先生晚年给自己制定的重要研究课题之一。他在1911年5月访问凉山地区，并在《瞭望》杂志上发表《凉山行》，其中就提到重建“南方丝绸之路”、解决藏彝走廊区域内外的发展问题。他提出了这一区域的发展构想，由四川凉山彝族自治州与攀枝花市合作建立攀西开发区。以此为中心，重建由四川成都经攀西及云南保山在德宏出境，西通缅、印、孟的南方丝绸之路，为大西南的工业化、现代化奠定基础。[③]

与南方丝绸之路理念一脉相承的是费孝通关于“南岭走廊”的学术研究与经济发展的论断与构想。费先生非常强调南岭走廊所具有的流动性和区域性特性，强调从整体上对南岭走廊进行研究，探讨其中的民族流动与定居、共性与个性、民族的源与流等话题。

---

① 北京大学社会学人类学研究所编《东亚社会研究》，北京大学出版社，1993，第218页。

② 北京大学社会学人类学研究所编《东亚社会研究》，北京大学出版社，1993，第218页。

③ 费孝通：《费孝通文集》第12卷，群言出版社，1999，第175页。

比如，费孝通在1981年的中央民族研究所座谈会上，就对学术界提出期望："广西、湖南、广东这几个省区能不能把南岭山脉这一条走廊上的苗、瑶、畲、壮、侗、水、布衣等民族，即苗瑶语族和壮傣语族这两大集团的关系搞出来。"[①] 事实上，南岭走廊的研究对于我们认识南部中国的海疆与陆疆的边界与文化互动有着重要的学术与现实意义。比如，从民族流动来看，南岭走廊作为华南重要的分水岭，貌似是民族流动的终点，实则是民族流动的桥梁与中转站。一方面，大量山地民族沿着南岭走廊西向流动，到达越南、泰国、老挝等东南亚国家；另一方面，大量汉族通过南岭走廊南下，与岭南当地民族合作甚至融合，开发岭南地区，并进一步跨越南海，扎根在菲律宾等地。

费老强调的全球社会理念以及在此理念指引下的"南方丝绸之路"，对我们今天的"一带一路"战略，有重要的参考价值。2013年10月，习近平主席在出访印度尼西亚时指出，东南亚地区自古以来就是海上交往的重要枢纽，中国愿同东盟国家共同建设21世纪"海上丝绸之路"。紧接着，在同年11月，中共中央发布的《中共中央关于全面深化改革若干重大问题的决定》进一步明确了"海上丝绸之路"作为建设我国全方位开放新格局的重要意义。

值得注意的是，我国提出的"海上丝绸之路"的基础理念是不同文化与文明间的沟通与共赢。这集中地体现在中共中央提出的"命运共同体"概念中。2012年11月，中共十八大报告提出，"这个世界，各国相互联系、相互依存的程度空前加深，人类生活在同一个地球村里，生活在历史和现实交汇的同一个时空里，越来越成为你中有我、我中有你的命运共同体"。2013年3月，中国国家主席习近平在莫斯科国际关系学院演讲，向世界传递对人类文明走向

① 费孝通：《深入进行民族调查》，载费孝通《费孝通民族研究文集新编》，中央民族大学出版社，2006，第473～474页。

的中国判断，再次强调“命运共同体”的意义。习近平对命运共同体的不断阐释，把握人类利益和价值的通约性，在国与国关系中寻找最大公约数。[①] 党和国家领导人习近平总书记，在不同场合提出的“你中有我、我中有你”的人类命运共同体理念，跨越了家族、社区、社群、民族、国家、区域等不同层次的社会单位，建立起了文化共享、和而不同、互通有无的全球社会观念价值，表达了对未来美好社会的憧憬。构建区域命运共同体，是实现人类命运共同体的关键环节之一，“一带一路”国家战略的提出，本身就是超越民族国家理念区域共同体的具体表现。

## 二　海上丝绸之路与环南中国海区域社会体系

“海上丝绸之路”的内涵相当广泛，通俗而言是指以我国为中心，通过海路和陆地中转站与亚、非、欧之间的交通、贸易、文化之路。经过几代学人的共同努力，我国在“海上丝绸之路”研究领域取得了丰硕的成果。我国的“海上丝绸之路”研究传统具体体现为以下四个方面。

其一，对海上丝绸之路沿线国家的研究。我国古代不同朝代的航海家与旅行家留下大量介绍各国方物、风俗与中外交流的古籍。《诸番志》《岛夷志略》《瀛涯胜览》等珍贵古籍成为研究古代中外文化交流的重要材料。民国至新中国成立初期，陈寅恪、陈序经等学者在这些古籍资料的基础上对东南亚及其他国家的古代社会史进行了深入研究。改革开放以来，中山大学、厦门大学、北京大学、暨南大学等高等院校相继成立了东南亚研究的相关学术机构，进一步推进了对沿线区域近现代社会经济发展的研究。其二，对中外海洋交通贸易史的研究，这既包括朱杰勤、冯承均、岑仲勉、韩

---

① 国纪平：《为世界许诺一个更好的未来——论迈向人类命运共同体》，《人民日报》2015年5月18日。

振华等人对中外交通史概况的基础研究，又包括以白寿彝《宋时伊斯兰教徒底香料贸易》为代表的贸易史专题研究。其三，华人华侨是海上丝绸之路的实践主体，他们以群体性迁移的方式实现了中国文化向外的传播，尤其对环南中国海地区的文化交流起到至关重要的作用。因此，前辈学者对华人华侨的研究构成“海上丝绸之路”研究的第三大主题。早期，陈达、田汝康、李亦园、姚楠就对南洋华侨社会进行了相关研究，后来，对侨乡、侨批及华人跨国网络的相关研究又丰富了这一研究领域。其四，关于“海上丝绸之路”的专题研究。20 世纪 80 年代后期，北京大学陈炎教授在季羡林先生的鼓励下开始从事古代“丝绸之路”的研究，相继出版了《陆上和海上丝绸之路》《海上丝绸之路与中外文化交流》两本著作。其中《海上丝绸之路与中外文化交流》一书，收录了作者十几年间研究“海上丝绸之路”的 30 余篇论文，通过实地调查、文献考据和考古论证等方法，对海上丝绸之路的形成、发展，以及各国间的文化交流进行了论述。后来，东南沿海各省亦陆续开展了以古代重要港口为中心的“海上丝绸之路”研究。

自 20 世纪 20、30 年代开始，中山大学的前辈学者们在南海地区的考古、历史文化、语言风俗、地理交通、海洋贸易等领域作出了开创性贡献，整理出版了大量关于南海海域的重要文献资料，并在相关区域进行了关于族群、宗教、生态等方面的田野调查，如海南黎族社会调查、南海疍民研究等。50 年代，中山大学成立了国内最早的东南亚及华侨华人问题专门研究机构，出版了东南亚诸国的研究著作。在陈序经、朱杰勤、金应熙、何肇发等几代学人的努力下，中山大学不断对东南亚地区及南中国海地区的研究产生广泛的影响。进入 80 年代后，刘志伟、陈春声等人在既有学术传统基础上，对华南区域社会进行了一系列学术研究和田野调查活动。

这些研究成果与学术传统促使我一直思考华南在全球社会的地位，以及其与东南亚社会的联动性问题。萧凤霞认为，“华南”作为一个有利视角可以用来说明“历史性全球”（historical global）

的多层次进程。[①] 从当代全球人类学的研究视域而言，华南研究提供了“从中心看周边”和“从周边来看中心”的双重视角，对重新审视华南汉人社会结构、华南各族群互动及东南亚华人社会都具有重要的方法论意义。[②] 灵活地转换“中心”和“周边”的概念，不仅是要跳出民族国家的限制，从区域的角度来重新审视“华南”，更是提倡突破传统的大陆视角，转而从“海域意识”出发来思考华南到东南亚这片区域的整体性与多样性。

“海上丝绸之路”是以我国东南沿海港口为起点，通过海路和陆地中转站与亚、非、欧之间的交通、贸易、文化交流之路。历史上，海上丝绸之路沿线国家和地区间发生了持久而复杂的民族迁徙和文化交流，在此基础上形成的历史、文化、记忆以及社会纽带，是今天推动中国与欧、亚、非国家贸易往来和政治交往的重要基础。作为“海上丝绸之路”文化交流的核心区域，从华南到东南亚的环南中国海区域经过历史时期复杂的族群交流和社会交往，形成了“你中有我，我中有你”的文化格局，多重网络关系相伴而生。近代以来，随着资本、劳工、资源、商品等跨国流动的日益频繁，这种网络关系得以在更广泛的层面扩展和流动。正如我在《文化、族群与社会：环南中国海区域研究发凡》中所指出的那样，整体性与多样性相结合是环南中国海区域社会的基本特点，而由多种社会网络及象征体系构成的跨区域社会体系，则是这个区域社会得以延续的基础。这个体系就像一个万花筒，从不同的角度看会发现不同的“区域社会”。[③] 换句话说，在环南中国海区域社会发生的所有人文交流的时空过程不仅型塑了区域的文化生态，同时

① 萧凤霞：《跨越时空：二十一世纪的历史人类学》，《中国社会科学报》2010年第130期。

② 麻国庆：《作为方法的华南：中心和周边的时空转换》，《思想战线》2006年第4期，第1~8页。

③ 麻国庆：《文化、族群与社会：环南中国海区域研究发凡》，《民族研究》2012年第2期，第34页。

还具有社会整合的功能。区域各文化社会事项流动之下暗含着某种稳定的深层结构。网络化的区域社会体系构成了讨论环南中国海区域社会整体性的方法论基础。而抽取和剥离这个体系中多重文化与社会网络的过程，正是我一直强调的“环南中国海区域”研究。

不同类型的社会网络会因主体活动空间的变化而流动，又可因家族、地域、族群、国家等认同关系而进行延展和相互糅合。若将当前环南中国海区域网络进行类型化区分，可抽离出具有不同社会整合功能的网络。其中区域贸易网络、跨国族群网络、信仰网络直接推动了华南—东南亚交往体系的形成。

地区相互依赖的经济交换关系是引发以古代“海上丝绸之路”为基础持久而复杂的人口流动和文化交流的原动力。以“海上丝绸之路”为基础而形成的商品贸易网络不仅型塑了古代中国与东南亚各国的物质文化交流，而且是当前推动中国与东盟社会交往和文化交流的主要形式。我指导的一个博士生在印度尼西亚的香料群岛做过田野调查。我们都知道香料自古便是东南亚地区海岛的特殊物产，也是现代之前“海上丝绸之路”上最重要的贸易商品之一。但我们可能很难想象，这种跨海贸易一直延续至今。目前，中国市场上供应的肉豆蔻、胡椒等香料50%以上来源于印度尼西亚。不少中国本土商人还在印度尼西亚泗水设立分公司，专营香料的进出口贸易。

作为文化交流的主体，“人”的跨国实践必然引起迁出地与迁入地间文化交流现象的发生，并形成以相应主体为中心的“跨国文化圈”。华人迁徙东南亚地区历史悠久，时间跨度长达几个世纪，空间范围则遍及整个东南亚地区，并由此形成了中国与东南亚地区特殊的文化生态。陈杰在对海南侨乡及祖籍海南的华侨的调查基础上提出的“两头家”概念，就是华人通过移民创造的跨国社会联系的具体阐释。①

① 陈杰：《两头家：华南侨乡的一种家庭策略——以海南南来村为例》，《广西民族大学学报》2008年3期，第27页。

作为世世代代在南中国海海域生产生活的渔民群体，他们既是国家海权的实践者又是自身渔权的维护者。广东、海南的渔民去南海打鱼是其世世代代的生计方式，并形成了一整套的历史、信仰、民俗和知识体系。他们与东南亚如菲律宾、印度尼西亚、越南的渔民也在开发同一个生态体系的渔业资源。厦门大学的王利兵博士就研究了南海不同国家渔民的流动与文化交流问题。例如，潭门渔民在南沙建立了一个以海产品交换和交易为主的互动网络，这个网络中不仅包括越南渔民，还加入了很多菲律宾渔民。[①] 我指导的留学生郑胜营有关马来西亚华人渔村鬼咯港家庭生计与社区宗教的研究，也注意到了渔民在祖籍地与东南亚沿海渔港间流动的现象。[②]

以区域内的宗教体系来看，宗教的传播必然与人口的流动联系在一起。南海是早期佛教向东南亚传播的重要通道，也是中国早期佛教的输入途径之一。而伊斯兰教最初进入中国的途径之一，也是经由南海海道到达广州、泉州等港口城市。环南中国海地区穆斯林的分布状态与伊斯兰教在本地区的传播路线有密切关系。海南岛位居南中国海要冲，是中国联系东南亚社会的交通枢纽。海南岛的民族研究在中国人类学的学术版图中具有极其重要的地位，中山大学人类学系的海南研究在学术史上书写过浓重的一笔，这一学术传统应该得到继承和发扬，并完全有条件进行更加深入的学术讨论。在海南岛的少数民族中，海南的回族有特殊的地位。相对于中国的穆斯林主体而言，海南穆斯林孤悬海外，似乎是一片文化的孤岛，但实际上，海南穆斯林先民的主体从越南占城迁移而来，在当代社会始终与东南亚地区保持着密切联系。由于地缘的关系，海南岛与东南亚的交通甚为便利，社会文化交流频繁。在民族志研究的层面，海南回族以其独特的语言文化历史在海南岛的民族研究中占据不可

---

① 王利兵：《流动、网络与边界：潭门渔民的海洋适应研究》，厦门大学博士学位论文，2015，第213页。

② 郑胜营：《家庭生计与社区宗教——以马来西亚华人渔村龟咯港脚为例》，中山大学硕士学位论文，2014，第17页。

或缺的地位，在人类学学科中有巨大的讨论空间，不仅在民族志的层面上，还在理论上具备与国际学术界对话的条件。

中国与东南亚经过长期的族群流动、文化互动与社会交往形成了网络化的区域社会体系，业已建立的复杂多重网络的运作，又推动了当前中国与东盟的文化交流。厘清当前区域社会体系与各国文化交流的现状，有利于推动环南中国海区域内的文化互动与社会整合，增进不同民族、地区、国家间的文化理解，推动区域命运共同体的文化交流与人文发展，充分挖掘21世纪“海上丝绸之路”建设的社会文化资源。

## 三　区域命运共同体与“和而不同”的全球社会

“海上丝绸之路”研究不能局限于具体的经济活动，还要考察一些重要的社会、文化和族群纽带，及其在时间上的变迁和空间上的流动。也就是说，我们不能简单地将“海上丝绸之路”当作促进中西文化交流与贸易往来的海上通道，而要发掘“海上丝绸之路”在社会文化领域的意义，即对“路”的延展性进行研究。正如陈炎先生所言，“海上丝绸之路”把世界上的文明古国、世界文明的发祥地与中国文明都联系在一起，“形成了连接亚、非、欧、美的海上大动脉，使这些古老文明通过海上大动脉的互相传播而放出了异彩，给世界各族人民的文化带来巨大的影响”①。“海上丝绸之路”是各地区和国家在不同时空海陆文明交融的重要纽带，体现了区域整合的历史过程。这里所说的区域不仅包含我所提到的环南中国海区域，还辐射大洋彼岸的欧洲、非洲地区。

2012年，我与中山大学人类学系考古专业的朱铁权副教授以及美国美利坚大学的古辛巴（Chapurukha M. Kusimba）教授，对非

① 陈炎：《海上丝绸之路与中外文化交流》自序，北京大学出版社，1996，第7页。

洲肯尼亚的拉姆岛进行了学术考察。当地显示的古代中非文化交流的历史线索令我们非常震撼。比如，在当地博物馆藏有来自各国的瓷器，尤以中国瓷器为多。漫步在蒙巴萨拉姆岛上小巷的老房子中，随处可见中国不同年代的瓷片。后来，在2013年，古辛巴教授还在旁边的小岛上发现了中国明朝的“永乐通宝”，这也进一步验证了郑和下西洋船队来过此地的传说和相关文献记载。中非之间的这种交流，在全球化的今天变得更加多样化和长期化。在往返肯尼亚的飞机上，我发现机上无一空座，大部分是往返非洲和中国（尤其是广州）做生意的商人。

广东一向以向外移民著称于世，近十几年来，却涌入了大量非裔、阿拉伯裔、印度裔、韩裔、东南亚裔等族群，而且出现了较为突出的民间跨境行为。我的另一个博士生以广州小北路的非裔族群聚居社区为中心，讨论在全球化社会中由移民群体形成的非洲人群体，他将之称为“过客社团”。据海关记录，每年进入广州的非洲人有数十万人，但长期居住下来的初步估计有5万人左右。由此，我们可以思考广州的外国人流动现象反映出的全球体系在中国如何表述的问题。广州的非洲人作为非洲离散群体（African diaspora）的一部分，以移民的身份进入中国这个新的移民目标国，在全球化的背景下重新型塑了人们之间的行为边界及行为内容，成为跨界流动中的“过客”。与此相类似，中国的技术移民—工程师群体移居到新加坡等国后，亦面临着家乡认同、国家认同以及对新国家的重新认同问题，这也反映了流动、迁居所带来的多重身份认同。

众所周知，中国与东南亚以及非洲很多国家历史上就以“海上丝绸之路”为途径，通过人口迁徙、贸易往来、文化交流和族群互动保持密切的社会交往，形成了复杂多元的社会网络体系。

在全球化的今天，人口、商品和信息的洪流相互交织，引发了边界的模糊化、重置和并存的状态，由此，跨界成为基本社会事实。其中，人口跨国流动影响最甚，人口的跨界流动，必然伴随着文化的流动，也意味着社会与文化所赋予的重重界限被打破。正因为如此，中国与东南亚地区频繁的跨国实践行为带来了不同的文化要素，在环南中国海的整体场域中高速传播与流动，形成了“你中有我，我中有你”的复杂局面。事实上，中国与东南亚不同区域之间频繁的文化交流现象，不仅为古代“海上丝绸之路”，也为“21 世纪海上丝绸之路”的建设提供了文化基础与机制保障。

我国与东盟各国无一例外都是多民族国家，有着多元且具有差异性的文化与传统。在此基础上，不同国家乃至民族对利益的诉求也不一样。人口的大规模流动，也伴随着国家或地区之间及其内部固有的族群矛盾、宗教冲突等问题。移出地的人和物进入移入地后，双方的社会文化都会发生变化。文化的跨界与交融在现代化和全球化背景下越发明显和频繁。由此，我们需要以环南中国海区域研究视角重新审视华南与东南亚社会间的文化互动，分析区域内的跨界及由此而产生的历史、文化、记忆与秩序等诸问题，注重将民族走廊地区、少数民族社会、跨越国界的华人社会、东南亚与中国华南交往体系放在一个体系下进行思考。

这就要求我们，要推动“21 世纪海上丝绸之路”建设，就必须首先了解区域整体内不同民族、社会、文化、经济之间的跨界纽带和机制。在对区域社会文化有整体性认知之后，通过不同渠道的合作与交流，以“海上丝绸之路”发展为契机，构建区域性的“命运共同体”。换句话说，只有充分认识区域内文化交流的历史、现状与挑战，才能以此为基础，建构出共享的人文价值体系和目标。

从字面上看，“海上丝绸之路”的重心是“丝绸”，是物，是经济。但是，从整体上看，尤其是站在历史的维度来看，“海上丝绸之路”的核心是文化的交流、互通与理解。对不同文化、不同民族、不同国家进行同理心的理解，才能彼此尊重，平等交流，和平共处。我国建设海上丝绸之路，其实就是希望将中国传统文化思想体系中“各美其美，美人之美，美美与共，天下大同”的理念推向东南亚社会甚至全球，共同创造一个“和而不同”的全球社会。

图书在版编目（CIP）数据

人类学的全球意识与学术自觉 / 麻国庆著. -- 北京：社会科学文献出版社，2016.4（2018.3 重印）
ISBN 978-7-5097-8944-5

Ⅰ.①人… Ⅱ.①麻… Ⅲ.①人类学-文集 Ⅳ.①Q98-53

中国版本图书馆 CIP 数据核字（2016）第 063435 号

人类学的全球意识与学术自觉

著　　者 / 麻国庆

出 版 人 / 谢寿光
项目统筹 / 王　绯
责任编辑 / 曹长香

出　　版 / 社会科学文献出版社·社会政法分社（010）59367156
地址：北京市北三环中路甲 29 号院华龙大厦　邮编：100029
网址：www.ssap.com.cn
发　　行 / 市场营销中心（010）59367081　59367018
印　　装 / 三河市尚艺印装有限公司

规　　格 / 开 本：787mm × 1092mm　1/16
印 张：19.75　字 数：267 千字
版　　次 / 2016 年 4 月第 1 版　2018 年 3 月第 2 次印刷
书　　号 / ISBN 978-7-5097-8944-5
定　　价 / 79.00 元

本书如有印装质量问题，请与读者服务中心（010-59367028）联系